高 等 学 校 规 划 教 材

HUAGONG ANQUAN YU HUANBAO

化工安全与环保

王利霞　宋延华　主编

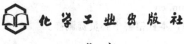

化 学 工 业 出 版 社

·北京·

内 容 简 介

《化工安全与环保》根据新形势下国家安全发展和生态环境保护战略对化学工业提出的要求，内容选取上加大了环保部分占比，同时按照化学工业不同领域的生产特点和造成的污染，加入了与之对应的管理和治理方针及法律法规，使读者能够更有针对性地理解化工行业不同领域对安全、清洁生产的要求。本书涵盖了化工安全与管理、化工实验室安全、防火防爆技术、工业毒物与职业卫生、环境保护概念、化工废水处理、化工废气处理、化工固废处理、清洁生产、环境质量评价等内容。

《化工安全与环保》可作为高等院校化学、化工和环境等相关专业的教材和学习资料，也可供从事化学工业生产和研究的工程技术人员阅读参考。

图书在版编目（CIP）数据

化工安全与环保/王利霞，宋延华主编．—北京：化学工业出版社，2022.9（2024.2重印）

高等学校规划教材

ISBN 978-7-122-41728-2

Ⅰ.①化… Ⅱ.①王…②宋… Ⅲ.①化工安全-高等学校-教材②化学工业-环境保护-高等学校-教材 Ⅳ.①TQ086②X78

中国版本图书馆 CIP 数据核字（2022）第 104776 号

责任编辑：李 琰 宋林青 文字编辑：刘志茹

责任校对：宋 玮 装帧设计：韩 飞

出版发行：化学工业出版社（北京市东城区青年湖南街 13 号 邮政编码 100011）

印 装：北京科印技术咨询服务有限公司数码印刷分部

787mm×1092mm 1/16 印张 15¾ 字数 387 千字 2024 年 2 月北京第 1 版第 2 次印刷

购书咨询：010-64518888 售后服务：010-64518899

网 址：http://www.cip.com.cn

凡购买本书，如有缺损质量问题，本社销售中心负责调换。

定 价：48.00 元

前　言

目前我国正处在工业化加速发展阶段，尤其是化学工业在国民经济发展中居于举足轻重的地位。国家安全生产监督管理局提供的资料显示，尽管近年来国家有关部门和企业在安全生产方面做了大量工作，但目前全国化工行业安全生产形势依然十分严峻，安全事故时有发生。同时，化工生产还存在"三废"多、污染严重等问题，随着国家对环境保护的力度加大，尤其是"碳中和、碳达峰"双碳目标的提出，对化学工业的可持续发展提出了更高的要求。鉴于此，在化学工业人才培养方面，需要加强安全生产和环保相关知识的学习，以满足现代企业对高素质复合型人才的需求。

本书涵盖了化工安全与管理、化工实验室安全、防火防爆技术、工业毒物与职业卫生、环境保护概论、化工废水处理、化工废气处理、化工固废处理、清洁生产、环境质量评价等内容。根据新形势下国家安全发展和生态环境保护战略对化学工业提出的要求，本书在内容上加大了环保部分占比，同时按照化学工业不同领域的生产特点和污染现状，加入了与之对应的管理和治理方针及法律法规，使读者能够更有针对性地理解化工行业不同领域对安全、清洁生产的要求。

本书由郑州轻工业大学王利霞、宋延华主编，曹阳、秦笑梅和秦肖雲副主编，陈庆涛、郭东杰和李晓峰参编。各章节的撰写人分别为：王利霞（第 5 章和第 6 章），宋延华（第 1 章），曹阳（第 7 章、第 8 章、第 9 章和第 10 章），秦笑梅（第 3 章），秦肖雲（第 4 章），陈庆涛（第 2 章），郭东杰教授、李晓峰教授对书稿进行了审阅和修改。

在本书编写过程中，编者参考了众多作者的著作和论文，已在参考文献中列出，在此表示感谢。

由于编者水平有限，书中难免存在不妥之处，恳请读者提出宝贵意见和建议。

编　者
2022 年 3 月

目 录

第 1 章

化工安全概论

学习要点：了解化学工业的发展过程、化学工业的分类、化工生产中安全的重要意义、安全管理制度；熟悉化工生产的特点、安全生产的方针、安全技术、安全事故分类和等级、安全检查表；掌握工厂总体安全要求、生产工艺安全要求、机械设备安全要求、操作管理安全要求；掌握安全检查的内容、要求和检查的项目，切实树立安全意识。

1.1 化工生产概述

化学工业是运用化学方法从事产品生产的工业，它是一个多行业、多品种、历史悠久、在国民经济中占重要地位的一个工业部门。

化学工业历史悠久，数千年以前，人们就创造出制陶、酿造、造纸、染色等古老的化学工业过程。近代化学工业是从十八世纪下半叶开始的，如硫酸、烧碱、氯气等无机化学品，化肥及农药、炸药等的生产。

人们的衣食住行等各方面都离不开化工产品。化肥和农药为农作物增产提供了保障；合成纤维在世界纤维材料消费总量中占的比重不断增加，不但缓解了粮棉争地的矛盾，而且大大地美化了人们的生活，因此深受人们的喜爱；合成药品种类日益增多，提高了人们战胜疾病的能力；合成材料普遍应用在建筑业，汽车、轮船、飞机制造业上，它们具有耐高温、耐腐蚀、耐磨损、强度高、绝缘性高等特殊性能，是发展近代航天技术、核技术及电子技术等尖端科学技术不可缺少的材料。

化工产品品种繁多，分类方法很多，有的按原材料来源分类，有的按产品特征分类，有的按产品用途分类。化学工业习惯上分为无机化学工业和有机化学工业两大门类。

（1）无机化学工业

无机化学工业主要包括以下几个方面：

① 基本无机化学工业（无机酸、碱、盐及化学肥料的生产）；

② 精细无机化学工业（稀有元素、无机试剂、药品、催化剂、电子材料等的生产）；

③ 电化学工业（食盐水电解，烧碱、氯气、氢气的生产；熔融盐的电解，金属钠、镁、铝的生产；电石、氯化钙和磷的电热法生产等）；

④ 冶金工业（钢铁、有色金属和稀有金属的冶金）；

⑤ 硅酸盐工业（玻璃、水泥、陶瓷、耐火材料的生产）；

⑥ 矿物性颜料工业。

(2) 有机化学工业

① 基本有机合成工业（以甲烷、一氧化碳、氢气、乙烯、丙烯、丁二烯以及芳香烃为基础原料，合成醇、醛、酸、酮、酯等基本有机原料）；

② 精细有机合成工业（染料、医药、有机农药、香料、试剂、合成洗涤剂，以及塑料、橡胶的添加剂，纺织印染的助剂等的生产）；

③ 高分子化学工业（塑料、合成纤维、合成橡胶等高分子材料的合成）；

④ 燃料化学加工工业（石油、天然气、煤、木材、泥炭等的加工）；

⑤ 食品化学工业（糖、淀粉、油脂、蛋白质、酒类的加工）；

⑥ 纤维素化学工业（以天然纤维素为原料的造纸、人造纤维、胶片等的生产）。

在上述分类中，随着生产分工、管理改变等，发生了一些变化，如冶金工业成为一个单独的部门，水泥、玻璃等划归建材工业部门，合成纤维、人造纤维归纺织工业部门，造纸、食品、酿造等归轻工部门。

20世纪初，兴起了以石油、天然气为原料生产有机化工产品的石油化学工业，它以石油、天然气替代粮食、木材、煤炭、电石等原料。在20世纪60～70年代石油化学工业飞速发展，产品产量大幅度增长，产品品种多如繁星。石油化工不仅使化学工业原料结构发生重大变化，也促进和带动了整个化学工业，特别是有机化工的发展，90%以上的有机化工产品来源于石油和天然气。石油化工包含的范围越来越广，通常把有机合成的基础原料和由这些原料合成一系列重要有机产品的基本有机合成工业，如合成树脂、合成纤维、合成橡胶等高分子合成工业都包含在石油化学工业中。此外，石油化学工业还扩展到合成洗涤剂、合成纸、染料、医药、炸药等方面。

目前，我国的化学工业已经发展成为一个有化学矿山、化学肥料、基本化学原料、无机盐、有机原料、合成材料、农药、染料、涂料、感光材料、国防化工、橡胶制品、助剂、催化剂、化工机械和化工建筑安装十五个行业的工业生产部门。化工产品多达两万多种，其中钢铁、水泥、煤炭、电解铝、烧碱、纯碱、合成氨、化肥、农药、电石、染料、轮胎、甲醇、硫酸等的产量居世界第一位，磷矿石、磷肥、涂料、醋酸等的产量也在较前位次，化学工业具有相当规模。

从全球化工产值来看，2014年，中国化学工业总量占全球的33.2%，美国占14.8%，日本为5.8%，德国4.7%，韩国4.2%，这五个国家占世界的近2/3，2018年世界化工市场产值总计33480亿美元，2019年约为34150亿美元。

2010年，我国的化学工业营业收入首次超过美国跃居世界第一，由此确立了最大的化工生产国的地位。2019年中国化工产值达到11980亿美元，约占当年全球化工产值的36%，当年全国GDP的8.3%。

化学工业在国民经济中的地位日益重要，化学工业对促进工农业生产、巩固国防和改善人民生活等方面都有着重要作用，但是化学工业生产本身面临着诸如不安全因素、职业危害和环保等方面重要问题，并且越来越引起人们的关注。

1.2 化工生产的特点与意义

1.2.1 化工生产的特点

化工生产具有易燃、易爆、易中毒、高温、高压、腐蚀性等特点，比其他工业部门具有更大的危险性。

① 化工生产使用的原料、半成品和成品种类繁多，绝大部分是易燃、易爆、易毒害、腐蚀性的化学危险品。这给生产中的贮存、运输都提出了特殊的要求。

② 化工生产要求的条件苛刻，如高温、高压、低温、真空等。例如，以柴油为原料裂解生产乙烯的过程中，最高操作温度近 1000℃，最低则为－170℃；最高操作压力为 11.28MPa，最低只有 0.07～0.08MPa。高压聚乙烯生产最高压力达 300MPa。这样的工艺条件，再加上许多介质具有强腐蚀性，在温度应力、交变应力等作用下，受压容器常因此而遭到破坏。有些反应过程要求的工艺条件很苛刻。例如，用丙烯和空气直接氧化生产丙烯酸的反应，各种物料比处于爆炸范围附近，且反应温度超过中间产物丙烯醛的自燃点，控制上稍有偏差就有发生爆炸的危险。

③ 化工生产的规模大型化，近三十年，国际上化工生产采用大型生产装置是一个明显的趋势。以化肥为例，20 世纪 50 年代最大规模为 6 万吨/年，60 年代初为 12 万吨/年，60 年代末为 30 万吨/年，70 年代为 54 万吨/年。1957 年，"一五"计划，我国共完成合成氨生产 15.3 万吨，1983 年，我国合成氨产量为 1688 万吨，2015 年则为 5791 万吨。乙烯装置的生产能力也从 20 世纪 50 年代的 10 万吨/年，发展到 70 年代的 60 万吨/年。化工装置的大型化，在基建投资、经济效益和综合治理方面都具有明显的优势。以基建而论，由于化工装置大部分是由塔、槽、釜、罐等设备构成，而投资额与容器设备的表面积成正比，产量则与其容积成正比，这样产量越大而单位产能投资越小。

采用大型装置可以明显降低单位产品的建设投资和生产成本，提高劳动生产能力，降低能耗，因此，世界各国都积极开发大型化工生产装置。

从安全的角度上讲，大型化的生产线使得能量集中，具有重大的潜在危险性。

④ 从生产方式上讲，化工生产已经从过去落后的坛坛罐罐的手工操作、间断生产转变为高自动化、连续化生产；生产设备由敞开式转变为封闭式；生产装置从室内走向露天；生产操作由分散转变为集中控制，同时也由人工手动操作转变为仪表自动操作，进而又发展为计算机控制。

这些都使得化工安全工作面临更新、更复杂的挑战。

1.2.2 化工生产的意义

化工生产具有易燃、易爆、易中毒、高温、高压、腐蚀性等特点，因此安全在化工行业中就更为重要。某些发达国家的统计资料表明，在工业企业发生的爆炸事故中，化工企业占三分之一。日本在从 1972 年 11 月到 1974 年 4 月一年半的时间内，就发生石油化工厂重大爆炸事故二十次，造成重大人身伤亡和巨额经济损失，一个液氯贮罐爆炸，曾造成 521 人受伤中毒。

随着生产技术的发展和生产规模的扩大，安全生产已成为一个社会问题。因为一旦发生火灾和爆炸事故，不但会造成生产停产、设备损坏，产品生产不出来，原料积压，社会生产链中断，社会生产力下降，而且会造成大量的人身伤亡，甚至波及社会，造成难以挽回的影响和无法估量的损失。如 1975 年美国联合碳化物公司比利时公司安特卫普厂，年产 15 万吨高压聚乙烯装置，因一个反应釜填料盖泄漏，受热爆炸，发生连锁反应，整个工厂被毁。1984 年 11 月墨西哥城液化石油气站发生爆炸事故，造成 540 人死亡，4000 多人受伤，大片居民区化为焦土，50 万人无家可归。1984 年 12 月印度博帕尔市一家农药厂发生甲基异氰酸酯毒气泄漏事件，造成 2500 人死亡，50000 多人失明，15 万人终身残疾。2003 年 12 月发生在重庆某县的油田井喷事故，致使毒气泄漏，造成多人死亡，附近几个乡的居民紧急撤离，家养牲畜死亡的悲剧。

1.3 安全生产的方针

安全生产既是劳动者的需要，也是生产的需要，没有安全就没有劳动者本身，更不存在生产。安全与生产是密不可分的，安全生产是客观规律的反映。

1952 年我国召开了第二次全国劳动保护工作会议，时任劳动部部长李立三根据毛泽东提出的"在实施增产节约的同时，必须注意职工的安全、健康和必不可少的福利事业；如果只注意前一方面，忘记或稍加忽视后一方面，那是错误的"指示精神，明确提出了安全生产方针，即"生产必须安全、安全为了生产"的安全生产统一的方针。会议还提出了"要从思想上、设备上、制度上和组织上加强劳动保护工作，达到劳动保护工作的计划化、制度化、群众化和纪律化"的目标和任务。这次会议，明确了劳动保护工作的指导思想、方针、原则、目标、任务，对以后工作的发展起到巨大的推动作用，产生了比较深远的影响。

随着改革开放和经济高速发展，安全生产越来越受到重视。1987 年 1 月 26 日，劳动人事部在杭州召开会议，把"安全第一、预防为主"作为劳动保护工作方针写进我国第一部《劳动法（草案）》。从此，"安全第一、预防为主"便作为安全生产的基本方针而确立下来。2002 年 11 月，《中华人民共和国安全生产法》（以下简称《安全生产法》）开始实施，"安全第一、预防为主"方针被列入《安全生产法》。

从 2005 年 10 月《中共中央关于制定十一五规划的建议》开始，"安全第一、预防为主、综合治理"成为我国新一代的安全生产方针。

2021 年 9 月，修订后实施的《中华人民共和国安全生产法》第三条作出以下规定：

"安全生产工作坚持中国共产党的领导。"

"安全生产工作应当以人为本，坚持人民至上、生命至上，把保护人民生命安全摆在首位，树牢安全发展理念，坚持安全第一、预防为主、综合治理的方针，从源头上防范化解重大安全风险。"

"安全生产工作实行管行业必须管安全、管业务必须管安全、管生产经营必须管安全，强化和落实生产经营单位主体责任与政府监管责任，建立生产经营单位负责、职工参与、政府监管、行业自律和社会监督的机制。"

安全生产方针科学地揭示了生产和安全的辩证关系。当生产和安全发生矛盾时，正确的做法是采取必要措施，在保证安全的前提下进行生产。即使暂时对生产有影响也不能放松安全。

贯彻安全生产方针，必须树立"安全第一"的思想，坚持"管生产必须同时管安全"的原则。"安全第一"是指抓生产时，要把安全作为前提条件考虑进去。首先落实安全生产的各项措施，保证职工的安全和健康，保证生产长期、稳定、安全地进行。安全卫生设施必须与主体工程同时设计、同时施工、同时投入生产和使用。

当生产与安全发生矛盾时，生产必须服从安全。对各级领导干部来说，要牢记保护职工的安全和健康，是一项严肃的政治任务，是全体干部的神圣职责。对广大工人来说，应该严格、自觉地执行安全生产的各项规章制度，从事任何工作都应首先考虑可能存在的危险因素，应采取哪些预防措施，以防止事故的发生，确保生产的正常运行。

贯彻"管生产必须同时管安全"的原则，要求各级企业管理人员，特别是主要领导人要抓安全。把安全工作渗透到生产管理的各个环节。企业各级领导人必须做到生产和安全的"五同时"，即在计划、布置、检查、总结、评比生产的同时，计划、布置、检查、总结、评比安全工作。

"安全第一、预防为主、综合治理"，这是对安全工作提出的更高层次的要求。现代化的化工生产及高度发达的科学技术，要求而且也能够做到防患于未然。这要求加强对职工的安全教育和技术培训，提高职工的技术素质，组织各种安全检查，完善各种检测手段，及时掌握生产装置及环境的变化，及时发现隐患，防止事故的发生。

贯彻安全生产方针，必须走群众路线，不能只靠少数专业人员去管。必须实行"全员、全过程、全方位、全天候"的安全管理和监督。只有这样才能开创化工安全生产的新局面。

1.4　安全技术与管理

安全生产是指在生产中保障人身安全和设备安全。消除危害人身健康的一切不良因素，保障员工的安全和健康、舒适地工作，叫作人身安全。消除损害设备产品或原料的一切危险因素，保证生产正常运行，叫作设备安全。

实现安全生产必须做到人身安全和设备安全。

安全生产的基本含义有两个方面：一是在生产中保护职工的安全和健康，防止工伤和职业性伤害；二是在生产过程中，防止其他各类事故的发生，确保生产装置的连续、稳定、安全运转，保护国家财产不受损失。

安全生产的具体内容，应包括安全生产技术和安全管理两大部分。

1.4.1　安全生产技术

安全生产技术是针对生产劳动过程中存在的危险因素，研究采取怎样的技术措施将其消灭在事故发生之前，预防和控制工伤事故和其他各类事故的发生。它包括工艺、设备、控制等各个方面，例如变不安全的工艺流程和操作方法为安全的流程和方法，在设备上安装防护装置、保险装置，设置安全联锁、紧急停车等控制手段。

安全生产技术寓于生产技术之中，它与生产技术紧密相关，有什么样的生产技术就有什么样的安全技术，故安全生产技术有许多门类，如防火防爆技术、电气安全技术、锅炉压力容器安全技术以及建筑安装、机械加工、个体防护等安全技术。

安全生产技术工作的内容概括如下：

① 改善生产环境。生产环境的好坏，直接影响职工的安全与健康，关系到每个劳动者的切身利益。在有害及烟尘环境下作业的劳动场所要设置通风、净化装置；在高温操作的场所，要有防暑降温措施，对产生噪声的设备、机械，要采取消声或隔声设施。

② 实现生产过程的机械化、连续化、自动化。这样不仅可以减轻劳动者体力，而且可以使劳动者避免直接接触有害的物质，还可以从嘈杂、高温等环境及笨重的机械设备上解脱出来，从而消除发生工伤事故、职业病和职业中毒的隐患。此外，在设备上安装一些安全装置、防护装置、信号及保险装置等，可以防止机械设备和电气设备对人体的伤害，有效地防止火灾和爆炸事故的发生。

③ 改革工艺，改进生产设备及生产过程。例如改进工艺条件，把高温、高压改为常温、常压；采用无毒或低毒的原料、溶剂及其他生产原料，代替毒性较高的原材料；通过工艺过程改进，砍掉繁琐的流程，减少设备，从根本上减少或消除不安全因素。

1.4.2　安全管理

管理就是通过计划、组织、领导和控制，协调以人为中心的组织资源与职能活动，以有效实现目标的社会活动。所谓组织，是由两个或两个以上的个人为实现共同的目标组合而成的有机整体。管理的目的是有效地实现目标，所有的管理行为都是为实现目标服务的；管理是以计划、组织、领导和控制作为实现目标的手段；管理的本质是协调；管理的对象是以人为中心的组织资源与职能活动。

安全管理是管理中的一个具体领域，狭义的安全管理是指对人类生产劳动过程中的事故和防止事故发生的管理。从广义上来说，安全管理是指对物质世界的一切运动按对人类的生存、发展、繁衍有利的目标所进行的管理和控制。从化工企业生产角度来说，所谓的安全管理主要是指狭义上的安全管理。

安全管理理论是指从人类安全管理活动中概括出来的有关安全管理活动的规律、原理、原则和方法。安全管理理论是安全管理活动的一般性、规律性的认识，是指导安全管理活动开展的理论依据。

安全管理从广义上可以把它定义为：为防止和控制人类活动的负效应和各种有害作用发生，最大限度减少其损失而采取的决策、组织、协调、整治和防范的行动。对生产领域而言，可以把安全管理定义为：在人类生产劳动过程中，为防止和控制事故发生并最大限度地减少事故损失所采取的决策、组织、协调、整治和防范的行动。

安全管理从安全管理活动的产生和发生作用的机制来看，具有如下一些特性。

① 社会功能性　安全管理是造福于人类社会，为人类社会所需要的。

② 功利性　所有的管理都是功利的，亦即追求在如经济等某个方面上有所收获。

③ 效益性　管理的目的就是追求效益。效益良好程度是评价管理好坏的标准之一。

④ 人为性　管理人的意志和意愿不同，管理行为就有所不同。

⑤ 可变性　基于管理者的需要，管理的思想、方式、方法、手段以及管理机构、管理模式甚至管理机制都是可变的。

⑥ 强制性　管理即是管理者对被管理者施加的作用和影响，要求被管理者服从其意志、满足其要求、完成其规定的任务，这体现出管理的强制性。安全管理的强制性更突出。

⑦ 有序性　管理就是一种使无序变为有序的行动。

安全管理的目的就是利于人们正常生产活动的平稳顺利开展，是为人们的安全活动服务的。事实上，人们所进行的一切活动都是为了生存发展，避免伤害，确保安全。

安全管理具有决策、组织、协调、整治和防范等功能，可以归纳为基础性功能、治理性功能和反馈性功能三大类。

基础性功能包括：决策、指令、组织、协调等；治理性功能包括：整治、防范等；反馈性功能包括：检查、分析、评价等。

就工业生产这个特定领域来说，安全管理的管理对象有人、物、能量、信息。

判别安全的标准是人的利益，所以对人的管理是安全管理的核心，一切都以人的需求为核心。物、能量、信息等都是按照人的意愿做出安排，接受人的指令发动运转。设备、设施、工具、器件、建筑物、材料、产品等是发生事故出现危害的物质基础，都可能成为事故和发生危害的危险源，都应纳入安全管理之内。能量是一切危害产生的根本动力，能量越大所造成的后果也越大，因此对能量的传输、利用必须严加管理。

从安全的角度看，信息也是一种特殊形态的能量，因为它能起引发、触动、诱导的作用。信息在系统运行中起着非常重要的作用，安全信息是安全生产、危险性分析、事故预测预防等方面必不可少的依据。因此在安全管理中还要重视和加强安全信息的收集、加工处理和反馈工作。

(1) 安全管理机构

企业安全生产工作人人有责，从公司经理、工厂厂长、车间主任、工段长到生产岗位的班组长，管理职能部门的工作人员以及全体职工，都应该在各自的岗位工作范围内对实现安全生产和清洁文明生产负责。企业应有安全生产责任制度和监督制度，实行自上而下的行政管理和自下而上的群众监督，以达到安全生产的目的。

化工厂都要建立一个安全管理机构。这个机构在厂长或生产副厂长的领导下，负责全厂的安全管理工作和对各生产车间安全员的业务指导工作。

每个车间都要设专职（小单位可设兼职）安全员，协助车间主任搞好安全生产，管理本车间的安全工作。

每个班组都要设班组安全员。班组安全员可由副班长兼任或指定其他人担任，负责班组的安全工作。

厂安全机构、车间安全员组成一个安全管理网。各级管理机构都要制定岗位责任制。

在安全管理机构中必须配备足够的技术力量。安全管理技术干部要相对稳定，不要轻易调动，并注意对其他专业技术进行培养和提高，使他们熟悉业务，胜任本职工作。

(2) 安全管理机构的任务

化工厂安全管理机构的主要任务是协助厂长推动全厂的安全工作，贯彻执行安全生产方针政策；组织制定全厂的各项安全规章制度；编制、审定和汇总全厂的安全技术措施计划，并督促实施；组织和督促三级安全教育、安全技术培训和其他安全活动；参加新建、改建、扩建项目的设计审查及竣工验收；参加对全厂发生的各种事故进行调查和处理的工作，负责对各种事故的登记、统计、上报等工作。还要负责督促劳动保护用品、保健食品的发放和正确使用，督促做好职工的劳动保护，注意劳逸结合，特殊工作环境中的工业卫生及女工健康等工作。

1.4.3 安全生产的规章制度

为保护人和物品的安全性而制定的标准，称为安全标准。安全标准从其适用范围可分为国际标准、国家标准、部颁标准、企业标准等几种。安全标准一般均为强制性标准，通过法律或法令形式规定强制执行。

规章制度包括法规、安全规程和安全条例三项基本内容。

法规是国务院根据宪法和法律所制定的具有法律效力的文件。与安全有关的法规有劳动法、安全法、环境保护法等。

安全规程是根据安全标准制定的工作标准、程序或步骤，是为执行某种制度而作的具体规定和对生产者进行安全指导的细则。如"压力容器安全监察规程""化工设备安全检修规程"等。

安全条例是由国家机关制定、批准的在安全生产领域的某一方面具有法律效力的文件。如原化学工业部颁布的"生产区内十四个不准""操作工人的六严格"等。

作为企业安全重要支柱的安全标准与规章制度，是安全生产的重要保证。各种安全标准和规章制度在相当广的范围内起到了普遍的指导作用，避免大量重复事故的发生，保证了生产的正常进行。

安全管理工作是以国家及各级管理机构颁发的劳动保护方面的法规、规章、规范、制度为依据的。同时又要根据工厂自身的生产特点，制定出各种规章制度。这些制度主要如下：

① 入厂安全规定；
② 安全生产责任制；
③ 安全教育制度；
④ 安全技术措施管理制度；
⑤ 安全检查制度；
⑥ 装置停工检修安全制度；
⑦ 安全用火制度；
⑧ 进入设备内部作业安全制度；
⑨ 动土作业制度；
⑩ 事故管理制度；
⑪ 化学危险品管理制度；
⑫ 压力容器安全管理制度；
⑬ 厂内交通安全管理制度；
⑭ 安全用电管理制度；
⑮ 消防设施、火灾预防及扑救管理制度。

1.4.4 安全事故的种类与等级

事故管理包括事故分类与分级、事故报告与抢救、事故调查与处理和事故预测等。

凡能引起人身伤害、导致生产中断或国家财产损失的事件都叫事故。为了管理方便，按其性质的不同，事故可分为九类。

① 生产事故　在生产过程中，由于违反工艺规程、岗位操作法或操作不当等原因造成原料、半成品、成品损失或停产的事故，称为生产事故。生产事故归生产调度和技术部门管理。

② 设备事故　化工生产装置、动力机械、电气及仪表装置、运输设备、管道、建筑物、构筑物等，由于各种原因造成损坏、损失或减产等事故，称为设备事故。设备事故归机动部门管理。

③ 火灾事故　凡发生着火，造成财产损失或人员伤亡的事故，称为火灾事故。火灾事故归安全部门管理。

④ 爆炸事故　凡因发生化学性或物理性爆炸，造成财产损失或人员伤亡及停产的事故，称为爆炸事故。爆炸事故归安全部门管理。

⑤ 工伤事故　企业在册职工在生产活动所涉及的区域内，由于生产过程中存在的危险因素的影响，突然使人体组织受到损伤或是某些器官失去正常机能，以至受伤人员立即中断工作，经医务部门诊断，需要休息一个工作日以上者，称为工伤事故，也称伤亡事故。工伤事故归安全部门管理。

⑥ 质量事故　凡产品或半成品不符合国家或企业规定的质量标准；基建工程不按设计施工或工程质量不符合设计要求；机、电设备检修质量不符合要求；原料或产品因保管不善或包装不良而变质；采购的原材料不符合规格要求而造成损失，影响生产或检修计划的完成等均称为质量事故。质量事故归质量管理和质量检查部门管理。

⑦ 交通事故　凡因违反交通运输规程或其他原因，造成车辆损失、人员伤亡和其他财产损失的事故，称为交通事故。交通事故由保卫部门主管。

⑧ 其他事故　凡属外界原因影响或客观上未认识到，以及自然灾害而发生的各种不可抗的灾害性事故。

⑨ 未遂事故　凡因操作不当或其他原因而构成发生重大事故的条件，足以酿成灾害性事故，但侥幸未成事实的事故；或因发现及时，处理得当得以避免的重大恶性事故称为未遂事故。

发生事故的单位必须做好事故记录。事故记录应详细记载发生事故的时间、地点、经过、受伤者、损失、事故分析、处理过程、采取措施及今后注意的问题等。

根据《安全生产法》和《生产安全事故报告和调查处理条例》，按事故造成的人员伤亡或者直接经济损失的不同，把事故分为四个等级：特别重大事故、重大事故、较大事故和一般事故。

特别重大事故，是指造成30人以上死亡，或者100人以上重伤（包括急性工业中毒，下同），或者1亿元以上直接经济损失的事故；

重大事故，是指造成10人以上30人以下死亡，或者50人以上100人以下重伤，或者5000万元以上1亿元以下直接经济损失的事故；

较大事故，是指造成3人以上10人以下死亡，或者10人以上50人以下重伤，或者1000万元以上5000万元以下直接经济损失的事故；

一般事故，是指造成3人以下死亡，或者10人以下重伤，或者1000万元以下直接经济损失的事故。

事故发生后，事故现场有关人员应当立即向本单位负责人报告；单位负责人接到报告后，应当于1小时内向事故发生地县级以上人民政府安全生产监督管理部门和负有安全生产监督管理职责的有关部门报告。

情况紧急时，事故现场有关人员可以直接向事故发生地县级以上人民政府安全生产监督管理部门和负有安全生产监督管理职责的有关部门报告。

安全生产监督管理部门和负有安全生产监督管理职责的有关部门接到事故报告后，应当依照下列规定上报事故情况，并通知公安机关、劳动保障行政部门、工会和人民检察院。

① 特别重大事故、重大事故逐级上报至国务院安全生产监督管理部门和负有安全生产监督管理职责的有关部门；

② 较大事故逐级上报至省、自治区、直辖市人民政府安全生产监督管理部门和负有安全生产监督管理职责的有关部门；

③ 一般事故上报至设区的市级人民政府安全生产监督管理部门和负有安全生产监督管理职责的有关部门。

安全生产监督管理部门和负有安全生产监督管理职责的有关部门依照前款规定上报事故情况，应当同时报告本级人民政府。国务院安全生产监督管理部门和负有安全生产监督管理职责的有关部门以及省级人民政府接到发生特别重大事故、重大事故的报告后，应当立即报告国务院。

必要时，安全生产监督管理部门和负有安全生产监督管理职责的有关部门可以越级上报事故情况。

安全生产监督管理部门和负有安全生产监督管理职责的有关部门逐级上报事故情况，每级上报的时间不得超过 2 小时。

特别重大事故由国务院或者国务院授权有关部门组织事故调查组进行调查。

重大事故、较大事故、一般事故分别由事故发生地省级人民政府、设区的市级人民政府、县级人民政府负责调查。省级人民政府、设区的市级人民政府、县级人民政府可以直接组织事故调查组进行调查，也可以授权或者委托有关部门组织事故调查组进行调查。

未造成人员伤亡的一般事故，县级人民政府也可以委托事故发生单位组织事故调查组进行调查。

1.4.5 事故的预防

尽管生产过程存在着各种各样的危险因素，在一定条件下能导致事故发生，但只要事先进行预测和控制，事故一般是可以预防的。

事故有自然事故和人为事故之分。自然事故是指由自然灾害，如地震、洪水、旱灾、山崩、滑坡、龙卷风等引起的事故。这类事故在目前条件下受科学知识的限制还不能完全防止，只能通过研究预测预报技术，尽量减轻灾害所造成的破坏和损失。人为事故是指由人为因素而造成的事故，这类事故是人为因素引起的，原则上都能预防。据统计，美国 20 世纪 50 年代，在 75000 件伤亡事故中，天灾只占 2%，98% 是人为造成的，也就是说 98% 的事故基本上是可以预防的。

事故之所以可以预防是因为它和其他事物一样，具有一定的特性和规律，只要掌握了这些特性和规律，事先采取有效措施加以控制，就可以预防事故的发生及减少其造成的损失。

一般来说，事故具有如下特性：

(1) 因果性

事故的因果性是指一切事故的发生都是由一定原因引起的，导致事故的原因是多方面的，这些原因就是潜在的危险因素。已知生产中存在许多危险因素，有来自人的方面，包括人的不安全行为和管理缺陷；也有来自物的方面，包括物和环境存在的不安全条件。这些危险因素在一定的时间和地点相互作用就会导致事故的发生。事故的因果性是事故必然性的反映，若生产中存在着危险因素，则迟早必然发生事故。

因果关系具有继承性，即第一阶段的结果可能是第二阶段的原因，第二阶段的原因又会引起第二阶段的结果。

因果继承性说明事故的原因是多层次的。有的和事故有直接联系，有的则是间接联系，绝不是某一个原因就能造成事故，而是诸多不利因素相互作用促成的。因此，不能把事故原因归结为一点，在识别危险时要把所有的潜在因素都找出来，包括直接的、间接的以及更深层次的。只要把危险因素都识别出来，事先加以控制和消除，事故就可以预防。

(2) 偶然性

事故的偶然性是指事故的发生是随机的。同样的前因事件随时间的进程导致的后果不一定完全相同。但偶然当中有必然，必然性存在于偶然性之中。随机事件服从于统计规律，可用数理统计方法对事故进行统计分析，从中找出事故发生、发展的规律，从而为预防事故提供依据。

例如，美国安全工程师海因里希（Heinrich）曾统计了 55 万件机械事故，其中死亡、重伤事故 1666 件，轻伤事故 48334 件，其余则为无伤害事故，从而得出一个重要结论，即在机械事故中，死亡或重伤、轻伤和无伤害事故的比例为 1∶29∶300。这个比例关系说明，在机械生产过程中，每发生 330 起意外事件，有 300 起未产生伤害，29 起引起轻伤，有 1 起是重伤或死亡，国际上把这一法则称为事故法则。不同的行业，不同类型的事故，无伤害、轻伤、重伤的比例不一定完全相同，但是这个统计规律告诉人们，在进行同一项活动中，无数次意外事件必然导致重大伤亡事故的发生，而要防止重大伤亡事故必须减少和消除无伤害事故。所以要重视事故的隐患和未遂事故，把事故消灭在萌芽状态，否则终会酿成大祸。

用数理统计的方法还可得到事故其他的一些规律性的东西，如事故多发时间、地点、工种、工龄、年龄等。这些规律对预防事故起着重要作用。

(3) 潜伏性

事故的潜伏性是指事故在尚未发生或尚未造成后果之时，是不会显现出来的，好像一切都处在"正常"和"平静"状态。但是生产中的危险因素是客观存在的，只要这些危险因素未被消除，事故总会发生，只不过时间早晚而已。事故的这一特征要求人们消除盲目性和麻痹思想，要常备不懈，居安思危，在任何时候、任何情况下都把安全放在第一位来考虑。要在事故发生之前充分辨识危险因素，预测事故发生的模型，事先采取措施进行控制，最大限度地防止危险因素转化为事故。

伤亡事故致因理论是运用一些事故模型描述伤亡事故发生、发展的过程和原理，以便预测和预防事故。

海因里希认为工业伤亡事故的发生是由 5 个方面的因素按顺序进行的。这就是遗传及社会环境使人存在缺点，人的缺点会产生不安全行为或使物有不安全状态，人的不安全行为或物的不安全状态导致事故发生，事故会致人伤害。

这 5 个因素的连锁过程如下：

① 遗传及社会环境 遗传因素可能造成人的性格鲁莽、固执、贪婪；社会环境，如缺

乏教育等也会使人性格上有缺点。

② 人的缺点　人的性格过激、暴躁、轻率、素养差以及缺乏安全知识等先天或后天因素是产生不安全行为或造成物的不安全状态的直接原因。

③ 人的不安全行为或物的不安全状态　人的过失或缺点产生不安全动作或促成机械或物的不安全状态。例如，拆除安全防护装置，转动设备缺乏防护罩，照明不良等，这些是引发事故的直接原因。

④ 事故　由人的不安全行为或物的不安全状态导致失去控制的事件。

⑤ 伤害　事故造成人员伤害。

上述 5 个因素的顺序说明人身伤害事故的发生是前面因素作用的结果。它们之间的因果连锁关系可以用多米诺骨牌原理来阐述。如果第 1 颗骨牌被碰倒，则将发生连锁反应，使后面的几颗骨牌相继碰倒。若移去中间的一颗骨牌，则系列中断，连锁被破坏，伤害就不会发生。事故因果连锁理论强调，安全工作的重点就是防止人的不安全行为，消除机械的或物的不安全状态，使连锁中断，从而预防伤害事故发生。

1.4.6　安全管理的现状和发展

在事故发生后，进行被动的事故分析，找出发生事故的原因，吸取教训，制定改进措施，这种安全管理在安全系统工程学上称为传统安全管理。传统安全管理有很大的盲目性。生产任务是有具体指标的，而安全工作却很难提出具体的指标。就目前人们的生产条件（设备、人员、环境）而言，只能在某一段时间内做到没有事故，而不可能永远没有事故发生。那么，究竟做到什么程度才算是把安全工作做好了呢？怎样才能不发生重大事故呢？这些都没有一个肯定的、有把握的、有理论根据的答案。

传统安全管理工作有一定的局限性。到目前为止，我们在处理生产中的安全问题时，往往凭经验、凭感觉、凭责任心，缺乏由表及里的深入分析，难以发现潜在的事故隐患。

传统安全管理工作还有很大的随意性。我们在安全检查时常说这里"安全"，那里"不安全"。但是，某个装置的安全可靠性有多大，发生事故的可能性有多大，发生事故的后果如何，都无法确切回答，缺乏定量的分析和评价。

传统安全管理工作虽然在相当长的历史时期内，对减少事故、安全生产起过很大的作用，但它总是被动于生产、落后于生产的发展。随着现代化大生产的飞速发展和新技术的不断涌现，安全管理工作也必须实现现代化。

1.4.7　现代安全管理

(1) 现代安全管理的特点

现代安全管理具有以下特点：

① 以预防事故为中心，进行预先安全分析与评价。也就是要预先对工程项目、生产系统和作业中固有的及潜在的危险进行分析、测定和评价，为确定基本的防灾对策提供依据。

② 从总体出发，实行系统安全管理。把安全管理引申到工程计划的安全论证、安全设计、安全审核、设备制造、试车、生产运行、维修以及产品的使用等全部过程。

③ 对安全进行数量分析，运用数学方法和计算技术研究安全与影响因素之间的数量关

系，对危险性等级及可能导致损伤的严重程度进行客观的评定，从而划定安全与危险的界限和可行与不可行的界限。

④ 应用现代科学技术，如安全系统工程学、人机工程学、安全心理学，综合采取管理、技术和教育的对策，防止事故的发生。

(2) 现代安全管理的内涵

现代安全管理就是要推行全面安全管理，即全过程、全员、全部工作的安全管理。

① 全过程安全管理，即一项工程从计划、设计开始，就要对安全问题进行控制，其中包括纪检、试车、投产、生产、储运等各个环节，一直到该工程更新、报废为止的全过程都要进行安全管理。

② 全员参加安全管理，就是从厂长、车间主任、工段长、班组长、技术人员到每个操作人员，都参加安全管理。其中领导层参加安全管理的核心，每个操作人员则都是全面安全管理的基础。工人、安全专业人员、计划和设计人员都应在各自业务范围内为安全生产负责。

③ 全部工作的安全管理，凡有生产劳动的地方都有安全问题，所以对每一工艺过程、设备都要全面分析、全面评价、全面采取措施、全面预防。职工一进工厂就要注意安全，在工厂的任何场所都要考虑安全管理。

1.4.8 现代化的安全技术

安全技术贯穿生产过程的始终，并随着生产技术的发展而发展。生产技术的发展对安全技术提出了更高的要求，同时也为安全技术的发展创造了条件。例如在化工生产中高温高压技术的应用，使得防止由此产生火灾、爆炸危害的手段日臻完善。从耳闻手摸来判断生产异常现象，发展到应用各种精确的测量仪表、自动报警仪及连锁装置；压力容器的广泛应用使得对压力容器的检测手段如无损探伤、声发射等技术应运而生；随着合成材料的发展，大批新型绝缘材料在工业上应用，很多新型灭火药剂、消防器材也相继问世。

近年来，安全技术领域广泛采用各种科技成果，在防火防爆、防尘防毒、防止人身伤害和设备事故方面取得长足进步。安全技术的应用和理论研究都取得了很多成果，出现了很多新的学科和先进的管理方法。

1.4.9 HSE 管理体系

(1) HSE 管理体系的定义

HSE 是英文 Health、Safety、Environment 的缩写，即健康、安全、环境。也就是健康、安全、环境一体化管理。H（健康）是指人身体上没有疾病，在心理上保持一种完好的状态；S（安全）是指在劳动生产过程中，努力改善劳动条件、克服不安全因素，使劳动生产在保证劳动者健康、企业财产不受损失、人民生命安全的前提下顺利进行；E（环境）是指与人类密切相关的、影响人类生活和生产活动的各种自然力量或作用的总和。它不仅包括各种自然因素的组合，还包括人类与自然因素间相互形成的生态关系的组合。由于安全、环境与健康管理在实际生产活动中有着密不可分的联系，因而把健康、安全和环境整合在一起形成一个管理体系，称为 HSE 管理体系。HSE 管理体系是三位一体的管理体系。

(2) 建立 HSE 管理体系的必要性

① 现行的管理体系难以满足建立现代化企业管理的要求，主要表现在几个方面。

ⅰ 企业虽然有一套现行的有效的管理方式和管理制度，但它们各管一方，健康、安全与环境管理有时各行一套，未形成科学、系统、持续改进的管理体系。

ⅱ 在健康、安全与环境管理的思维模式上与国外先进的管理思想存在较大的差距，如普遍缺乏国外的高层承诺和"零事故"思维模式。

ⅲ 缺乏现代化企业健康、安全与环境管理所要求的系统管理方法和科学管理模式。

② 石化行业是一种高风险的行业，健康、安全和环境风险同时伴生，应同时管理。

ⅰ 石化企业的健康、安全与环境事故往往是相互关联的，必须同时加以控制。

ⅱ ISO 质量管理体系和 ISO14000 环境管理体系都是先进的管理体系，其中也包括了一些健康、安全要素，但主要区别是分别针对质量和环境，未形成一个整体。

③ 建立 HSE 管理体系是企业与国际市场接轨的需要。

ⅰ 国际上几乎所有大型石油天然气企业都在推行这一先进的 HSE 管理模式。

ⅱ 良好的 HSE 管理是进入国际市场的准入证。

ⅲ 可保证 HSE 管理水平不断提高，提高企业的名声，增加在国际市场上的竞争力。

(3) 建立 HSE 管理体系的目的

① 满足政府对健康、安全和环境的法律、法规要求。

② 为企业提出的总方针、总目标以及各方面具体目标的实现提供保证。

③ 减少事故发生，保证员工的健康与安全，保护企业的财产不受损失。

④ 保护环境，满足可持续发展的要求。

⑤ 提高原材料和能源利用率，保护自然资源，增加经济效益。

⑥ 减少医疗、赔偿、财产损失费用，降低保险费用。

⑦ 满足公众的期望，保持良好的公共和社会关系。

⑧ 维护企业的名誉，增强市场竞争能力。

(4) HSE 管理体系的要素及其主要内容

管理体系的要素是指为了建立和实施体系，将 HSE 管理体系划分成一些具有相对独立性的条款。从一些大型石油企业所建立的体系来看，分为几个到十几个一级要素的都有。因此要素的数目，即结构的形式如何，要根据自己企业的情况灵活确定。但是，综合分析一下这些管理体系，它们的结构模式和基本框架都是基本相同的。目前，世界上各个大型石油企业都在相互学习对方 HSE 管理经验，取长补短，这种开发的形势使得各大石油公司的 HSE 管理体系在保持自己的特点的基础上，结构和要素逐渐趋于一致。HSE 管理体系的要素和内容如表 1-1 所示。

表 1-1　HSE 管理体系的要素和内容

要素	主要内容
领导和承诺	自上而下地承诺，建立和维护 HSE 企业文化
方针和战略目标	健康、安全与环境管理的意图，行动的原则，改善 HSE 管理的表现水平和目标
组织机构、资源与文件管理	人员组织，资源和完善的 HSE 体系文件
评价和风险管理	对活动、产品及服务中健康、安全与环境风险的确定和评价，以及风险控制措施的制定

要素	主要内容
规划	工作活动的实施计划,包括通过一套风险管理程序来选择风险削弱措施,对现有的操作规划的变更管理,制定应急反应管理措施等
实施和监控	活动的执行和监测
审核和评审	对体系执行效果和适应性的定期评价

虽然各企业的 HSE 实施标准不一,标准要素排列各异,但核心内容都是系统安全的基本思想。下面以中国石化集团公司的 HSE 管理体系为例,说明 HSE 管理要素。

① 领导承诺、方针目标和责任 HSE 管理有形成文件的明确的领导承诺、方针和战略目标。高层管理者提供强有力的领导和自上而下的承诺,表达对 HSE 的高度重视,这是成功实施 HSE 管理体系的基础。方针和战略目标是企业在 HSE 管理方面的指导思想和原则,是实现良好的 HSE 业绩的保证,是承诺的最终目的。中国石化集团公司 HSE 方针是:安全第一、预防为主,全员动手、综合治理,改善环境、保护健康,科学管理、持续发展。公司 HSE 目标是:努力实现无事故、无污染、无人身伤害,创国际一流的 HSE业绩。

② 组织机构、职责、资源和文件控制 为了保证体系的有效运行,要求企业必须合理配置人力、物力和财力资源,明确各部门、人员的 HSE 管理职责。

ⅰ 公司和直属企业应建立组织机构,明确职责,合理配置人力、物力和财力资源,广泛开展培训,以提高全体员工的意识和技能。

ⅱ 建立培训记录,不断完善培训计划,制定严格的培训考核制度。定期开展培训以提高全体员工的素质,遵章守纪、规范行为,确保员工履行自己的 HSE 职责。

ⅲ 应有效地控制 HSE 管理文件,为实施 HSE 管理提供切实可行的依据。公司应控制HSE 管理文件,确保这些文件与公司的活动相适应。文件发布前要经授权人批准,对文件要定期评审,必要时进行修订,需要时现行版本随时可得,失效时要及时收回,文件控制的范围要有明确规定。

③ 风险评价和隐患治理

ⅰ 风险评价是一个不间断的过程,是建立和实施 HSE 管理体系的核心,是 HSE 要素的基础。要求企业经常识别与业务活动有关的危害、影响和隐患,并对其进行科学的评价分析,确定最大的危害程度和可能影响的最大范围,以便采取有效或适当的控制和防范措施,把风险降到最低限度。主管领导应直接负责并制定风险评价管理程序,每隔一不定期时间或发生重大变更时,应重新进行风险评估。

ⅱ 隐患评估后,直属企业的最高管理者对事故隐患要做到心中有数,亲自组织隐患治理工作。

④ 承包商和供应商管理 这项管理要求对承包商和供应商的资格预审、选择、作业过程进行监督,对承包商和供应商的表现评价等方面进行管理。对于承包商的资格审查要严格把关,不得将不安全或产生职业危害以及污染环境的作业,转移给不具备条件的承包商和个人。对于承包商作业开工前的准备和作业过程要实施监督。供应商不仅应当具备相应的资质,提供质量合格的产品,还应当提供中文说明书,记载产品性能、可能产生的危害、安全操作和维护注意事项、危害防护措施等内容。

⑤ 装置（设施）设计与建设　要求新建、改建或扩建装置（设施）时，要按照"三同时"的原则，按照有关标准、规范进行设计、设备采购、安装和试车，以确保装置（设施）保持良好的运行状态。

⑥ 运行与维护　要求对生产装置、设施、设备、危险物料、特殊工艺过程和危险作业环境进行有效控制，提高设施、设备运行的安全性和可靠性，结合现有的、行之有效的管理制度，对生产的各个环节进行有效管理。

⑦ 变更管理和应急管理　变更管理是指对人员、工作过程、工作程序、技术、设施等发生的永久性或暂时性的变化进行有效的控制，以避免或减轻对安全、环境与健康方面的危害和影响。应急管理是指对生产系统进行全面、系统、细致的分析和研究，针对可能发生的突发性事故，制定防范措施和应急预案，并进行演练，确保发生事故时能控制事故，将事故损失减小到最低程度。

⑧ 检查、考核和监督　建立定期检查和监督制度，定期对已经建立的 HSE 管理体系运行情况进行检查与监督，确保 HSE 管理方针目标的实现。

⑨ 事故处理和预防　建立事故报告、调查处理和预防管理程序，及时调查、确认事故或未遂事件发生的根本原因，制定相应的纠正和预防措施，确保事故不会再次发生。

⑩ 审核、评审和持续改进　要求企业定期对 HSE 管理体系进行审核、评审，以确保体系的适应性和有效性，使其不断完善，达到持续改进的目的。

(5) HSE 管理体系的特点

① 领导者的管理理念与承诺　HSE 是企业管理者对全体职工和社会应尽的义务和责任，这应当是领导者的管理理念。领导者对于企业的安全生产、职工健康和环境保护必须高度重视。这种重视首先表现在企业对社会的庄严承诺上。最高管理层应当以书面形式向全体职工与社会公开自己的责任与承诺：各级管理层是 HSE 的第一责任人；HSE 方针、目标和计划；HSE 在整个管理体系中的优先地位；保持始终对 HSE 所需要的资源（人、财、物等）支持，赋予应有的权力；保持与政府和社会的联系渠道，定期公布企业 HSE 表现。HSE 还是持续改进的管理体系，具有实现安全生产、健康保障和环境保护的长效机制。

② HSE 是对社会开放式的管理体系　HSE 不仅要求全体职工履行自己的 HSE 职责，积极参与 HSE 的改进，还是对社会开放的而不是局限于企业内部的管理体系，是企业管理者主动接受社会与全体职工监督的管理体系。社会力量参与 HSE 不仅起到监督作用，对于承包商、供应商，除了要求其必须承担应尽的义务之外，也鼓励他们积极参与 HSE 的改进。

1.4.10　安全培训与教育

安全培训是化工企业安全管理工作的一项重要任务，是安全生产的重要环节。

(1) 安全培训

安全培训包括以下内容。

① 安全思想教育　安全思想教育主要是解决广大职工对安全生产重要性的思想认识，以提高全体领导和职工的安全思想素质，使之从思想上和理论上认清安全与生产的辩证关系，确立"安全第一""生产服从安全""安全生产，人人有责"的安全基本思想。

② 劳动保护方针政策教育　劳动保护方针政策教育包括对企业各级领导和广大职工进

行国家的安全生产方针、劳动保护政策法规的宣传教育，以提高各级领导和广大职工贯彻执行这些政策、法令的自觉性，增强责任感和法制观念。

③ 安全技术教育　安全技术教育内容包括一般技术知识、一般安全技术知识、专业安全技术知识和安全工程科学技术知识。安全技术教育的目的，是全面提高职工的自我防护、预防事故、事故急救和事故处理的基本能力。

（2）安全教育

安全教育的内容包括安全思想政治教育、安全技术知识和安全技能教育，以及安全管理知识教育。安全思想政治教育主要是思想教育、劳动纪律以及国家有关安全生产的方针、政策、法规法纪教育。通过教育提高各级领导和广大职工的安全意识、政策水平和法制观念，牢固树立安全第一的思想，自觉贯彻执行各项劳动保护法规政策，增强保护人、保护生产力的责任感。安全管理知识的教育包括安全管理体制、安全组织机构、基本安全管理方法和现代安全管理方法等。安全技术知识教育内容含一般安全技术知识和专业性安全技术知识。一般安全技术知识包括生产过程中各种原料、产品的危险有害特性，可能出现的危险设备和场所，形成事故的规律，安全防护的基本措施，尘、毒危害的防治方法，异常情况下的紧急处理方案，事故发生时的紧急救护和自救措施等。

我国化工企业安全培训教育主要采取厂级、车间级、工段或班组岗位级的"三级"安全教育形式。

① 厂级教育　厂级教育通常是企业安全管理部门对新职工、实习和培训人员、外来人员等在其没有分配岗位工作或进入现场之前所进行的初步安全生产教育。教育内容包括：本企业安全生产情况，安全生产有关文件和安全生产的意义，本企业的生产特点、危险因素、特殊危险区域，以及本企业主要规章制度、厂史安全生产重大事故和一般安全技术知识。

② 车间教育　车间教育是由车间安全员（或车间领导）对接受厂级安全教育后进入车间的新职工、实习和培训人员进行的安全教育。内容包括：本车间概况，车间的劳动规则和注意事项，车间的危险因素、危险区域和危险作业情况，车间的安全生产和管理情况。

③ 岗位教育　岗位教育是新职工、实习和培训人员进入固定工作岗位开始工作之前，由班组安全员（或工段长、班组长）进行的安全教育。内容包括：本工段、本班组安全生产概况和职责范围；岗位工作性质、岗位安全操作法和安全注意事项；设备安全操作及安全装置，防护设施使用；工作环境卫生事故；危险地点；个人劳保和防护用品的使用与保管常识。

对从事特殊工种的人员（如电气、起重、锅炉与压力容器、电焊、危险物资管理及运输等）必须进行专门的教育和培训，通过有关部门的考试合格取得上岗资格证后才允许正式持证上岗工作。

（3）安全技术考核

企业安全技术管理部门对企业员工培训教育后，组织安全技术考核，成绩合格后，发给安全作业证，这样才能持证上岗工作。以后每年组织一次安全技术考核，合格成绩，记入安全作业证。

在安全技术、安全教育和安全管理三个方面措施中，技术措施主要是提高工艺过程、机械设备本身安全可靠程度，控制物的不安全状态，由于人的差错难以控制，所以技术措施是预防事故的根本措施；安全管理是保证人们按照一定的方式从事工作，并为采取安全技术措施提供依据和方案，同时还要对安全防护设施加强维护保养，保证性能正常，否则再先进的安全技术措施也不能发挥有效作用；安全教育是提高人们安全素质，掌握安全技术知识、操作技能和安全管理方法的手段，没有安全教育就谈不上采取安全技术措施和安全管理措施。所以技术、教育和管理三个方面措施是相辅相成的，必须同时进行，缺一不可。技术（Engineering）、教育（Education）和管理（Enforcement）措施又称为"三 E"措施，是防止事故的三根支柱，要始终保持三者的平衡，不能偏重其中某一方面而忽视其他方面，才能保障系统安全。

1.5 安全检查表

安全检查是化工生产安全管理的一项重要工作，是安全工作的重要手段。其目的是发现各种不安全因素和事故隐患，监督各项安全规章制度的实施，制止违章作业，防止事故的发生。安全检查分为全面检查、专业检查、季节性检查、节假日检查等。

安全检查是对化工生产过程中的各种不安全因素进行深入细致的检查和研究，从而能及时整改，做到防患于未然，充分贯彻"预防为主"的安全管理原则。通过检查，可以促进企业认真贯彻和落实有关法律法规、安全条例和安全规程，可以加强企业安全管理力度和水平，可以提高广大职工遵守安全制度的自觉性，最终达到安全生产的目的。

安全检查一般都采取经常性和季节性检查相结合、专业性检查和综合性检查相结合、群众性检查和劳动安全监察部门监督检查相结合的做法。安全检查主要有基层单位安全自查、企业主管部门安全检查、劳动安全监察机关的监督检查、联合性安全检查这几种形式。

安全检查主要对以下方面进行检查：一是检查企业领导的安全生产思想意识和重视程度，因为企业的领导对安全生产的认识和重视程度往往决定该企业的安全管理力度和水平；二是深入生产现场检查不安全问题并组织整改，避免安全事故；三是检查企业安全制度、执行情况以及安全生产中存在的问题，研究整改措施。

安全检查还要做到奖惩严明。对安全工作严格、防范事故有序、抢救事故有力的单位和个人，进行表扬奖励，对不重视安全工作、执行安全规章制度不认真、抢救事故无序等的单位和个人，根据责任大小、情节轻重给予批评教育、纪律处分，直至追究刑事责任。

安全检查表（Safety Check List，SCL）是安全检查工作的一个有效手段，是一种定性的检查方法。

为了系统地发现工厂、车间、工序或机械设备以及各种操作管理和组织措施中的不安全因素，由一些有经验的并且对工艺、设备及操作熟悉的人员，事先共同对检查对象进行详细分析、充分讨论，列出检查项目和检查要点并编制成表。为防止遗漏，在编制安全检查表时，通常把检查对象作为系统，将系统分割成若干个子系统，按子系统进行制定。安全检查表编制出来后，就可在以后的安全检查时，按已定的项目和要求进行检查和诊断。

安全检查表是最早开发的一种系统危险性分析方法，也是最基础、最简便的识别危险的方法。尽管后来又开发出许多新的危险性分析和安全性评价方法，但该法至今仍然应用得最多、最广泛。在我国，目前安全检查表不仅用于定性危险性分析，还对检查项目给予量化，用于系统的安全性评价。

(1) 安全检查表的优点

安全检查表之所以被广泛应用是因为它具有以下优点。

① 安全检查是我国长期以来企业进行安全管理的重要手段，但是传统的安全管理都是

凭经验、凭直觉进行检查，由于经验有一定局限性，往往在检查时会产生疏忽和遗漏。安全检查表是由专业人员事先经过充分的分析和讨论，集中了大家的智慧和经验而编制出来的，按照检查表进行检查就会避免传统安全检查的一些弊端，能够全面找出生产装置的危险因素和薄弱环节。

② 简明易懂，易于掌握，实施方便。

③ 应用范围广，不论是新建项目的设计、施工、验收，机械设备的设计、制造，还是在运行装置的日常操作、作业环境、运行状态及组织管理等各个方面都可应用。

④ 编制安全检查表的依据之一是有关安全的规程、规范和标准。因此，用安全检查表进行检查，有利于各项安全法规和规章制度的执行和落实。安全检查表还可对系统进行安全性评价。

(2) 编制安全检查表的步骤

要使编制的安全检查表符合客观实际，能全面识别系统的危险性，最好先成立一个由工艺、设备、操作及管理人员组成的编制小组，并大致按以下步骤开展工作。

① 熟悉系统，首先要详细了解系统的结构、功能、工艺流程、操作条件、布置和已有的安全卫生设施等。

② 搜集有关安全的法规、标准和制度及同类系统的事故资料，作为编制安全检查表的依据。

③ 按功能或结构将系统划分成若干个子系统或单元，逐个分析潜在的危险因素。

④ 根据有关安全的法规制度和过去事故的教训，以及分析人员掌握的理论知识和本单位经验，确定安全检查表的检查内容和要点，并按照一定的格式列成表。

(3) 安全检查表的编制依据

编制安全检查表的内容要求时，主要从以下 4 个方面考虑。

① 有关的规程、规范、标准和规定。例如，编制工艺过程的检查表，应根据安全操作规程和工艺指标来制定，编制压力容器安全检查表时则要按照压力容器安全监察规程等有关法规要求制定。

② 国内外事故案例。前车之覆，后车之鉴。在编制安全检查表时应广泛收集国内外同类装置已经发生的事故，并根据事故的原因结合本单位实际情况，对可能引发事故的危险因素列在表内经常检查，预防事故发生。

③ 本单位经验。根据本单位工程技术人员、管理人员和操作人员长期工作的经验，分析导致事故的各种潜在危险因素，列入表内进行检查。

④ 其他分析方法的结果。对一些可能发生的重大事故可用事故树、故障类型和影响分析等其他方法进行分析，将查出的危险因素列成表格，经常检查，防止其发生。

(4) 不同类型的安全检查表的内容

安全检查表根据检查的对象和目的可分成：设计审查用安全检查表、厂级安全检查表、车间安全检查表、工段及岗位安全检查表、专业性安全检查表五种类型。

不同类型的安全检查表包括的主要内容如下。

① 设计审查用安全检查表　这类检查表主要供设计人员对工程项目安全设计和安监人员安全审查时使用，也作为"三同时"审查的依据。其内容主要含总图配置、工艺装置布置、安全装置与设施、消防设施、工业卫生措施、危险物品的储存和运输等方面。

② 厂级安全检查表　厂级安全检查表主要用于全厂性的安全检查和安监部门日常安全

检查，内容主要包括厂区各生产工艺和装置的安全性、重点部位、安全装置与设施、危险品的储存和使用、消防通道与设施、操作管理与遵章守纪等。

③ 车间安全检查表　车间安全检查表主要用于车间定期和预防性安全检查，内容主要有工艺安全、设备状况、产品和原料的合理存放、通风照明、噪声振动、安全装置、消防设施、防护用具、安全标志及操作安全等。

④ 工段及岗位安全检查表　工段及岗位安全检查表主要用于班组日常安全检查、自查互查和安全教育，内容主要根据岗位的工艺与设施、危险部位、防灾控制要点等确定。重点放在防止误操作上，内容具体、简明易行。

⑤ 专业性安全检查表　这种安全检查表用于专业性安全检查或特种设备安全检查，如防火防爆、锅炉及压力容器、电气设备、起重机械、机动车辆、电气焊等。内容要符合各专业安全技术要求，如设备安装的安全要求、安全运行参数指标、特种作业人员的安全技术考核等。

(5) 编制和使用安全检查表的注意事项

编制和使用安全检查表的注意事项如下。

① 检查内容尽可能系统而完整，对导致事故的关键因素不能漏掉，但应突出重点，抓住要害，如面面俱到地检查，容易因小失大。

② 各类检查表因适用对象不同，检查内容应有所侧重。例如，专业检查表应详细，日常检查表则要简明，突出要害部位。

③ 凡重点危险部位应单独编制检查表，对能导致事故的所有危险因素都要列出，以便经常检查，及时发现和消除，防止事故发生。

④ 每项检查内容要定义明确、便于操作。

⑤ 安全检查表编好后，要在实践中不断修改，使之日臻完善。如工艺改造或设备变更，检查表内容要及时修改，使之适应生产实际的需要。

⑥ 对查出的问题要及时反馈到有关部门并落实整改措施。每一个环节实施人员都要签字，做到责任明确。

下面列出一个简易的厂级安全检查表，以供参考。

一、总体要求

1. 工厂设置

(1) 是否按工业企业卫生标准、防护标准进行设计？

(2) 遭受天灾（如暴风雨、落雷、地震）时有什么措施？

(3) 近处有无发生火灾、爆炸、噪声、大气污染或水质污染的可能性？

(4) 公路、铁路等交通情况，交叉路口有无专人看守？

(5) 发生事故时急救单位如汽车站、急救站、医院、消防队的联系是否方便，效率如何？

(6) 工厂三废的影响如何？

2. 平面布置

(1) 从单元装置到厂界的安全距离是否足够，重要装置是否设置了围栅？

(2) 装置和生产车间所占位置离开共有工程、仓库、办公室、实验室是否有隔离区或处于火源的下风位置？

(3) 危险车间和装置是否与控制室、变电室隔开了？

(4) 车间的内部空间事故是否按下述事项进行了考虑：物质的危险性、数量、运转条件、机器安全性等。

(5) 装置周围的产品与火源的距离及其影响。

(6) 贮罐间距离是否符合防火规定，是否具备防液堤和地下贮罐？

(7) 废弃物处理是否会散出污染物，是否在居民区的下风侧？

3. 建筑标准

(1) 根据建筑有关标准检查。

(2) 地耐力及基础强度是否足够？

(3) 钢结构（及耐火衬里）在火灾情况下的耐受能力如何？

(4) 凡是有助于火焰传播和蔓延部分如地板和墙壁开口，通风和空调管道，电梯竖井，楼梯道路等的防火情况均需检查。凡是开孔部分其孔口面积及个数是否限制在最小限度？

(5) 有爆炸危险的工艺是否采用了防爆墙，其层顶材料、防爆排气孔口是否够用？

(6) 出入口和紧急通道设计数量是否够用，是否阻塞，有无明显标志或警告装置？

(7) 排出有毒物质和可燃物质的通风换气状况如何（包括换气风扇，通风机，空气调节，有毒气体收集，新鲜空气入口位置，排热风用风口等)？

(8) 台阶、地面、梯子、通道等是否按人机工程要求设计，窗扇和窗子对道路出入口是否会造成影响？

(9) 建筑物的排水情况如何？

(10) 各种构筑物、道路、避难通路、门等处的照明情况如何？

4. 车间环境

(1) 车间中有毒气体浓度是否经常检测？是否超过最大允许浓度？车间中是否备有紧急淋浴、冲眼等卫生设施？

(2) 各种管线（蒸汽、水、空气、电线）及其支架等，是否妨碍了工作地点的通路？

(3) 对有害气体、蒸汽、粉尘和热气的通风换气情况是否良好？

(4) 原材料的临时堆放场所及产品和半成品的堆放是否超过了规定的要求？

(5) 车间通道是否畅通，避难通路是否通向安全地点？

(6) 对有火灾爆炸危险的操作是否采取了隔离操作？隔离墙是否是加强墙壁？窗户是否做得最小，玻璃是否采用不碎玻璃或内嵌铁丝网，屋顶或必要地点是否准备了爆炸压力排放口？

(7) 进行设备维修时，是否准备了必要的地面和工作空间？

(8) 在容器内部进行清扫和检修时，遇到危险情况，检修人员是否能从出、入口逃出？

(9) 热辐射表面是否进行了防护？

(10) 传动装置是否装设了安全防护罩或其他防护措施？

(11) 通道和工作地点，头顶与天花板是否留有适当的空间？

(12) 用人力操作的阀门、开关或手柄，在操纵机器时是否安全？

(13) 电动升降机是否有安全钩和行程限制器，电梯是否有内部联锁？

(14) 是否采用了机械代替人力搬运？

(15) 危险性的工作场所是否保证至少有两个出口？

(16) 噪声大的操作是否有防止噪声措施？

(17) 为切断电源是否装有电源切断开关？

5. 厂内运输

（1）厂内道路是否适于步行、车辆和急救时的安全移动，有否明显的标志和专人管理？

（2）厂内机动运输车辆是否有安全装置、定期检修和管理制度？

（3）可燃、易燃液体罐车（包括火车、汽车）在装卸地点是否有接地装置、安全操作空间和防止操作人员从罐车上坠落的措施？

（4）厂内照明是否合理？

二、生产工艺

1. 原、材、燃料

（1）对原、材、燃料的理化性质（熔点、沸点、蒸气压、闪点、燃点、危险性等级等）了解得如何？受到冲击或发生异常反应时发生什么样的后果？

（2）工艺中所用原材料分解时产生的热量是否经过详细核算？

（3）对可燃物的防范有何措施？

（4）有无粉尘爆炸的潜在危险性？

（5）对材料的毒性是否了解，容许浓度如何？

（6）容纳化学分解物质的设备是否合用，有何安全措施？

（7）为了防止腐蚀及反应生成危险物质，应采取何种措施？

（8）原、材、燃料的成分是否经常变更，混入杂质会造成何种不安全影响，流程的变化对安全造成何种影响？

（9）是否根据原、材、燃料的特性进行合理的管理？

（10）一种或一种以上的原料如果补充不上有什么潜在性的危险，原料的补充是否能得到及时保证？

（11）使用惰性气体进行清扫、封闭时会引起何种危险，气源供应是否有保证？

（12）原料在贮藏中的安全性如何，是否会发生自燃、自聚和分解等反应？

（13）对包装和原、材、燃料的标志有何要求（如受压容器的检验标志、危险物品标志等）？

（14）对所用原料使用何种消防装置及灭火器材？

（15）发生火灾时有何紧急措施？

2. 工艺操作

（1）对发生火灾爆炸危险的反应操作，采取了何种隔离措施？

（2）工艺中的各种参数是否接近了危险界限？

（3）操作内部会发生何种不希望的工艺流向或工艺条件以及污染？

（4）装置内部会产生何种可燃或可爆性混合物？

（5）对接近闪点的操作，采取何种防范措施？

（6）对反应或中间产品，在流程中采取了何种安全预防措施？如果一部分成分不足或者混合比不同，会产生什么样的后果？

（7）正常状态或异常状态都有什么样的反应速率？如何预防异常温度、异常压力、异常反应、混入杂质、流动阻塞、跑冒滴漏？发生这些情况后，如何采取紧急措施？

（8）发生异常状况时，是否有将反应物迅速排放的措施？

（9）是否有防止急剧反应和制止急剧反应的措施？

（10）泵、搅拌器等机械装置发生故障时会发生什么样的危险？

（11）设备在逐渐或急速堵塞的情况下，会产生什么样的危险状态？

三、机械设备

1. 生产设备

（1）各种气体管线有哪些潜在危险？

（2）液封中的液面是否保持适当？

（3）如果外部发生火灾，会使内部处于何种危险状态？

（4）如果发生火灾爆炸的情况，是否有抑制火灾蔓延和减少损失的必要设施？

（5）使用玻璃等易碎材料制造的设备是否采取了强度大的改性材料，未用这种材料时应采取何种防护措施，否则会出现哪些危险？

（6）是否在特别必要的情况下才装设视镜玻璃，在受压或有毒的反应器中是否装设耐压的特殊玻璃？

（7）紧急用阀或紧急开关是否易于接近操作？

（8）重要的装置和受压容器最后的检查期限是否超过了？

（9）是否实现了有组织的通风换气，如何进行评价？

（10）是否考虑了防静电的措施？

（11）对有爆炸敏感性的生产设备是否进行了隔离，是否安设了屏蔽物和防护墙？

（12）为了缓和爆炸对建筑物的影响，采取了哪些措施？

（13）压力容器是否符合国家有关规定并进行了登记？

（14）压力容器是否进行了外观检查、无损探伤和耐压试验？

（15）压力容器是否具备档案，检查过没有？

（16）重要设备是否制定了安全检查表？

（17）设备的可靠性、可维修性如何？

（18）设备本身的安全装置如何？

2. 电气安全

（1）电气系统是否与生产系统完全平行地进行设计？

① 如装置一部分发生故障，其他独立部分会受到什么影响？

② 由于其他部分的缺陷和电压波动，装置的仪表能否得到保护？

（2）内部联锁或紧急切断装置是否能自动防止故障？

① 所用的内部联锁或紧急切断装置在何种情况下才会发生作用？

② 对这种装置来说是否已经把重复性和复杂性降至最小限度？

③ 保险用的零部件和设施能够连续使用的情况如何？

④ 特别选用的零部件是否具备标准中规定的条件？

（3）使用的电气设备是否符合国家标准？

（4）对电气系统的设计是否进行了最简便、最合理的布置，从而对传输负荷、减少误操作都会起到作用？

（5）怎样做到使用电气用具不致妨碍生产？为了进行预防性检修，是否能从设备外部操作？

（6）监视装置操作的电气系统是否已经仪表化？是否能以最少的时间了解到由超负荷引

起的故障？

(7) 有否防止超负荷和短路的装置？

① 布线上是否配备了将发生缺陷部分分离的措施？

② 在切断电线的情况下，电容能达到何种程度？

③ 联锁装置安装得是否齐全？

④ 对所用零部件的寿命如何检修、现场试验？

(8) 如何检修接地？

① 如何防止发生和消除静电？

② 对落雷采取何种措施？

③ 当动力线发生损失时，如何防止触电？

(9) 对照明的检查要求

① 能否保证日常的安全操作（危险区与非危险区是否有区别）？

② 能否保证日常的维修作业？

③ 在动力电源受到损坏时，避难通路和地点是否有事故照明？

(10) 贮藏的地线是否采取了阴极保护？

(11) 动力切断器和启动器发生故障时，能否采取措施？

(12) 在大风的情况下，通信网能否安全地传递信息？

(13) 内部联锁如何进行点检，并如何以进度表格说明之？

(14) 进行程序控制时，对控制装置变化前后的关键步骤，能否同时进行报警和自动点检？

四、操作管理

1. 各种操作规程、岗位操作法、安全守则等准备情况如何，是否定期地或在工艺流程、操作方式改变后进行过讨论、修改？

2. 操作人员是否受过安全训练，对本岗位的潜在性危险了解的程度如何？

3. 开停车操作规程是否经过安全审查？

4. 特殊危险作业是否专门规定了一些制度？

5. 操作人员对紧急事故的处理方法是否受过训练？

6. 工人对使用安全设备、个人防护用具等是否熟练？

7. 日常进行的维护检修作业，会发生什么样的潜在性危险？

8. 定期安全检查和点检制度执行情况如何？

五、防灾设施

1. 是否根据建筑物的结构和建筑材料选用了不同形式的消防设备？

2. 是否根据所使用原材料、燃料不同的危险性和等级选用了不同形式的消防器材？

3. 为了有效地扑灭火灾，洒水装置、消防水管、消火栓的容量和数量是否够用？

4. 建筑物内部是否配备了消防栓和消防带？

5. 可燃性液体罐区是否装置了适用的防火设施和泡沫灭火器等，防液堤外侧是否有排液设备？

6. 对于需要负重的钢结构，在发生可燃性液体或气体火灾时，钢材强度会减弱，为了避免此类情况，应在钢材上涂敷防火材料，其厚度及高度应为多少？

7. 为了排掉漏出的可燃性液体，建筑物、贮罐或生产设备应有适当的排水沟。

8. 有何防止粉尘爆炸的措施？

9. 可燃性液体贮罐之间安全距离有多少？

10. 可燃性液体在闪点温度时发生设备破坏，那么可燃性液体的剩余量大致有多少，是否剩余量保持在最小范围之内？

11. 为了防止外部火灾，生产设备应采取何种防护措施？

12. 大型贮罐发生火灾时，为使生产设备少受损失，应如何采取安全布置？

13. 对于贵重器材、特别危险的操作、不能停顿的重要生产设备，是否采用不燃烧的建筑物、防火墙、隔壁等加以隔离？

14. 火灾警报装置是否安置在适当的位置？

15. 发生火灾时，紧急联络措施是否有事先准备？

思考题与习题

1. 简述化工生产的特点。

2. 简述安全生产的方针。

3. 安全技术工作的主要内容有哪些？安全事故的种类有哪些？

参考文献

[1] 韩文成 . HSE 管理体系审核与评估[M]. 北京：石油工业出版社，2015.

[2] 温路新，李大成，刘敏，刘海军 . 化工安全与环保 . 2 版[M]. 北京：科学出版社，2020.

[3] 徐锋，朱丽华 . 化工安全[M]. 天津：天津大学出版社，2015.

第2章

化工实验室安全

　　学习要点：通过本章内容的学习，要求了解实验室的一般结构特征，了解实验室的安全标示，掌握化工实验室安全用水、安全用电的注意事项；掌握化学试剂的安全使用与防护；掌握实验室废弃物的处理方法；掌握实验室常用装置的安全防护；掌握实验室常见安全事故的处理方法。

2.1　概述

　　化工（化学）实验室是指提供化学、化工实验条件并开展科学研究、技术研发等活动的实验场所以及配套的附属场所。按照功能可以把实验室大致分为合成实验室、生化实验室、化学分析实验室、仪器分析实验室等。化工实验室担负着繁重的教学、科研、新产品开发等任务。高校以及化工企业的实验室中涉及大量的药品、仪器和反应装置的使用，并涉及实验室水、电、气、放射源等的安全使用。很多情况下的实验室安全事故都是由于未遵照相关药品及仪器设备的安全使用规范，这里面既包括实验人员的安全意识淡薄，也包括长期实验操作下的麻痹大意。因此，高校及化工企业要严格规范实验室安全管理，组织培训学习化工实验室安全知识，将安全防范真正落实到日常工作中。

2.1.1　化工实验室的特点

　　高校实验室一般可分为教学型实验室和科研型实验室，也可分为合成类实验室、化学分析类实验室、仪器分析类实验室。高校化工院系的教学楼往往同时具备多种贵重、精密仪器设备，各类压缩气体钢瓶，品种繁多的化学药品，多种易燃易爆有毒物质，高温、高压、高真空、超低温、微波、辐射、高转速的仪器等。教学型实验室通常具有人员密集、学生经验不足、设备使用频繁的特点。科研型实验室具有仪器设备密集、药品种类繁多、管理运行复杂的特点。各类带有放射源的仪器设备也增加了实验室安全管理难度。此外，化工实验过程还伴随大量废弃物的产生，容易造成环境污染问题。

　　企业实验室按照功能一般设置为研发部门和质检部门。研发部门的主要工作涉及新产品的开发及制备工艺升级，一般又按照流程分为基础研发、应用研发和生产试验三个部门。质检实验室包含原料质检和产品质检，担负着对产品物料进行分析检测、配合装置生产、确保产品出厂质量的功能，其分析手段既包括化学分析也包括仪器分析。企业实验室与高校实验室的主要区别是要与企业生产活动密切配合，而且其中的中试环节会囊括一些大型的物料反应设备。

2.1.2　化工实验室的一般结构

科学、合理地设计化工实验室对于提高实验效率、保障检验质量、降低样品交叉污染概率及提高环境质量等具有重要意义。化工实验室的一般结构主要包括以下几个方面。

2.1.2.1　装备设置

化工实验室的安全装备一般包括通风柜、桌面通风罩、万向排气罩、边台、中央台、试剂柜、器皿柜、防爆柜、紧急淋浴器、紧急洗眼器、急救箱等，如图 2-1 所示。

通风柜　　　　万向排气罩　　　　　　　　　边台

中央台　　　　试剂柜　　　　器皿柜　　　　防爆柜　　　紧急淋浴器

图 2-1　化工实验室的一般装置设备

以下介绍几种重要的实验室安全装备。

(1) 通风柜

通风柜是实验室最常用的局部排风设备，是实验室内环境的主要安全设施。其功能强、种类多、适用范围广、排风效果好。目前常用的通风柜有台式和落地式等，实验室可根据实际需要选择款型。通风柜的补气进气口设在前挡板上，当移动门完全封闭时可起到补气的作用。导流槽设置在背板和导流板的夹层之间。移动玻璃橱窗起到进气气流的推动作用，将柜内有害气体强行排入导流板内，在导流板内加速排放。实验操作时应尽量拉下玻璃橱窗，防止柜内受污染的空气流出通风柜而污染室内空气。通风柜的面风速一般为 $0.2 \sim 1.0 \mathrm{m/s}$，风速太低排毒效果不佳，风速过大则会造成气流紊乱，影响正常通风。注意不要让处于通风柜内的反应处于长期无人照看的状态。也不要在通风柜内放置能产生电火花的仪器和可燃化学品。通风柜不是储藏柜，堆放物品会减少柜内空气流通，降低抽气效率。通风柜内工作区域应保持整洁干净，不可将危险化学品长时间存放在通风柜内。挥发性试剂应储存在有专门通风设备的试剂柜内，危险化学品储存在经批准的安全柜内。实验操作中，切不可将头伸入通风柜内。

（2）紧急喷淋装置

人体皮肤对腐蚀类化学品很敏感，许多有毒化学品可以通过皮肤吸收对人体造成伤害。大多数情况下，一旦化学品接触皮肤，应立即用大量的清水冲洗（如果是浓硫酸则先用干布擦去后再冲洗）。如果皮肤受损面积较小，可直接用水龙头或手持软管冲洗。当身体受损面较大时，需使用紧急淋浴器，它可以提供大量的水冲洗全身。紧急喷淋水流覆盖范围直径约1m，水流速度应适当。此外，紧急淋浴器大部分配有洗眼器，可以在第一时间快速冲洗眼部，减少眼睛受到的伤害。紧急淋浴器上还应设有明显的标识，以提示和指引如何使用。对于化工实验室，应该确保每层楼都有一定数量的紧急喷淋装置。通往紧急淋浴器的通道上不能有障碍，电气设备和电路必须与之保持安全距离。紧急淋浴器每年至少需要开启运行一次，对管线进行清理、检修和维护。紧急淋浴器的使用培训内容应包括喷淋装置的位置、使用方法、冲洗时间、冲洗后寻求医疗帮助等。紧急淋浴器产生的废水应排入废水收集池。

（3）急救箱

急救箱是实验室内一旦发生安全事故后能够第一时间给受害人提供有效帮助的安全装备。急救箱具有轻便、易携带、配置全等优点，在紧急情况下能发挥重要的作用。急救箱的配置一般包含以下物品：酒精棉、手套、口罩、消毒纱布、绷带、三角巾、安全扣针、胶布、创可贴、医用剪刀、镊子、手电筒、棉签、碘酒、3%双氧水、75%医用酒精、1%醋酸溶液、5%碳酸氢钾溶液、汞溴红、烫伤膏、饱和硼酸溶液、凡士林等。急救箱中的物品应经常更新，注意药品均应在有效期内。

2.1.2.2 实验室布局

化工实验室标准单元组合设计应符合工作流程、设计规范及空间标准的要求，并与通风柜、实验台及实验仪器设备的布置、结构选型及管道空间布置紧密结合。

① 对于1/2单元的化工实验室模型，采用边台，设一个出入口；对于一个标准单元以上的化工实验室模型，可以采用一个以上的中央台，设两个以上的出入口；必须确保出入口通畅，不能出现通道死角。

② 对于只需局部抽风的实验室，可采用万向排气罩；对于大量使用挥发性物质或有机溶剂的实验室，必须配备通风柜和桌面通风罩，通风柜设在远离出入口且靠近管井的位置。

③ 试剂柜、器皿柜等功能性高柜应设在靠墙位置，器皿柜应尽量靠近水槽，试剂柜需要设抽风装置。根据需要还可配备酸柜、防爆柜等安全储存柜。

④ 实验台面要求耐强酸碱腐蚀及耐高温，建议采用环氧树脂台面及环氧树脂水槽。

⑤ 根据实验性质的不同，可选配三口水龙头、纯水水龙头、抽滤水龙头、废液收集桶、垃圾桶、洗瓶器、洗眼器、紧急淋浴器等配件。

⑥ 试剂架可采用磨砂玻璃或玻璃实芯理化板等防腐蚀层的钢制试剂架，高度可调节，也可在试剂架上配吊柜。

⑦ 烘箱等加热装置需要放置在远离使用、存储有机溶剂的位置。

2.1.2.3　系统工程

① 化工实验室需要良好的通风，用于实验室的通风排毒装置主要有通风柜、桌面通风罩和万向排气罩，其设计要合理，既要考虑操作方便也要考虑节能，必要时应设空调。

② 对于通风柜不多的小型实验室，通风柜的控制可采用单独控制，即每台风机控制一台通风柜。在这种排风系统中，单股气流不会和其他气流相互影响，风机关闭也只影响到一个通风柜。大型的实验室可采用集中控制，即一台风机控制多台通风柜，加装变频或变风量系统，通风柜不使用时可以减少能耗。

③ 万向排气罩主要设置在操作台的上方，以便局部排气。万向排气罩的排风量较小，一般采用集中控制，加装变频器。在万向排气罩不用时关闭抽风口，可降低风机频率，达到节能目的。

④ 通风柜和排气罩不断将室内空气排走，对于不能开窗或排风量大的房间要采用补充新风装置。一般通过新风机补进的新风要占排走气量的 90%，其余的 10% 则通过门缝补充，使房间形成微负压环境，以防止室内的有毒物质逸出室外。

⑤ 经常保持实验室的清洁非常重要。室外大气中的尘埃会借通风换气过程进入实验室，导致实验室内含尘量过高。这将会影响实验结果，而且灰尘附着在仪器设备的元件表面上，可能造成设备障碍，甚至引起短路或其他潜在的危险。

2.1.2.4　实验室内装修

① 地面　实验室的地面要求防滑、耐腐蚀、易清洁，可采用防滑陶瓷地砖、聚氯乙烯（PVC）地面或金刚砂实验室专用地面。

② 隔断　墙面可采用半玻璃墙或落地玻璃墙，半玻璃墙可采用玻璃与彩钢板、玻璃与硅钙板、玻璃与砖墙组合，硅钙板或砖墙部分可喷乳胶漆或贴陶瓷砖，彩钢板可采用玻镁板。

③ 天花板　层高较低的实验室，建议不做天花板；3.5m 高以上的实验室，可采用铝扣天花板。用彩钢板隔断的实验室，天花板同样采用彩钢板。天花板的要求是简单且容易清洁。

④ 门　实验室的门可采用钢门、彩钢板门、玻璃门等，门的宽度大于 1.2m，可用子母门形式，门上装观察窗，向疏散方向开启，可设电子门禁系统及警告标识。安装门禁系统可以有效减少外来人员误入化工实验室而产生的各种安全隐患，也便于对实验人员进行管理，对只有掌握化工实验室安全知识的人员进行准入。

⑤ 监控　为了保障实验室系统、安全、可靠地运行，实时监测、监控实验室各项环境参数，保证实验室状态稳定，并在发生意外或者系统故障时及时采取措施，有必要安装监控设施。智能监控系统包括视频监控、火灾监控、气体泄漏监控等设备。一些实验过程和特殊仪器设备涉及危险气体的产生和使用的，可加装氢气、一氧化碳等可燃气体探头，并具备报警功能。各种监控设备的信息可统一汇总到实验楼保卫室，以便安保人员能及时掌握各种信息。

2.1.2.5　安全防护

① 化工实验经常用到大量的酸碱和有机溶剂，如果不慎溅入眼睛或身体上必须马上进

行冲洗，因此，必须安装紧急洗眼器、紧急淋浴器并配备紧急救护药箱。

② 化工实验室必须防火，对于有易燃、易爆物品的实验室，电线、照明、插座等都要按照防爆设计，符合消防规范。实验室内必须存放一定数量的消防器材，并放置在便于取用的明显位置，周围不许堆放杂物，指定专人管理，并按照要求定期检查更换。

③ 实验室有机废气和无机废气分别要求采用碳吸附和水喷淋方式处理后再排放；污水按污水性质、成分及污染的程度可设置不同的排水系统，以防进入城市水系，从而造成污染。含有对人体有害、有毒物质的污水应设置独立的排水管道，这些污水经局部处理或利用后才能排入室外的排水管网。

④ 在化工实验室等有供水的实验室，应设置地漏，以保证水管爆裂、水龙头跑水时能够及时排水，防止浸泡实验室，危及仪器设备的安全。

⑤ 存放或使用剧毒及危险化学品的实验室和储存间，应设有危险物品存储柜，并设置门禁和智能监控装置。

2.2 化工实验室用水、用电安全

2.2.1 实验室用水安全

实验室供水要保证一定的水压、水质和水量，满足仪器设备正常运行的需求。下水道应采用耐酸碱腐蚀的材料，地面应有地漏。水龙头、接头要做到不滴、不漏、不冒，下水道堵塞要及时疏通，发现问题及时修理。停水后，要检查水龙头是否拧紧，以防深夜来水后无人处理导致实验室积水。如开水龙头发现停水，要随即关上开关。清早拧开水龙头如发现流出的水浑浊且发黄，这是由管材内壁锈迹导致的，需要打开水龙头放水一段时间即可恢复正常。实验室水患多由冷凝等装置的胶管老化、脱落引起，故应采用厚壁橡胶管，并定期更换。冷凝装置用水的流量要适当，防止压力过高导致胶管脱落。晚上离开实验室时应关闭冷凝水。北方城市的实验室用水还要注意防冻保暖，室外水管、水龙头的防冻可用麻织物或绳子进行包扎。对已冰冻的水龙头、水表、水管，宜先用热毛巾包裹水龙头，然后浇温水，使水龙头解冻，再拧开水龙头，用温水沿自来水龙头慢慢向水管浇洒，使水管解冻，切忌用火烘烤。严禁向水槽中倾倒干冰和液氮。

实验室器皿的洗涤液和实验残液的排放需通过管道送到废水处理装置经过处理之后再排放，强酸、强碱及有机试剂严禁直接倾倒在水槽中，应分门别类收集在废液瓶中集中处理；一般性洗涤用水可以直接排放。

2.2.2 实验室用电安全

(1) 触电的发生及救治

电流通过人体脑部和心脏时最危险，40~60Hz交流电对人体危害最大。以工频电流为例，当1mA左右的电流通过人体时，会产生麻刺等不舒服的感觉；10~30mA的电流通过人体时会产生麻痹、剧痛、痉挛、血压升高、呼吸困难等症状，但通常不致有生命危险；电流达到50mA以上时，会引起心室颤动而有生命危险；100mA以上的电流足以致人死亡。直流电在同等电流的情况下，对人体也有相似的危害。通过人体电流的大小与触电电压和人体电阻有关。

在低压电力系统中，若人站在地上接触到一根火线，称为单相触电或单线触电。人体接触漏电的设备外壳也属单相触电。人体不同部位同时接触两相电源带电体而引起的触电为两相触电。当外壳接地的电气设备绝缘损坏而壳带电，或导线断落发生单相接地故障时，电流由设备外壳经接地线、接地体（或由断落导线经接地点）流入大地向四周扩散，在导线接地点及周围形成强电场。

防止触电需注意以下事项：

① 操作电器时，手必须干燥。因为手潮湿时，电阻显著减小，容易引起触电。不得直接接触绝缘不好的通电设备。

② 一切电源裸露部分都应有绝缘装置（电开关应有绝缘闸，电线接头裹以胶布、胶管），所有带电设备的金属外壳应接地线。

③ 已损坏的接头或绝缘不良的电线应及时更换。

④ 修理或安装电器设备时，必须先切断电源。

⑤ 不能用试电笔去试高压电，一般电笔最高承受电压为 220V。

⑥ 遇到有人触电，应首先切断电源，然后再进行抢救。因此，必须清楚电源的总闸在什么位置。人体触电后，很可能由于痉挛或昏迷紧紧握住带电体。救护人员应穿胶底鞋或站在干燥木板上救治伤员。采用绝缘工具将伤者转移至干燥通风处仰卧，并立即检查伤员情况。根据受伤情况确定处理方法，触电者神智尚清醒，但感觉头晕、心悸、出冷汗、恶心、呕吐等，应让其静卧休息，减轻心脏负担；触电者时而清醒，时而昏迷，应静卧休息并请医生救治；触电者无知觉，有呼吸、心跳，应在请医生的同时施行人工呼吸；触电者呼吸停止，但心跳尚存，应施行人工呼吸；如心跳停止、呼吸尚存，应采取胸外心脏按压法；对心跳、呼吸停止的，必须同时采用胸外心脏按压法和人工呼吸进行抢救，并拨打 120 急救电话，坚持做心肺复苏直至医生到达。

（2）负荷及短路

实验室总电闸一般允许最大电流为 30～50A，超过时会使保险丝熔断。一般实验台上分闸的最大允许电流为 15A。使用功率很大的仪器，应该事先计算电流量。严格按照规定的电流量接保险丝，否则长期使用超过规定负荷的电流，容易引起火灾或其他严重事故。

接保险丝时，应先拉开电闸，断电操作。为防止短路，应避免导线间的摩擦。尽可能不使电线、电器受到水淋或浸在导电的液体中，比如实验室中常用的加热器如电热套或电灯泡的接口不能浸在水中。

室内存在大量的氢气、煤气等易燃易爆气体时，应防止产生电火花，以免引起火灾或爆炸。电火花经常发生在电器接触点接触不良、继电器工作时以及电闸开关时，因此应注意室内通风，电线接头接触良好，包扎牢固。继电器上可以并联一个电容器，以减弱电火花。一旦着火，应先切断电源总开关，用沙或二氧化碳、四氯化碳灭火器灭火，禁止用水或泡沫灭火器等导电液体灭火。

（3）使用电器仪表

① 注意区分仪器设备所要求的电源是交流电还是直流电，三相电还是单相电，电压的大小（380V、220V、110V、6V），功率是否适合，以及正、负接头等。

② 注意仪表的量程。待测数值必须与仪器的量程相适应，待测值大小不清楚时，必须先从仪器的最大量程开始。例如某一毫安表的量程为 7.5mA、3mA、1.5mA，应先接在

7.5mA 接头上，若灵敏度不够，可逐次降到 3mA 和 1.5mA。

③ 线路安装完毕应再次检查无误。正式实验前，不论对安装是否有充分把握（包括仪器量程是否合适），总是先使线路接通一瞬间，根据仪表指针摆动速度及方向加以判断，当确定无误后，才能正式进行实验。

④ 不进行测量时，应断开线路或关闭电源，这样既省电又可延长仪器寿命。

⑤ 电炉、烘箱等用电加热设备使用时，实验人员应在场观察或通过监控器实时监管。

⑥ 实验前先检查用电设备，再接通电源；实验结束后，先关仪器设备，再关闭电源。工作人员离开实验室或遇突发断电，应关闭电源，尤其要关闭加热电器的电源开关。为了预防电击，电气设备的金属外壳应接地。

⑦ 严禁任何人员在实验室过夜，确因工作需要过夜加热，必须有人负责管理，以防夜间加热装置出现问题。

⑧ 配电箱、开关、变压器等各种电气设备附近不得堆放易燃、易爆、潮湿和其他影响操作的物件。

2.3 化学试剂的安全防护

化学试剂（chemical regent）是进行化学研究、成分分析的相对标准物质，广泛用于物质的合成、分离、定性和定量分析。在工厂、学校、医院和研究所的日常工作中，均离不开化学试剂。化学试剂按照用途，可分为两类，一类为相对标准物质，用来检验、鉴定和检测；一类为原料物质，用来合成、制备、分离和纯化。化学试剂按性质又可分为有机试剂、无机试剂、生化试剂、指示剂和标准物质等。

2.3.1 化学试剂的分类及存贮

目前，我国的试剂规格基本按照纯度来进行划分，可以分为四级。

① 优级纯（GR，一级品） 主成分含量在 99.8% 以上，这种试剂纯度最高，杂质含量最低，适用于精密分析和研究工作，有的可作为基准物质。使用绿色瓶签。

② 分析纯（AR，二级品） 主成分含量在 99.7% 以上，纯度很高，略次于优级纯，适用于工业分析及化学实验。使用红色瓶签。

③ 化学纯（CP，三级品） 主成分含量在 99.5% 以上，纯度较高，存在一定干扰杂质，适用于工矿日常生产分析和合成制备。使用蓝色瓶签。

④ 实验试剂（LR，四级品） 杂质含量较高，纯度较低，常作为辅助试剂使用（如发生或吸收气体，配制洗液等）。使用棕色瓶签。

此外，还存在纯度远高于优级纯的高纯试剂（≥99.99%），杂质含量比优级纯试剂低 2 个甚至更多的数量级，适用于痕量分析。

目前国际上通行的方法是按照化学品的主含量、物理常数等来标示化学试剂的级别和纯度。一般认为，当主含量、沸点、熔点、密度、折射率，甚至光谱都已知的情况下，一个物质的纯度、适用范围也就可以基本确定了。应根据所给定的主成分含量、有关物理常数，来判断化学试剂是否满足工作需要，必要时，可进行提纯处理。一般来说，化学试剂的质量指标清晰可靠，能用于合成制备。然而，科研工作对化学品纯度、级别的划分精细，而国家标准的覆盖度远远不能满足科研生产的需要，这严重阻碍了我国化学试剂的生产。仅靠现有的国家标准和行业标准，很难对数量庞大的化学试剂给出明确且完整的质量规范，而且也不可能对所有的化学品给出一个国家质量标准。

2.3.2　化学试剂品种和数量

化学试剂级别繁杂、品种众多，一般常规品种（一类试剂）即必需品种，有 225 种。二类试剂几乎应用于一切领域，也是厂商必备的品种，大约有 400～800 个品种。此类试剂需求量大、应用广泛，北京、天津、上海、西安、成都、广州、沈阳等地可生产。一些私营企业也在陆续生产。三类试剂大约有 6000～8000 个品种，它们的使用领域大多数是化工、环保、冶金、电力、食品、医药卫生等行业。

随着科学技术的进步和国民经济的发展，化工产业愈来愈趋向于高科技化和精细化，研究领域日益广泛和深入。而作为化学研究必需品——化学试剂，受国民经济尤其是价格体系等因素的制约，科学研究极大地超前于化学药剂工业的发展。现有试剂公司过量地重复生产低价位的常规试剂，而由于生产技术、生产成本、存放条件和运输条件的限制，特种试剂供应却呈现出市场空白，这导致出现大量精细试剂及特种试剂价格居高不下、供不应求的局面。这类试剂经常需要从国外调货，价格贵、订货周期长。这不但耗费了大量的外汇资金，更重要的是严重影响了科研及化工生产的进度。

2.3.3　化学试剂的有效期和存贮条件

化学试剂的有效期随着化学品化学性质的改变，有着很大的区别。一般情况下，化学性质稳定的物质，保存有效期长，保存条件也简单。判断一种化学物质的稳定性，可遵循以下几个原则。

无机化合物：原则上只要妥善保管，包装完好无损，就可以长期使用。但是，易氧化、易潮解的物质，在避光、阴凉、干燥的条件下，只能短时间内保存，具体要看包装和储存条件而定。

有机小分子：一般挥发性较强，包装的密闭性好，可以长时间保存。但此类物质易氧化、聚合、受热分解、对光敏感。在避光、阴凉、干燥的条件下，只能短时间内保存，具体要看包装和储存条件而定。

有机高分子：尤其是油脂、多糖、蛋白质、酶、多肽等生物药品，极易受到微生物、温度、光照的影响而失去活性，或变质腐败。因此，需要冷藏（冻）保存，而且保质期也比较短。

2.3.4　常见危险化学品使用安全知识

危险化学品是指具有毒害、腐蚀、爆炸、燃烧、助燃等性质，对人体、设施与环境有危害的剧毒化学品和其他化学品。危险化学品安全事故给国民经济和人民生命安全带来了极其严重的危害，实验室中危险化学品事故也时有发生。掌握常见危险化学品的使用安全知识，防止事故的发生已成为危险化学品安全生产及科技安全发展的重要课题。下面重点讲述实验室常见危险化学品汞和钠的安全使用知识。

(1) 汞的安全使用

常温下汞会逸出蒸气，吸入体内会对人体造成严重毒害。一般汞中毒分为急性中毒和慢性中毒。急性中毒多由高汞盐入口而得（如吞入 $HgCl_2$），$0.1\sim0.3g$ 即可致死；慢性中毒的症状为食欲不振、恶心、大便秘结、贫血、骨骼和关节疼痛、神经系统衰弱。引起以上症状的原因可能是汞离子与蛋白质发生作用，从而妨碍生理功能。

安全用汞的操作规程为：①汞不能直接暴露于空气之中，在装有汞的容器中，应在汞面上加水或其他液体覆盖；②一切倒汞操作，不论量的多少一律在浅瓷盘上进行。装有汞的容器下面放置浅瓷盘，使得在操作过程中偶然洒出的汞滴不致散落在桌面或地面上；③实验前应检查仪器连接处是否牢固，以免实验过程中脱落使汞流出；④储存汞的容器必须是结实的厚壁玻璃器皿或瓷器，以免由于汞本身的重量使容器破裂。万一有汞掉落，或水银温度计碎裂导致汞洒落时，应尽可能地用吸汞管将汞收集起来，再用能生成汞齐的金属片（如锌、铜）在汞溅落处多次扫过，最后用硫黄粉覆盖在有汞溅落的地方，并摩擦使其变成 HgS；⑤装有汞的仪器应避免受热，保存汞的区域应远离热源；⑥手上有伤口时，切勿触及汞。

(2) 金属钠的安全使用

金属钠的化学性质十分活泼，用途广泛。如应用广泛的抗爆剂四乙基铅是由氯乙烷跟钠和铅的合金反应而制成的。另外，进行无水无氧反应时，也经常用金属钠来干燥乙醚、脂肪烃和芳烃等溶剂。使用时，通常将金属钠用刀切成薄片，大量使用时最好用金属钠压丝机直接将其压到溶剂中。

金属钠的安全操作注意事项如下：①避免与氧化剂、酸类、卤素接触，尤其要避免与水接触；②金属钠置于煤油中密封保存，其碎屑也不可随意丢弃，也要储存于煤油中；③当多余的金属钠废料、钠表面的氧化层需要处理时，可把它放入乙醇中使之反应消耗掉（金属钠与乙醇反应进行缓慢）。但操作时也要注意通风，避免反应产生的热量聚集，并防止产生的氢气燃烧；④金属钠存放久了，表面会形成氧化层，使用时可用刀切去氧化层。长时间积累的金属钠皮或小块表面被氧化的金属钠，可以采用以下方法处理：将金属钠皮放入圆底烧瓶中，瓶内放入溶剂（液体石蜡或甲苯），加热回流，使金属钠完全熔融。停止加热，将圆底烧瓶中熔融的金属钠趁热倒入蒸发皿，使之自然冷却。待金属钠凝固后，倾去溶剂，用切钠刀将固化的金属钠切成合适大小的块状，放入煤油或液体石蜡中保存；⑤金属钠着火时，需采用消防沙覆盖灭火。

【案例 1】 2021 年 7 月 13 日，某大学一化学实验室发生火情，从走廊的监控视频可以看出实验室内浓烟滚滚、伴有火光，大量白烟从实验室飘到走廊，现场一名博士后实验人员头顶火苗冲出实验室，上衣被烧毁。该实验人员被第一时间送往医院检查，经诊断为轻微烧伤。据调查，本次事故是危险化学品瑞尼镍所致。瑞尼镍常作为有机化合物的氢化催化剂，可用于醛、酮等含有不饱和键化合物的氢化还原反应。瑞尼镍暴露在空气中极易燃烧，有一定危险性。

【案例 2】 2018 年 12 月 26 日，某大学一实验室内学生在进行垃圾渗滤液污水处理科研试验时发生爆炸，事故造成 3 名参与实验的学生死亡。据调查，事故原因为学生在使用搅拌机对镁粉和磷酸搅拌、反应过程中，料斗内产生的氢气被搅拌机转轴处金属摩擦、碰撞产生的火花点燃爆炸，继而引发镁粉粉尘云爆炸。该事故中相关人员违规购买、违法储存大量危险化学品镁粉，是导致事故发生的主要原因。

2.4　实验室废弃物的处理

实验室废弃物是指实验过程中产生的三废（废气、废液、废渣），还包括实验用剧毒物品、麻醉品、药物残留、放射性废弃物和实验动物尸体及器官。实验室废弃物如反应后的物料、一次性防护用品等不能直接倒入下水道或丢入生活垃圾区，应收集起来，分类存放，并由专人处理或交由专业的废弃物处理机构。对于实验室三废的处理，工作人员必须牢固树立环保意识，对进入实验室的工作人员进行有关方面的安全教育，使之熟知废弃物处理原则和规定。实验过程中产生的废气、废液、废渣及其他废弃物，提倡综合利用，严禁乱扔、乱倒。本部门无法解决的应尽快上报上级管理单位并提出具体意见。

2.4.1　实验室废气处理方法

少量的实验废气可通过通风设备排放到室外，通风管道应有一定高度，使排出的气体可由空气稀释。实验产生大量废气时，必须经由尾气吸收装置，然后才能排出，如含有氮、磷、硫等元素的酸性、氧化性废气（如卤化氢、二氧化硫等），可由导管通入碱液中（如碳酸钠、氢氧化钠溶液），使其吸收后排出。一些有毒气体可用活性炭、分子筛、硅藻土等吸收。

2.4.2　实验室废液处理方法

实验室废液应根据其化学特性进行分类存放，无机酸性废液、无机碱性废液、氧化性废液、一般无机废液、一般有机废液和含卤素的有机废液等，放入密闭容器中，不可混放。容器标签必须标明废物种类、贮存时间，以便定期清理。数量较少、浓度较高的有机物可于燃烧炉内供给充足的氧气使其完全燃烧，生成二氧化碳和水。高浓度废酸、废碱液要中和至近中性后才可排放。

(1) 综合废液的处理

用酸、碱调节废液 pH 值为 3～4，加入铁粉，搅拌 30min，然后用碱调节 pH 为 9 左右，继续搅拌 30min，加入硫酸铝或碱式氯化铝混凝剂，进行混凝沉淀。上清液可以直接排放，沉淀以滤渣方式处理。

(2) 含汞废液的处理

① 硫化物共沉淀法　将含汞盐的废液 pH 值调至 8～10，然后加入过量的 Na_2S，使其生成 HgS 沉淀。再加入 $FeSO_4$（共沉淀剂），与过量的 S^{2-} 生成 FeS 沉淀，并将悬浮在水中难以沉淀的 HgS 微粒吸附共沉淀。然后静置、分离，再经离心、过滤。

② 还原法　用铜屑、铁屑、锌粒、硼氢化钠等作还原剂，可以直接回收金属汞。

(3) 含铅、镉废液的处理

用消石灰将 pH 值调至 8～10，使 Pb^{2+}、Cd^{2+} 生成 $Pb(OH)_2$ 和 $Cd(OH)_2$ 沉淀，加入硫化亚铁作共沉淀剂，使之沉淀。

(4) 含氰废液的处理

① 氧化法　先用 NaOH 将废液 pH 值调至 10，然后加入过量的次氯酸钠、次氯酸钙或

高锰酸钾（3%溶液），将 CN^- 氧化分解成 CO_2 和 N_2，静置 24h 以上。

② 络合法 加入过量的 Fe^{2+} 或 Fe^{3+} 溶液，使废液中的 CN^- 变成稳定的 $[Fe(CN)_6]^{4-}$ 或 $[Fe(CN)_6]^{3-}$。

(5) 含氟废液的处理

加入石灰生成氟化钙沉淀。

2.4.3 实验室固体废物处理方法

硅胶、催化剂、针头、干燥剂、分子筛、硅藻土等化学试剂、用过的注射器、反应残渣等实验室产生的固体垃圾以及装化学试剂的容器等视为固体废弃物。固体可燃性废弃物分类收集和处理，一律及时焚烧。固体非可燃性废弃物分类收集，可用漂白粉进行氯化消毒，之后再行处理。一次性使用的手套、帽子、工作服、口罩等使用后放入污物袋内集中销毁。

碎玻璃、灯管、玻璃针筒、针头等应妥善包装，单独存放。破碎玻璃瓶内不得装有机溶剂和化学药品。

实验用剧毒物品、麻醉品必须严格执行剧毒物品管理规定。盛装、研磨、搅拌剧毒物品、麻醉品和药品的工具必须固定使用，不得挪作他用或乱扔、乱放，使用后的包装必须统一存放、管理。

带有放射性的废弃物必须放入指定的具有明显标识的容器内密封保存。由实验室管理部门不定期检查，报有关部门统一处理。

2.5 实验室常用装置的安全防护

2.5.1 高压设备使用注意事项

以下介绍几种实验室常见高压设备及装置的使用注意事项。

(1) 压缩气体钢瓶的使用注意事项

气体钢瓶由无缝碳素钢或合金钢制成，适宜装介质压力在 15MPa（150atm）以下的气体。钢瓶使用的主要危险是可能产生爆炸和漏气，已经充气的气体钢瓶爆炸的主要原因是气瓶受热而使内部气体膨胀，以致压力超过气瓶的最大负荷而爆炸；或者瓶颈螺纹损坏，当内部压力升高时冲脱瓶颈，气瓶按照火箭作用原理向放出气体相反的方向高速飞行，造成极大的破坏力和伤亡。另外，如果气瓶金属材料不佳或受到腐蚀，一旦气瓶坠落或被坚硬物撞击，就会发生爆炸。因此，使用高压气瓶时必须特别注意。

① 压缩气体钢瓶应直立放置并固定于气柜中或实验台旁，存放在阴凉、干燥、远离热源的地方。气瓶直立放置时，要用铁链等进行固定。可燃性气体钢瓶必须与氧气钢瓶分开存放。一般实验室内存放气瓶量不得超过两瓶。

② 在搬动气瓶时，应装上防震垫圈，旋紧安全帽，以保护开关阀。搬运装有气体的钢瓶时，最好用特制的担架或小推车，也可以用手平抬或垂直转动，绝不允许以手执开关阀门移动。

③ 使用钢瓶中的气体时要用减压阀。一般可燃气体的钢瓶气门螺纹是反扣的（如氢气、乙炔）；不燃性或助燃性气体的钢瓶是正扣的（如氮气、氧气）。各种气体的减压阀、导管不

可混用。不可将钢瓶中的气体全部用完，一般要保留 0.05MPa 以上的残留压力。可燃性气体应剩余 0.2~0.3MPa 压力。乙炔压力低于 0.5MPa 时应更换，否则钢瓶中丙酮会沿管路流进火焰，致使火焰不稳、噪声加大，并造成管路污染堵塞。氢气应保留 2MPa，以防重新充气时发生危险。

开、关减压阀和总阀门时，动作必须缓慢。使用气瓶时应先开总阀门（逆时针方向旋开），再开减压阀；关闭时先关总阀门（顺时针方向旋紧），放完余气再关闭减压阀。切不可只关减压阀，不关总阀。使用时阀门不要完全打开，乙炔瓶旋开不应超过 1.5 转，防止丙酮流出。

④ 使用气体钢瓶时，操作人员应站在与气瓶接口处垂直的位置上，即站在气压表的另一侧，不许把头或身体对准气瓶阀门，以防阀门或气压表冲出伤人。

⑤ 使用氧气瓶或氢气瓶等时应配备专用工具，并严禁与油类接触。操作人员不能穿戴沾有各种油脂或易感应产生静电的服装、手套操作，以免引起燃烧或爆炸。可燃性气体和助燃性气体钢瓶存放位置与明火的距离应大于 10m。绝不可使油或其他易燃有机物沾染在气瓶出口和气压表上，不可用麻、棉等易燃物质堵漏，以防燃烧引起事故。

⑥ 使用期间的气瓶每隔三年至少要进行一次检验。装腐蚀性气体的气瓶，至少两年检验一次。不合格的气瓶应立即报废。

用肥皂水或厂家提供的检漏水在所有接口和减压阀处测试是否漏气，如果肥皂水接连不断地出现肥皂泡，则说明该处漏气，应更换漏气部件或进行补漏。

⑦ 氢气瓶最好放置于远离实验室的小屋内，由导管引入，并加装防止回火的装置。

使用气体钢瓶时，注意气瓶上漆的颜色及标字（见表 2-1），避免混淆。

表 2-1　常见气瓶标记

气体类别	瓶身颜色	标字颜色	气体类别	瓶身颜色	标字颜色
空气	黑	白	氢气	深绿	红
氮气	黑	黄	氨气	黄	黑
氩气	灰	绿	氯气	草绿	白
氧气	天蓝	黑	硫化氢	白	红
氦气	灰	绿	二氧化碳	铝白	黑

发现泄漏时迅速将泄漏污染区人员撤离至上风处，并进行隔离限制出入。切断电源。应急处理人员穿戴自给正压式呼吸器，穿防静电工作服。尽可能切断泄漏源，合理通风，加速扩散，喷雾状水稀释、溶解。

(2) 反应釜的使用注意事项

① 高压反应釜　高压反应釜是应对轴封泄漏问题而诞生的新型装置，在绝对密封的状态下完成反应。高压反应釜采用静密封结构，搅拌器与电机传动间采用磁力耦合器连接。由于其无接触地传递力矩，以静密封取代动密封，能解决搅拌存在的泄漏问题，使整个介质和搅拌部件完全处于绝对密封的状态中进行工作。因此，高压反应釜适合用于各种易燃、易爆、贵重介质及其他渗透力极强的化学介质进行的搅拌反应，是石油、化工、有机合成、高分子材料聚合、食品等工艺中进行硫化、氟化、氧化等反应较理想的无泄漏反应设备，有效保障了操作人员的人身安全。

高压反应釜的使用应注意以下事项：严禁与含有氯离子的溶液接触；高压反应釜的安全

帽不可堵塞；高压反应釜的紧固螺栓应对称加力，加力时不可一步到位，至少重复两轮加力；高压反应釜起到密封作用的金属环和金属套必须保持绝对清洁，清洗干净后要用拭镜纸或眼镜布擦拭；高压反应釜工作期间必须有人值守；反应釜用完后及时清洗并晾干，以免生锈。

高压反应釜使用过程中如有氰化氢、硫化氢、苯等有毒气体存在，在操作过程中应注意做好以下防护措施：ⅰ 在实验环境中要标注定期对实验环境空气质量进行监测的规范性文件和技术手段；ⅱ 日常工作中应加强对含有毒性气体反应釜密闭性的监测。检修时，人员必须穿戴好防护用品，现场应设全身冲洗设施和洗眼器；ⅲ 操作过程中一旦发生作业人员急性中毒事故，应及时采取有效的救护和治疗措施，尤其注意气压较低时，应加强监测与防护；ⅳ 可能存在毒性气体泄漏的工作场所内应采用不易渗透的建筑材料铺砌地面，并设围堰；ⅴ 提高反应设备、阀门（取样阀、倒淋阀等）及管道法兰连接、气流密封处的严密性，特别注意要采用耐高温、耐腐蚀、耐磨的新型填料和垫片，防止有害物质的扩散和泄漏；ⅵ 从反应釜中取出的物料，宜采用密闭循环系统；物料的液面指示，不得采用玻璃管液面计；ⅶ 取样点应设在易于取样和能迅速撤离的场所。取样阀应采用双保险设置，确保安全；ⅷ 如果排出的废气可通过火炬焚烧，应设置专用的火炬。火炬应设长明灯，并设电视监视系统；ⅸ 含毒气的废水、废物需要通过焚烧炉焚烧；焚烧炉应设智能监控系统；ⅹ 火炬区或焚烧炉内，不得布置易燃、易爆、毒气的蒸发器。

② 水热反应釜及高压灭菌锅　使用水热反应釜时，注意使用温度上限（一般＜250℃）。盖子要拧紧，反应釜筒内溶液不能充满，容量应保持在 1/3～2/3。反应完成后不宜使用骤冷方式降温，以免反应釜炸裂，发生危险。

使用高压灭菌锅时，应检查锅内水量，严禁使用过程中烧干；加热前检查锅盖是否密封良好，并定期检查压力阀门。

图 2-2 示例了几种实验室常见反应釜及高压灭菌锅。

小型高压反应釜

加氢高压反应釜

中试高压反应釜

水热反应釜

立式压力蒸汽灭菌锅

图 2-2　实验室常见的反应釜

【案例 3】　2021 年 3 月 31 日，某研究所发生一起实验室安全事故，致一名研究生死亡。此次事故发生的原因疑似是学生实验过程中操作不当，在反应釜未冷却时强行开启，导致爆炸，反应釜壳砸中头部致使该生当场死亡。

2.5.2　真空或减压设备使用注意事项

真空泵是实验室中常用的设备，一般用于减压过滤、减压蒸馏和真空干燥。常用的真空泵有空气泵、油泵和循环水泵。水泵和油泵可达到 10～100mmHg 的真空度，高真空油泵可达到 0.001～5mmHg 的真空度。实验室中附带有真空泵的仪器设备有真空干燥箱、冷冻干燥仪、旋转蒸发仪等。

油泵通常与真空干燥箱、冷冻干燥仪配套使用，在使用时应注意以下事项：①油泵前必须接冷阱，防止有机溶剂或腐蚀性气体进入油泵内。溶剂、水蒸气和腐蚀性气体进入油泵会污染泵油，降低泵的真空度，严重时会损坏真空泵内的密封结构；②油泵必须经常更换油，取油或装油时，防止杂物进入油中，引起泵的磨损。严格避免真空油与其他润滑油混合，更不能混入轻质油，否则将会影响泵的真空性能；③换油时应将泵内油品排尽，将新油倒入后缓缓转动泵轴，清扫泵腔排尽残油，重复清洗数次，等洗净后换入新油。换油期限为当油泵真空度下跌，油颜色变深为褐色时。

循环水泵多与旋转蒸发仪配套使用，应注意以下事项：①应配低温浴槽，防止减压时有机溶剂进入水箱造成污染；②循环水泵的水必须经常更换，以免残留的溶剂在水箱中累积被电机火花引爆；③在进行旋蒸操作时一定要使用圆底烧瓶，因为所产生的低压容易使瓶子破裂；④关闭仪器时应首先拔掉真空装置，再关闭水泵，防止产生倒吸；⑤在进行减压蒸馏操作时，操作人员不得靠近反应装置，应戴上护目镜等防护用具。因为在低压环境下，一些玻璃仪器的细小瑕疵在受到外界大气的压力下，容易产生爆裂而击伤操作人员。

2.5.3　加热装置使用注意事项

化工实验室常见的加热设备有水浴锅、油浴锅、电加热套、磁力加热搅拌器、电热鼓风干燥箱、可调功率电炉、微波反应器、马弗炉、管式电阻炉等。在使用这些加热设备时，要注意温度使用上限。

实验室程序升温的加热设备有马弗炉、管式炉、鼓风干燥箱等，在使用时的注意事项如下：①合理设置升温程序，升温速率不得超过 8℃/min，防止工作电流过大烧坏加热元件，在降温程序后要设置保护程序；②加热前应确定程序设置准确无误，确认热电偶处于炉膛内，新的高温炉使用之前需要烘炉；③设备工作时必须有人值守，不得中途离开，并在加热工作过程中每隔 1h 检查炉子是否正常运行；④炉子高温工作时，应远离易燃物品；⑤炉内高温时不得打开炉门，当温度降至 300℃ 以下时才可打开炉门，以免炉膛骤冷炸裂；⑥操作马弗炉时，取放物品时应使用坩埚钳，不可直接用手（除非炉内温度为室温）；⑦炉子运行结束后先停止降温或保护程序，再关闭电源。

【案例 4】　某研究所实验室一研究生在进行高温管式炉煅烧实验时，误将程序升温速度设置为 100℃/min，致管式炉升温过快，造成炉内元器件烧坏。庆幸的是，该生发现后及时断电，没有引起更大的经济损失。

开放式电炉、酒精灯等属直接加热设备，在使用时应注意：①实验操作区域，禁止堆放一切易燃、易爆物品；②加热烧杯、烧瓶时要垫上石棉网，防止容器破碎、液体流出，引起火灾；③加热容器中液面不得超过容器容积的 2/3，防止液体喷出造成电炉短路；④操作人员不得离开，直至加热结束及电阻丝冷却；⑤用酒精灯加热试管时不能集中加热，试管口不能对人，严防液体过热冲出；⑥严禁有机试剂在烧瓶内直火加热，防止溶剂外漏或瓶底破裂，严重危害操作人员的安全。

此外，实验室常用的加热设备还有集热式恒温加热磁力搅拌器、水浴锅、油浴锅、电加热保温套、恒温沙浴等。使用注意事项如下：①50℃以上运行时要时刻注意水浴锅内水位高度，防止干烧；②定期检查每台仪器的保险管是否完好、有效；③定期检查热电偶，生锈或接触不良时停止使用；④避免加热的容器倾倒，使试剂泄漏腐蚀热电偶及仪器；⑤水浴及油浴锅中导热介质经常更换，水浴应使用去离子水，防止热电偶生锈。使用油浴锅时应注意不要把反应试剂溅入油浴中，以免发生反应造成意外。

2.5.4 低温装置使用注意事项

(1) 冰箱

为加强实验室冰箱的使用与管理，提高冰箱的使用寿命及效率，保证其处于良好的使用状态，减少冰箱使用安全隐患，在实验室使用冰箱时需要注意以下几项：①实验室冰箱的用电线路应该尽量简单，插头上要粘贴警示标志，不能随意插拔，且冰箱的插线板不要和别的仪器共用；②保存低沸点试剂时（如乙醚、二氯甲烷等）使用专业的防爆冰箱。如因条件所限，使用普通冰箱储存低沸点试剂时一定要绝对密封，平稳放置；③突然停电后，一定要把冰箱门敞开一段时间之后再重新接通电源；④冰箱需要定期清理过期和长期无人使用的试剂；⑤实验室冰箱绝对禁止存放食品、饮品；⑥冰箱应该及时除霜。

(2) 液氮储罐

液氮储罐是实验室常见的低温储罐，使用液氮低温储罐应注意以下事项：①根据液氮的具体特性，在使用中为了保证储存液氮的安全和效果，需要对储罐的内腔进行清洗，防止液氮对储罐内壁造成侵蚀破坏，在清洗时首先将罐内残余的液氮排放完全，以免剩余的液氮造成安全事故；②排放彻底后，根据液氮的性质要用中性洗液清洗罐体，然后再用大量的清水冲洗罐体，洗液与清水的温度不允许超过 40℃；③清洗后的低温储罐，不能立刻使用，应待水分挥发干之后再进行液氮注灌操作，而且在大量注入之前必须要进行预注操作，以免罐内的温度骤变引发意外；④低温储罐在使用中应该定期进行保养维护，保证储罐的使用效果；⑤低温储罐的存放环境要保持通风、干燥；⑥利用低温储罐来储存液氮时要注意颈塞状况，防止因低温而产生结冰现象，如果出现结冰要及时清除处理；⑦不得拆弄外筒防爆装置和真空阀，否则将破坏贮罐的真空度；⑧外壳严禁碰撞，以免影响真空度；⑨特别注意避免液氮与皮肤直接接触，在操作低温液体时需穿戴合适的个人防护装备，包括特制的防冷冻手套、护目镜、完全脸部护罩、密封的围裙或外套、长裤和高筒鞋等。切忌使用棉质手套，因为毛细现象，会吸附液氮导致冻伤。

2.5.5 高速设备使用注意事项

实验室常用高速设备一般指离心机，原理是利用离心力将不同组分分离。离心机主要用于将悬浮液中的固体颗粒与液体分开，或将乳浊液中两种密度不同、又互不相溶的液体分开

（例如从牛奶中分离出奶油）；也可用于排除湿固体中的液体，类似于用洗衣机甩干湿衣服；特殊的超速管式分离机还可分离不同密度的气体混合物；利用不同密度或粒度的固体颗粒在液体中沉降速度不同的特点，有的沉降离心机还可对固体颗粒按密度或粒度进行分级。利用离心机转子高速旋转产生的强大离心力，加快液体中颗粒的沉降速度，把样品中不同沉降系数和浮力密度的物质分离开。

离心机的使用注意事项如下：①离心机应始终处于水平位置，外接电源系统的电压要匹配并要求有良好的接地线，机箱周围留有一定空间并保持通风良好；②开机前应检查机腔有无异物掉入；③样品应预先平衡，使用离心机微量离心时，离心套管与样品应同时平衡。若只有一支样品管，另外一支要用等质量的水代替；④挥发性或腐蚀性液体离心时，使用带盖的离心管，并确保液体不外漏，以免侵蚀机腔，造成事故；⑤转动未停止之前，严禁打开盖子、用手或其他物体给转子减速等行为；⑥每次操作完毕，应做好使用情况记录，定期对机器各项性能进行检修；⑦离心过程中若发现异常现象，应立即关闭电源，报请有关技术人员检修；⑧定期清洁机腔；⑨使用离心机时遵守左右手分开原则，只以右手操作仪器；⑩使用冷冻离心机时，除注意以上各项外，还应注意擦拭机腔的动作要轻柔，以免损坏机腔内温度敏感器。

2.5.6　辐射设备使用注意事项

实验室使用的紫外、红外、激光辐射、微波辐射以及核辐射源和射线装置都可能使实验人员接受的射线照射或吸入的放射性物质超过安全值，引起受照射人员机体发生病变，甚至对环境造成长期的影响。

2.5.6.1　紫外线辐射

紫外线消毒灯是涉及一些生物实验经常会用到的消毒设备。紫外线对细菌有强大的杀伤力，对人体同样有一定的伤害。其中，人体最易受紫外线伤害的部位是眼角膜。因此，在任何时候都不可用眼睛直视点亮的灯管，以免受伤。必须在紫外灯下观察实验时，应当佩戴防紫外线的防护眼镜或面罩。万一皮肤被紫外线灼伤，不要惊慌，一般几天后表皮脱落，长出新的皮肤来即可自愈。眼睛受伤会伴有红肿、流泪、刺痛，大约三四天后痊愈。但仍然建议在受到伤害后立即就医。

（1）对皮肤的伤害

① 皮肤过敏　如果裸露的皮肤被紫外线照射会受到损伤，出现红肿、脱屑、瘙痒、疼痛、起红疹等过敏症状。

② 皮肤老化　皮肤被强烈的紫外线照射，会出现老化情况。这是由于紫外线照射引起皮肤的张力变差、弹性缺失而出现松弛和下垂等老化现象。而且紫外线还会破坏皮肤组织中的胶原蛋白，出现皱纹、松弛等现象。

③ 皮肤肿瘤　紫外线消毒灯照射出的强烈紫外线可能会影响身体的免疫系统而诱发皮肤的癌变，如黑色素瘤、皮肤癌等。

（2）对眼睛的伤害

① 引起电光性眼炎　紫外线消毒灯对眼角膜和结膜上皮造成损伤引起炎症，也可称为电光性眼炎。特点是眼睑红肿、结膜充血水肿、有剧烈的异物感和疼痛，症状为怕光、流泪、睁不开眼，发病期间伴有视力模糊的情况。

② 导致结膜炎症　强烈的紫外线对角膜的损伤是巨大的，很容易引起眼睛出现疼痛，

导致角膜、结膜的炎症。

③ 产生白内障　强烈的紫外线导致晶状体变得不透明，从而引发白内障。

④ 导致视网膜病变　紫外线中的 UVA 能够深入穿透眼内，直达眼睛深部而引起视网膜出现病变。

（3）使用注意事项

① 使用过程中，应保持紫外灯表面的清洁，每周用纱布蘸酒精擦拭一次，发现灯管表面有灰尘、油污时，应随时擦拭；②用紫外灯对物体表面进行消毒时，应使物体表面接收紫外线的直接照射，且应达到足够的照射剂量；③用紫外灯进行室内消毒，要求每立方米不少于 1.5W 的功率，照射时长不少于 30min；④用紫外灯进行室内消毒，房间内保持清洁干燥。当温度低于 20℃、相对湿度大于 60% 时，应适当延长照射时间；⑤紫外线强度至少一年标定一次，新灯管的照射强度 $\geqslant 100\mu W/cm^2$ 为合格，使用中的紫外灯应达到 $\geqslant 70\mu W/cm^2$ 为合格；⑥不得使紫外线光源照射到人，以免引起损伤。

2.5.6.2　激光辐射

实验中若使用激光器，或带有激光器的仪器，应特别注意不要用眼睛直视，必须佩戴防护眼镜。最好将整个激光装置都覆盖起来，必须注意射出光线的方向，确保没有反射壁面存在，以免造成意外的反射光射入人眼。对放出强大激光光线的装置，要配备捕集光线的捕集器。此外，激光装置多使用高压电源，操作时还应注意用电安全。

2.5.6.3　其他辐射

实验室还经常配备一些具有放射性射线的装置，如回旋加速器、电磁感应加速器、X 射线发生装置、X 射线衍射仪、X 射线荧光分析仪、透射电子显微镜等。在上述装置中，由于 X 射线装置加速电压较低，装置又比较小型，运作简单，所以使用广泛。但是，在进行实验时，仍需加倍注意，防止被辐射线照射。并且要遵照管理装置负责人或管理人员的指示使用，绝不可随意操作。

2.6　实验室常见安全事故处理

化工实验室是生产科研的第一线，也是培养化工类人才的重要场所。实验室操作人员应具备以下三个方面的基本能力。

（1）具备良好的安全意识

在实验室工作要做好人身安全防护，穿实验服，佩戴好防护用品，如胶皮手套、护目镜、防毒口罩等。长发要盘起。禁止在实验室内饮食。禁止在实验室内打闹。注意玻璃仪器的使用，避免用力过猛导致玻璃容器破裂而割伤。注意实验室水电安全，冷却水不可彻夜常开。注意实验室的清洁，定期打扫实验室卫生。

（2）遵循实验操作规范

严格按照实验操作规范进行实验，切不可麻痹大意。实验室仪器设备用完后要关闭电源。发现实验室有异常状况（如异味、异常噪声或仪器设备异响），应立即关闭电源，离开实验室并向负责人汇报。如在实验室进行涉及有毒、有害气体、挥发性有机试剂的实验，应在通风橱内进行，同时尾气要通过吸收装置后引入通风橱的风道口。无毒无害的尾气要用管路排放到室外，严禁直接排在室内。

（3）掌握实验室常见安全事故处理方法

在化工实验中，经常接触使用各种化学药品和仪器设备，以及水、电、煤气，还会经常遇到高温、低温、高压、真空、高电压、高频和带有辐射源的实验条件和仪器。稍有不慎就可能发生一些意外事故，如烧（灼）伤、腐蚀、中毒、化学品泄漏、触电等。面对这些突如其来的事故，掌握一些应急处理的措施是极为必要的。出现意外时，我们需要保持冷静，运用所学的应急处理方法进行必要的处理。

以下介绍一些常见事故的应急处理方法。

2.6.1 实验室火灾事故处理

化工实验室经常用到大量的有机试剂，如甲醇、乙醇、丙酮、氯仿等。而实验室又经常使用电炉、酒精灯等火源。因此，极易发生火灾事故。发生火灾切不可惊慌失措，应保持冷静。根据具体情况正确灭火，必要时立即拨打"119"报警。采取措施防止火势蔓延，如切断电源、移走易燃药品等。根据火灾发展的阶段性特点，我们在扑灭火灾的过程中，要抓紧时机，正确运用灭火原理，有效控制火势，力争将火灾扑灭在初期阶段。关于火灾的处理、灭火器的选择等内容详见第 3 章防火防爆技术。

2.6.2 化学品腐蚀事故处理

皮肤直接接触强腐蚀性物质、强氧化剂、强还原剂可引起局部外伤。例如溴、白磷、浓酸、浓碱对人体皮肤和眼睛具有强烈的腐蚀作用，有些固态化学物质（如重铬酸钾）在研磨时扬起的粉尘对人体皮肤和视神经也有破坏作用。因此，进行任何实验都应佩戴护目镜保护眼睛，使其免受试剂侵蚀。发生化学灼伤时，首先应迅速解除衣物，清除皮肤上的化学药品，并迅速用大量干净的水冲洗，再用能清除该药品的溶液或药剂处理。

酸灼伤后，应立即用大量水冲洗或用甘油擦洗伤处，然后包扎，并根据具体情况进行处理：①硫酸、盐酸、硝酸、氢碘酸、氢溴酸、氯磺酸触及皮肤，如量不大，应立即用大量流动清水冲洗 30min，再用 $NaHCO_3$ 饱和溶液或肥皂液洗涤；如沾有大量硫酸，先用干抹布抹去浓硫酸，然后用水彻底清洗 15min，再用 $NaHCO_3$ 饱和溶液或稀氨水冲洗，严重时送医治疗；②皮肤被草酸灼伤时，不宜使用 $NaHCO_3$ 饱和溶液中和，这是因为 $NaHCO_3$ 碱性较强，会产生刺激，应当使用镁盐或钙盐进行中和；③氢氰酸灼伤皮肤时，先用高锰酸钾溶液冲洗，再用硫化铵溶液冲洗。

碱灼伤后，立即用大量的水洗涤，再用醋酸溶液冲洗伤处或在灼伤处撒硼酸粉。不同碱灼伤处理方法有一定差异：①氢氧化钠或氢氧化钾灼伤皮肤，先用大量水冲洗 15min 以上，再用 1%硼酸溶液或 2%醋酸溶液浸洗，最后用清水洗，必要时洗后加以包扎；②当皮肤被生石灰灼伤时，则应先用油脂类的物质除去生石灰，再用水进行冲洗。

三氧化二磷、三溴化磷、五氯化磷、五溴化磷等触及皮肤时，应立即用清水清洗 15min以上，再送医院治疗。受白磷腐蚀时，伤处应立即用 1%硝酸银或 2%硫酸铜溶液或浓的高锰酸钾溶液擦洗，然后用 2%硫酸铜溶液润湿过的绷带覆盖在伤处，最后包扎。

接触到溴、氟化氢将导致令人难以忍受的烧伤痛苦。因此在使用这些化学品时，应穿戴必要的防护工具，并在通风橱内操作。衣物被污染，应立即脱掉。溴灼伤是很危险的，被溴灼伤后的伤口一般不易愈合。当皮肤被液溴灼伤时，应立即用2%硫代硫酸钠溶液冲洗至伤处呈白色，再用大量水冲洗干净，包上纱布就诊；或先用酒精冲洗，再涂上甘油；或立即用冷水冲洗烧伤区域，再用5%的$NaHCO_3$溶液冲洗，最后用甘油和氧化镁（配比为2∶1）糊剂涂敷（或者用冰冷的硫酸镁溶液冲洗，也可涂可的松软膏）。碘触及皮肤时，可用淀粉物质如土豆涂擦，减轻疼痛，也能褪色。

被酚类化合物灼伤时，应先用酒精洗涤，再涂上甘油。例如苯酚沾染皮肤时，先用大量水冲洗，然后用70%乙醇和1mol/L氯化镁（4∶1）的混合液擦洗。

碱金属灼伤时，立即用镊子移走可见的钠块，然后用酒精擦洗，再用清水冲洗，最后涂上烫伤膏。碱金属氰化物灼伤皮肤处理方法与氢氰酸灼伤类似，先用高锰酸钾溶液冲洗，再用硫化铵溶液冲洗。

被铬酸、重铬酸钾以及铬（Ⅵ）化合物灼伤时，可用5%硫代硫酸钠溶液清洗受污染的皮肤。其中，铬酸灼伤皮肤还可先用大量水冲洗，再用硫化铵的稀溶液冲洗。

遇磷灼伤，首先要在水的冲淋下仔细清洗磷粒，其次用1%硫酸铜溶液冲洗，再次用大量生理盐水或清水冲洗，最后用2% $NaHCO_3$溶液湿敷，切忌暴露或用油脂敷料包扎。

硫酸二甲酯灼伤时，用大量水冲洗，再用5%的$NaHCO_3$溶液冲洗，不能涂油，不能包扎，应暴露伤处让其挥发，等待就医。

值得注意的是被上述化学品灼伤后，创面如果起水泡，均不宜把水泡挑破，如有水泡出血，可涂红药水或者紫药水。若试剂进入眼中，切不可用手揉眼，应先用抹布擦去溅在眼外的试剂，再用大量水（可用洗眼器）冲洗。若是碱性试剂，需再用饱和硼酸溶液或1%醋酸溶液冲洗；若是酸性试剂，需先用碳酸氢钠稀溶液冲洗，再滴入少许蓖麻油。若一时找不到上述溶液而情况危急时，可用大量蒸馏水或自来水冲洗，再送医院治疗。眼睛受到溴蒸气刺激不能睁开时，可对着盛酒精的瓶内停留片刻。

2.6.3 烧伤、烫伤事故处理

实验室烧伤、烫伤一般是由热力如火焰、沸水、热油、蒸汽、红热的玻璃、铁器造成的组织伤害，或者由电流、激光、放射线所致的组织损害。

(1) 烧伤应急处理

烧伤根据伤势的轻重分为三级：一级烧伤，皮肤红痛或红肿，无水泡，烧灼性疼痛，一周左右愈合；二级烧伤，皮肤起水泡，若水泡基底潮红，剧痛，一般在2周内愈合，无瘢痕；若水泡基底红白相间，痛觉迟钝，一般3～4周愈合，愈合后有瘢痕；三级烧伤，组织破坏，皮肤呈现棕色或黑色，烫伤有时呈白色，无痛，不能自愈。

急救的目的是使受伤皮肤表面不受感染。一级烧伤时可用水冲洗使伤口处降温，再涂些鱼肝油或烫伤油膏；二级烧伤时不要弄破水泡，防止感染，可以用薄的油纱布（如凡士林纱布）覆盖在已清洗拭干的伤面上，再用几层纱布包裹，隔天更换敷料；三级烧伤尽可能采用暴露疗法，不宜包扎，并接受医生的专业治疗。

【案例5】 某高校一名实验员使用酒精喷灯时，手不慎被灯焰烧伤（喷灯火焰温度可高达600～800℃），烧伤程度为二级，皮肤起水泡，清洗伤口后，用凡士林纱布覆盖，包扎2周后痊愈。本次事故中因实验室配备有基本急救物品，处理得当，未引起严重后果。

烧伤现场急救的基本原则主要包括三个方面。

① 保护受伤部位，迅速脱离致伤源。迅速脱去着火的衣服或采用水浇灌或卧倒打滚等

方法熄灭火焰，切忌奔跑喊叫，防止增加头面部及呼吸道的损伤。

②立即冷疗。迅速降低局部温度，以避免深度烧伤。冷疗是指采用冷水冲洗、浸泡或湿敷，为了防止发生疼痛和组织损伤，烧伤后应迅速采用冷疗的方法。冷疗在 6h 内有较好的效果，冷却水的温度应控制在 10～15℃为宜，冷却时间至少要 0.5～2h。对于不便洗涤的脸及躯干等部位，可用自来水润湿 2～3 条毛巾，包上冰片，把它敷在烧伤面上，并经常移动毛巾，以防同一部位过冷。若患者口腔疼痛，可口含冰块。

③保护创面。现场烧伤创面无需特殊处理。尽可能保留水泡皮完整性，不要撕去腐皮，同时用干净的纱布进行简单的包扎即可。创面忌涂有颜色药物及其他物质，如龙胆紫、红药水、酱油等，也不要涂膏剂如牙膏等，以免影响对创面深度的判断和处理。手（足）受伤处，应对手指（脚趾）分开包扎，防止粘连。

（2）烫伤应急处理

被高温蒸汽、热水、热油、高温仪器表面烫到时，应立即去除接触部分的衣物查看受伤面积，伤处皮肤未破时，通过冷水持续浸泡、冲洗或湿敷，直至受伤部位皮肤不疼、不红、不起泡，涂抹烫伤软膏、芦荟胶、植物油、万花油、鱼肝油或红花油后送医。如果伤处皮肤已破，可涂些紫药水或 1% 高锰酸钾溶液。如果伤面较大，深度直达真皮，应小心地用 75% 酒精处理，涂上烫伤膏后包扎，立即送往医院。如果伤势较重，不能涂烫伤软管等油脂类药物，可撒上纯净的碳酸氢钠粉末，并立即送医院治疗。

【案例 6】 北京某研究所内一研究生在做高温反应时，烧瓶内的高温蒸汽冲出喷在该生的手背，并透过实验服袖口的缝隙喷到手腕。该生立即脱下手套，用水龙头冲洗手背进行冷疗，但由于疼痛感较强，不能辨别手腕处的烫伤，未对手腕进行处理。经过较长时间的冲洗，手部基本恢复。但由于忽略了腕部，导致产生较大水泡。随后送医院得到妥善治疗并痊愈。较幸运的是，该生在做实验时拉下通风橱的玻璃窗，因此未造成更大面积的烫伤事故。

2.6.4　冻伤事故处理

实验室常用的液氮、干冰等制冷剂，若操作不慎，易引发不同程度的冻伤事故。冻伤事故的应急处理是尽快脱离现场环境，快速恢复体温，这是最有效与关键的一步。迅速将冻伤部位放入 37～40℃的温水中（不宜超过 42℃）浸泡复温，时间在 20min 以内，不宜过长。对于面部的冻伤，可用经 37～40℃的温水浸泡的毛巾进行局部热敷。无温水的紧急情况下，用自身或救助者体温复温。

局部冻伤按其损伤深度可分为四种程度，下面介绍常见的两种。在冻融以前，伤处皮肤苍白、温度低、麻木刺痛，不易区分其深度。复温后不同深度的创面表现有所不同。

Ⅰ度冻伤创面保持清洁干燥，数日后可痊愈。

Ⅱ度冻伤经过复温、消毒后，创面干燥者可加软干纱布包扎；有较大水泡者，可将泡内液体吸出后，用软干纱布包扎，或涂冻伤膏后暴露；创面已感染者先用抗菌药及湿纱布包扎，随后再用冻伤膏。

2.6.5　割伤事故处理

实验室中常用的玻璃仪器或玻璃管破碎以及其他尖锐物品会导致割伤事故。对于割伤事故的紧急处理，首先应止血，以防大量流血引起休克。

由玻璃碎片造成的外伤，首先必须检查伤口内有无玻璃碎片，用消毒过的镊子小心地将碎片取出，再用消毒棉花和硼酸溶液或以双氧水洗净伤口，再涂上红药水或碘酊（两者不能同时使用）并用消毒纱布包扎好。若伤口太深，流血不止，则让伤者平卧，抬高出血部位，压住附近动脉，并在伤口上方约 10cm 处用纱布扎紧，压迫止血，并立即送医院治疗。

若被带有化学药品的注射器针头或沾有化学品的碎玻璃刺伤或割伤，应立即挤出污血，尽可能将化学品清除干净，以免中毒。用净水洗净伤口，涂上碘酊后包扎。如化学品毒性大，则应立即送医治疗。

玻璃碎屑进入眼睛比较危险，一旦眼内进入玻璃碎屑或其他会对眼睛造成伤害的碎屑如金属碎屑等，应保持平静，绝不能用手搓揉，尽量不要转动眼球，可任其流泪，有时碎屑会随泪水流出。严重时，用纱布包住眼睛，紧急送医治疗。

当伤口暴露在空气中，容易结痂，这会减缓新细胞的生长。可以用浸透凡士林的纱布来保留伤口的水汽，只允许少量空气通过。细胞在潮湿情况下可以较快再生。在处理完伤口后，建议在 24h 内去医院注射破伤风预防针。

如果伤处流血量大，应马上止血。最快的止血方式是直接按压，在伤口处放一块清洁、吸水的布或毛巾，以手压紧。如果找不到布或毛巾，可以用手指，通常会在 1～2min 内止血。如果伤口血流不止，立即就医。在去医院的途中，在伤口与心脏之间找到离伤口最近的动脉，压住动脉，则可以起到缓解流血的作用。注意大约 1min 松开一次。

思考题与习题

1. 请根据本章所学内容制定实验室行为规范。

2. 请列举你平时做实验所用到的实验器材及仪器，并介绍使用这些仪器所用到的安全防护措施。

3. 实验室常见伤害有哪些？针对不同伤害所使用的应急处理手段是什么？

4. 查找资料，了解化学实验室常见反应：氧化反应、还原反应、硝化反应、氯化反应、磺化反应、重氮化反应、烷基化反应涉及的危险性及防护操作。

5. 你听说过哪些实验室安全事故？据你了解，事故原因是什么？如何防范实验室安全问题？

参考文献

[1] 蔡乐，曹秋娥，罗茂斌，刘碧清. 高等学校化学实验室安全基础[M]. 北京：化学工业出版社，2018.
[2] 赵华绒，方文军，王国平. 化学实验室安全与环保手册[M]. 北京：化学工业出版社，2013.
[3] 敖天其，廖林川. 实验室安全与环境保护[M]. 成都：四川大学出版社，2015.
[4] 姜文凤，刘志广. 化学实验室安全基础[M]. 北京：高等教育出版社，2019.
[5] 北京大学化学与分子工程学院实验室安全技术教学组编著. 化学实验室安全知识教程[M]. 北京：北京大学出版社，2012.
[6] 姜忠良，齐龙浩，马丽云，王殿宝，殷宏斌. 实验室安全基础[M]. 北京：清华大学出版社，2009.

第3章

防火防爆技术

学习要点：掌握燃烧的概念、燃烧的条件，了解物质燃烧的四种燃烧形式；掌握燃烧类型及特征参数；掌握闪点、自燃点等的概念、意义及影响因素；掌握爆炸概念，熟悉爆炸类型，掌握爆炸极限及影响因素，掌握爆炸危险度的意义，熟悉常见危险度最高的物质；掌握防火防爆技术措施及火灾扑救措施；掌握常用灭火剂的种类和适用场合。

化工生产过程中涉及的原料、中间产物和产品多为易燃易爆物质，化工企业的重大事故绝大多数是火灾、爆炸事故，预防火灾、爆炸事故是化工相关企业安全工作的重中之重。因此，熟悉燃烧和爆炸的特点、机理及防火防爆技术措施等，对于保障企业的生产安全，保障人民群众的生命安全，保护国家财产安全等具有重要意义。

3.1 燃烧

3.1.1 燃烧的概念和特征

在人类文明发展进程中，火的使用至关重要，一旦失控，火就变成了火灾。深入认识燃烧的本质，掌握着火条件，探索燃烧基本规律，对制定防范火灾及爆炸事故的技术措施具有重要意义。

燃烧是可燃物质与助燃物质之间发生的一种伴随放热和发光现象的剧烈氧化还原反应。没有放热和发光现象的氧化还原反应不是燃烧，如铁在空气中生锈。燃烧过程中，电子由可燃物向助燃物转移，得到电子的助燃物为氧化剂。根据现在对燃烧的认识，助燃物包括氧气、含氧气的空气或其他气态氧化性物质。最常见的燃烧是可燃物与氧气的反应。实际上还有很多物质可以作为助燃物，如氢气、金属钠或炽热的铁丝都可以在氯气中燃烧，并伴有光和热发生，氯气也是助燃物。在燃烧化学反应中，失掉电子的物质被氧化，获得电子的物质被还原，即在燃烧过程中有新物质生成。

燃烧过程应具有如下三个特征：生成新的物质、放热、发光和（或）发烟。

通常物质在高温状态才发光，这里说的光是指可见光和紫外线，不包括红外线，缓慢的化学反应导致的温度相对较低，不能发可见光，所以只有剧烈的氧化还原反应才是燃烧，可燃物质在空气中的缓慢氧化不是燃烧。燃烧属于氧化还原反应，但氧化还原反应不全是燃烧。

生成新的物质表明反应产物与参与燃烧的物质完全不同，如木材燃烧生成木炭、灰烬以及 CO_2、H_2O；乙醇、甲苯、丙酮等有机溶剂在空气中燃烧则变成 CO_2 和 H_2O，在氧气不足条件下的不完全燃烧还会产生 CO。电炉丝通电时，既发光又放热，但没有新物质生成，则不是燃烧过程。在燃烧反应过程中，总是伴随着化学键的断裂和生成，断键过程吸收热量，成键过程放出热量，成键过程放出的热量远远大于断键过程吸收的热量，所以燃烧总是放出大量的热量。化学键断裂需要能量，所以燃烧开始时需要一定的初始温度，温度低于一定值时燃烧不会发生。根据物理化学中的自由能理论，燃烧反应物的自由能（$G_{反应物}$）高，燃烧过程放出热量，产物的自由能（$G_{产物}$）低，整个过程中物质的自由能减小，即 $G_{产物} <$ $G_{反应物}$，$\Delta G = G_{产物} - G_{反应物}$ 为负值，所以燃烧过程开始后能自发进行。铁、铝、锌等金属在空气中被氧化成金属氧化物，铜溶解在硝酸中，都是自发的放热过程，但没有光放出，因此也不是燃烧过程。

燃烧能发出光也是由急剧放出大量热造成的，燃烧产物（气体、固体粒子、半分解产物等）被热量激发到较高的能量状态，在其自发返回到低能量状态时，多余的能量以光的形式放出，因此发光。生石灰和水反应生成氢氧化钙，放出的热量不足以使其发出可见光，因此不属于燃烧，有些物质燃烧时只发烟而不发光。

上面所述的燃烧为广义的燃烧，通常所说的燃烧主要还是指可燃物质与空气中的氧气反应的燃烧，属于狭义的燃烧，多数火灾中发生的燃烧属于狭义的燃烧。

3.1.2 燃烧的条件

燃烧发生必须具备三个必要条件，称为燃烧三要素（见图 3-1，又称为火三角）。同时存在且相互作用的可燃物、助燃物和点火源是构成燃烧的三个要素，三者同时存在是燃烧的必要条件，缺少其中任何一个，燃烧便不能发生。有时即使这三个条件都存在，但在某些情况下，如可燃物质未达到一定的浓度、助燃物数量不够、点火源不具备足够的温度或热量等，也不一定会发生燃烧。反过来，对已发生的燃烧，若消除了三要素中任何一个条件，燃烧便会终止。这就是灭火的原理。

图 3-1 燃烧三要素

（1）可燃物

凡是能在空气、氧气或其他氧化剂中发生燃烧反应的物质都称为可燃物。一般气体可燃物的燃烧比较容易但是需要达到一定浓度，燃烧才可以发生。例如，常温常压下氢气在空气中的体积分数少于 4% 时，便不能点燃。可燃物可以是固态，如木材、棉纤维、煤等；或是液态，如酒精、汽油、甲苯等；也可以是气态，如甲烷、乙炔、一氧化碳。可燃物质大部分是有机物，少量是无机物。

（2）助燃物

凡能帮助和支持可燃物燃烧的物质都称为助燃物，如空气、氧气、氯酸钾、过氧化钠、浓硝酸、浓硫酸等。助燃物也必须达到一定的数量或浓度时，燃烧才可能发生。

例如，正常情况下空气中氧气的浓度为 21％，当空气中的氧气含量降低至 14％～16％时，木柴的燃烧将停止。铁、铝等在空气中是难燃物质，而在纯氧中则能发生剧烈的燃烧。

（3）点火源

凡能引起可燃物质燃烧的热源都称为点火源，也称着火源、引火源。点火源可以是明火，也可以是高温物体。高温灼热体、撞击或者摩擦产生的热量或火花，电器火花、明火、化学反应热、绝热压缩等产生的热能等都是点火源。金属与金属、金属与水泥地面之间的撞击、摩擦所产生的火星，其温度可达 1000℃ 以上，可引燃可燃气体、可燃液体蒸气以及棉花、干草、绒毛等物质。但只有当点火源提供的能量超过一定值即最小引燃能量时，才能起点火作用。

在燃烧三要素理论基础上，可用连锁反应理论（又称链式反应理论）解释燃烧的本质。该理论认为燃烧反应中的气体分子相互作用，往往不是两个反应物分子直接反应生成最后产物，而是分子通过活化产生活泼的自由基与另一个分子作用，产生新的自由基，新的自由基又参加反应，如此延续下去形成连锁反应。连锁反应的引发需要有外来能源激发，使分子通过活化产生第一个自由基（链的引发）；两个自由基反应生成分子，则使链反应终止（链的终止）。任何连锁反应都由链的引发、链的传递和链的终止三个阶段构成。燃烧的三要素理论和连锁反应理论，也是制定防火和灭火措施的依据。

3.1.3　燃烧过程及形式

多数可燃物质的燃烧是物质受热成为气体的燃烧。聚集状态不同的可燃物，其燃烧过程不同。

（1）可燃气体燃烧

与固体和液体相比，气体燃烧历程最简单，也最易燃烧，只要提供足够的点火能量（大于等于相应气体的最小点火能），便能着火燃烧。可燃气体在空气、氧气或其他助燃气体中燃烧时，二者相互混合，可燃物质和助燃物质间的燃烧反应在同一相态（均为气相）中进行，如氢气在氧气中的燃烧，煤气在空气中的燃烧，这种燃烧过程称为均相燃烧。根据可燃气体与助燃气体是在燃烧前混合还是在燃烧时扩散混合，气体燃烧可分为混合燃烧和扩散燃烧。

可燃气体和助燃气体分子互相扩散，边混合、边燃烧，称为扩散燃烧。例如，气焊时乙炔在氧气中的燃烧，或盐酸合成炉中氯气在氢气中的燃烧。扩散燃烧发生在可燃气体与助燃气体的接触面上。可燃气体与助燃气体在容器内或空间中预先混合，形成可燃性混合气体，再燃烧，称之为混合燃烧。混合燃烧速度很快，在 25.4mm 的玻璃管中以一定浓度的可燃气体试验，多数气体在空气中的火焰传播速度为 1m/s 左右。

（2）可燃液体燃烧

可燃液体如汽油、酒精等，其燃烧过程是液体首先蒸发，产生的蒸气被点燃起火，释放的热量进一步加热液体表面，从而促使液体持续蒸发，燃烧持续进行，这种燃烧称蒸发燃烧。由于蒸发速度的制约，液体燃烧速度慢于气体。对于难挥发的可燃液体，往往是先受热分解出可燃气体再进行燃烧，这种燃烧形式称为分解燃烧。

（3）可燃固体燃烧

萘、硫黄等在常温下虽为固体，但在受热后会升华产生蒸气或熔融后产生蒸气，同样是蒸发燃烧。有些复杂物质如木材、煤、纸等固体可燃物的燃烧过程是：可燃物首先遇热分解成气态或液态产物，然后气态产物或液态产物的蒸气与氧反应产生燃烧，也称分解燃烧。木材燃烧最后分解不出可燃气体，只剩下固体炭，燃烧在空气和固体炭表面接触部分进行，它能产生红热的表面，不产生火焰，这种燃烧称为表面燃烧，其特点是燃烧在空气和固体表面接触部位进行，这种燃烧又叫均热型燃烧。蒸发燃烧和分解燃烧均有火焰产生，属于火焰型燃烧。金属燃烧无气化过程，燃烧温度较高，则属于表面燃烧。一些固体可燃物在空气不流通、温度低或可燃物含水多等条件下发生的只冒烟而无火焰的燃烧称为阴燃。

各种物质的燃烧过程如图 3-2 所示。从图中可以看出，任何可燃物质的燃烧都会经历氧化分解、着火、燃烧等阶段。物质燃烧过程的温度变化如图 3-3 所示。$T_初$ 为可燃物质开始加热时的温度。最初一段时间，加热的大部分热量用于物质熔化、汽化或分解、分子内能的增加，温度上升缓慢。到开始氧化温度 $T_氧$ 时，可燃物开始氧化，但由于温度较低，氧化速率较慢，反应热不足以克服系统向外界的散热，若停止加热，不能引起燃烧。到 $T_自$ 时，反应热和散热相等，处于平衡。温度再升高，平衡破坏，即使停止加热，温度也能自行上升，到 $T'_自$ 时，燃烧出现火焰。$T_自$ 为理论上的自燃点，$T'_自$ 为开始出现火焰时的温度，为实际测得的自燃点。$T_燃$ 为物质的燃烧温度。$T_自$ 到 $T'_自$ 的时间间隔 $Q_诱$ 称为燃烧诱导期，在指导安全上有一定实际意义。

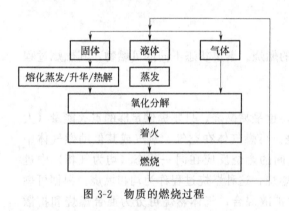

图 3-2　物质的燃烧过程

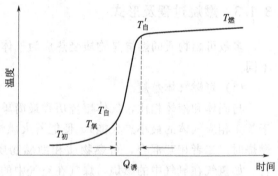

图 3-3　燃烧时间与温度的变化曲线

3.1.4　燃烧的类型与特征温度

燃烧有几种类型，其特征温度不同。

(1) 闪燃与闪点

可燃液体（包括可升华固体）表面上的蒸气与空气的混合气体，遇点火源产生一闪即灭的燃烧现象，称闪燃。可燃液体仅在一个特定的温度范围内，才可以发生闪燃，因为高于该温度范围，燃烧可持续就不是闪燃；低于该温度范围，液面上方可燃物浓度不够，闪燃也不会发生。

在规定的试验条件下，引起液体（或少量固体）产生闪燃现象的最低温度，称为闪点。由定义可知，闪点是对可燃液体而言的，但某些固体由于在室温或略高于室温的条件下即能挥发或升华，以致在周围空气中的浓度也会达到闪燃的浓度，所以也有闪点，如硫黄和樟脑等。一些常见易燃、可燃液体的闪点参见表 3-1。

表 3-1　一些常见易燃、可燃液体的闪点

液体名称	闪点/℃	液体名称	闪点/℃
汽油	＜28	甲苯	4
石油醚	−50	甲醇	9
二硫化碳	−45	乙醇	13
乙醚	−45	乙酸丁酯	13
乙醛	−38	石脑油	25
原油	−35	丁醇	29
丙酮	−17	氯苯	29
辛烷	−16	煤油	30～70
苯	−11	重油	80～130
乙酸乙酯	1	乙二醇	100

闪点是液体引起火灾危险的最低温度。液体的闪点越低，它的火灾危险性越高。闪点与物质的饱和蒸气压有关，物质的饱和蒸气压越大，其闪点越低。如果可燃液体的温度高于其闪点，则随时都有触及火源而被点燃的危险。闪点是衡量可燃液体危险性的重要参数之一。通常把闪点低于45℃的液体叫易燃液体，闪点高于45℃的液体叫可燃液体。易燃液体比可燃液体的火灾危险性要高。易燃与可燃液体又根据其闪点的高低分为不同的火灾等级。

易燃液体的闪点小于28℃，火灾等级为1级，如汽油、甲醇、乙醇、乙醚、苯、甲苯、丙酮、二硫化碳等。易燃液体的闪点为28～45℃，火灾等级为2级，如煤油、丁醇等。可燃液体的闪点为45～120℃，其火灾等级为3级，如戊醇、柴油、重油等。闪点温度大于120℃，火灾等级为4级，如植物油、矿物油、甘油等。

可燃液体的闪点随其浓度的变化而变化，浓度越高，闪点越低。两种可燃液体混合物的闪点，一般在这两种液体闪点之间，并低于这两种物质闪点的平均值。

【案例1】　2010年6月29日，某炼油厂原油输转站原油罐在清罐作业过程中，发生爆燃事故，致使罐内作业人员5人死亡，5人受伤，直接经济损失150万元。事故直接原因：作业人员在对原油罐进行现场清罐作业过程中，产生的油气与空气混合，形成了爆炸性气体环境，遇到非防爆照明灯具发生闪灭打火，或作业时铁质清罐工具撞击罐底产生的火花，导致发生爆燃事故。

(2) 点燃与着火点

点燃又称引燃，指可燃物的局部受到火花、炽热物体等明火源加热引起燃烧，并且火焰传播到整个可燃物中持续燃烧的现象。在规定的试验条件下，能产生持续燃烧的最低温度称为该可燃物的燃点或着火点。对于可燃性液体，燃点则是指液体表面上的蒸气与空气的混合物接触点火源后出现有焰燃烧（燃烧时间5s以上）的最低温度。可燃液体的燃点高于其闪点5～20℃，闪点越低，其差值越小，闪点在100℃以下时，二者往往相同。在没有闪点数据的情况下，也可以用着火点表征物质的火险。表3-2列出了一些常见可燃物质的燃点。

表 3-2　几种常见可燃物质的燃点

物质名称	燃点/℃	物质名称	燃点/℃
汽油	16	布匹	200
煤油	86	棉花	210

物质名称	燃点/℃	物质名称	燃点/℃
乙醇	60～76	烟草	222
樟脑	70	松木	250
萘	86	有机玻璃	260
赛璐珞	100	胶布	325
橡胶	120	聚乙烯	340
纸张	130	聚氯乙烯	391
石蜡	190	涤纶	390
麦草	200	尼龙	395

（3）自燃与自燃点

在无外界火源的条件下，物质自行引发的燃烧称为自燃。在规定的试验条件下，能产生自燃的最低温度称为该可燃物的自燃点。自燃点是衡量可燃物质火灾危险性的又一个重要参数，可燃物质的自燃点越低，越易引起自燃，其火灾的危险性越大。表3-3列出了几种常见物质的自燃点。

自燃有两种情形：受热自燃和自热燃烧，其区别在于热源不同。受热自燃又称热自燃，是没有明火直接作用，而靠外界加热引起燃烧的过程。可燃物接触高温表面、加热、烘烤过度、冲击摩擦均可引起自燃。自热燃烧指在无外部热源的情况下，其内部发生物理、化学或生化变化产生热量，产生的热量又不能及时与外界交换，热量不断积累，体系温度上升，达到其自燃点而燃烧。

表 3-3　几种常见物质的自燃点

物质名称	自燃点/℃	物质名称	自燃点/℃
棉花	255	有机玻璃	450～462
报纸	230	聚酰胺	424
白松	260	醋酸纤维素	475
聚乙烯	349	硝酸纤维素	141
聚氯乙烯	454		

① 自热燃烧的物质分类　造成自热燃烧的原因有氧化热、分解热、聚合热、发酵热等。自热燃烧的物质可分为四类：

ⅰ 自燃点低的物质。如磷、磷化氢等在常温下即可自燃。

ⅱ 遇空气、氧气会发生自燃的物质。如油脂类，浸渍在面粉、木屑中的油脂，很容易发热自燃；又如金属粉尘及金属硫化物极易在空气中自燃。在化工厂和炼油厂里，由于硫化物（H_2S）的存在，铁制的设备和容器易受到腐蚀而生成硫化铁，硫化铁与空气接触便能自燃。如果有可燃气体存在，则易形成火灾和爆炸。

ⅲ 自然分解发热的物质，如硝化棉。

ⅳ 产生聚合、发酵热的物质。如潮湿的干草、木屑堆积在一起，由于细菌作用，产生热量，若热量不能及时散发，则温度逐渐升高，最后达到自燃点而自燃。

【案例2】 2015年8月12日23:30左右，位于天津某物流有限公司所属危险品仓库发生爆炸。事故造成165人遇难、798人受伤、304幢建筑物、12428辆商品汽车、7533个集装箱受损，直接经济损失 68.66 亿元。事故的直接原因：集装箱内硝化棉由于湿润剂散失出现局部干燥，在高温等因素作用下分解放热，积热自燃，导致堆放于运抵区的硝酸铵等危险化学品发生爆炸。

【案例3】 2019 年 3 月 21 日 14 时 48 分许，江苏省某化工有限公司化学储罐发生爆炸事故，并波及周边 16 家企业。事故共造成 78 人死亡，76 人重伤，640 人住院治疗，直接经济损失 19.86 亿元。事故直接原因是该公司旧仓库内长期违法贮存的硝化废料持续积热升温导致自燃，燃烧引发了硝化废料爆炸。

② 影响可燃物质自燃点的因素　影响可燃物质自燃点的因素主要如下。

ⅰ 压力的影响，压力越高，自燃点越低。

ⅱ 可燃气体与空气混合时的自燃点随其浓度的变化而变化，混合气体中氧的浓度增高，其自燃点降低。

ⅲ 催化剂对可燃液体和气体的自燃点也有很大影响，活性催化剂能降低物质的自燃点，而钝性催化剂却能提高物质的自燃点。例如，在汽油中加入的抗震剂四乙基铅就是一种钝性催化剂。

ⅳ 液体和固体可燃物质受热分解并析出的可燃气体挥发物越多，其自燃点越低。固体可燃物粉碎得越细，其自燃点越低。

ⅴ 液体的相对密度越大，闪点越高，其自燃点越低。如相对密度：汽油＜煤油＜轻柴油＜重柴油＜蜡油＜渣油，而其闪点依次升高，自燃点就依次下降。汽油的闪点小于 28℃，自燃点 510～530℃；渣油闪点大于 120℃，其自燃点 230～240℃。

③ 有机化合物自燃点的特点　有机化合物的自燃点有以下几个特点：

ⅰ 同系物中，自燃点随分子量增加而减小，如甲烷的自燃点高于乙烷、丙烷的自燃点。

ⅱ 直链化合物自燃点低于其异构体的自燃点。如正丙醇的自燃点为 540℃，而异丙醇的自燃点为 620℃。

ⅲ 饱和链烃的自燃点比相应的不饱和链烃的自燃点高。如乙烷的自燃点 515℃，乙烯的自燃点 425℃，乙炔的自燃点 305℃。

ⅳ 低碳数芳香烃化合物的自燃点高于相同碳原子数的脂肪烃化合物的自燃点。如苯（C_6H_6）和甲烷（C_7H_8）的自燃点分别高于己烷（C_6H_{14}）和庚烷（C_7H_{16}）的自燃点。

3.2 爆炸

3.2.1 爆炸的概念

爆炸是指一种极为迅速的物理或化学的能量释放过程，在此过程中，系统的内在势能转变为机械功及光和热的辐射等。爆炸物质可能是气体、液体或固体。爆炸过程中，系统的内在能量转变为气体的静压能，静压能对外做机械功，爆炸做功的根本原因在于，系统爆炸瞬间形成的高温高压气体或蒸气的骤然膨胀。爆炸的冲击波最初使气压上升，随后使气压下降使空气震动产生局部真空，呈现所谓的吸收作用。由于爆炸的冲击波呈升降交替的波状气压向周围扩散，从而使附近建筑物遭震荡破坏。与火灾不同，爆炸造成人员伤亡、财产损失的大小与时间无关。但爆炸产生的设备碎片可能使人员伤亡或击穿其他设备造成泄漏，引发火灾、中毒事故，甚至环境污染。

爆炸一般具有以下特征：爆炸过程在瞬间完成；爆炸点附近压力急剧升高；发出或大或小的响声；气体体积急剧增大，周围介质发生震动或邻近物体遭到破坏。爆炸体系和它周围的介质之间发生急剧的压力突变是爆炸的最重要特征，这种压力突跃变化也是爆炸产生破坏作用的直接原因。

3.2.2　爆炸的分类

(1) 按照爆炸的原因分类

① 物理爆炸　仅由物理因素（温度、压力等）引起的爆炸，又称爆裂。

锅炉的爆炸是典型的物理性爆炸，其原因是过热的水迅速蒸发出大量蒸汽，当蒸汽压力超过锅炉的极限强度时，就会发生爆炸。发生物理性爆炸时，气体或蒸汽等介质潜在的能量在瞬间释放出来，因而造成巨大的破坏和伤害。

② 化学爆炸　因物质发生激烈的化学反应而发生的爆炸。任何一种化学爆炸的发生必须具备的条件是：化学反应过程放出热量；反应速率快，放热速率快，放出热量大。此外，反应一般生成气体产物。

按发生的化学反应不同，化学爆炸又可分为三类。简单分解爆炸，爆炸物自身分解并放热引起的爆炸。这类爆炸不一定发生燃烧，爆炸所需要的热量是由爆炸物自身分解时产生的。易发生简单分解爆炸的有：叠氮类化合物如叠氮铅（PbN_6）、乙炔类化合物如乙炔银（Ag_2C_2）、氮卤化物如三氯化氮（NCl_3）和碘化氮（NI）等。这类物质极不稳定，受震动即可引起爆炸，是非常危险的。如三氯化氮 $60℃$ 时为黄色油状液体，在受震动或在超声波条件下可分解爆炸，在容积不变的情况下，爆炸时温度可达 $2128℃$，压力高达 $531.6MPa$。爆炸方程式为

$$2NCl_3 \longrightarrow N_2 + 3Cl_2$$

【案例4】　2004年4月15日，重庆某化工厂发生两起三氯化氮爆炸事故，附近15万名群众紧急疏散。16日现场处理人员凭借经验擅自启动事故处理装置时造成振动，引起三台液氯储罐内的三氯化氮爆炸，导致9名现场处置人员死亡，3人受伤。事故的直接原因是：2004年1月，液氯冷冻岗位的氨蒸发系统曾发生泄漏，造成大量的氨进入冷冻盐水中，生成了含氨盐水，该隐患长达3个月未消除。4月，氯氢分厂1号氯冷凝器列管腐蚀穿孔，含氨盐水泄漏到液氯系统，生成大量易爆的三氯化氮，引起分解爆炸。

某些单一气体，如乙炔、乙烯、丙烯、臭氧、环氧乙烷、四氟乙烯、一氧化氮、二氧化氮等，当分解反应迅速、放热量大时，可以发生简单分解爆炸。该爆炸不需要助燃气体，爆炸点火能的数值随温度和压力升高而降低，温度高容易发生分解爆炸。在高压下容易引起分解爆炸的气体，当压力降至某个数值时火焰便不再传播，该压力称气体分解爆炸的临界压力。气体分解爆炸的临界压力可以从有关手册上查到，但是要注意其数值是在一定温度下测定的。例如，当温度达到 $700℃$，压力超过 $0.14MPa$ 时，乙炔发生分解爆炸，反应方程式为

$$C_2H_2 \longrightarrow 2C(s) + H_2$$

分解反应火焰温度可高达 $3100℃$，乙炔分解爆炸的临界压力为 $0.14MPa$，在这个压力以下储存乙炔则不会发生分解爆炸。

复杂分解爆炸，物质分子在分解反应同时伴随有自身氧化还原燃烧反应的爆炸。一般需

引爆物引爆，危险性稍低。例如，三硝基甲苯（TNT）、硝化棉、苦味酸和硝化甘油等所有炸药的爆炸都属于复杂分解爆炸。复杂分解爆炸和简单分解爆炸合称热分解爆炸。复杂分解爆炸时大多数有燃烧，所需要的氧由爆炸物分解产生。例如，硝化甘油类物质爆炸可在万分之一秒内完成，释放大量氧气和热量，其爆炸体积可增大 47 万倍，从而产生强大的冲击波。硝化甘油分解爆炸的方程式为

$$C_3H_5(ONO_2)_3 \longrightarrow 3CO_2 + 2.5H_2O + 0.25O_2 + 1.5N_2$$

爆炸性混合物爆炸，指两种或两种以上物质的混合物发生的爆炸，其中一种为不含氧或含氧极少的可燃物，另一种为含氧较多的助燃物。这类物质爆炸需要一定条件，危险性较前两类低。爆炸性混合物可以是气态、液态、固态或是多相系统。例如，可燃气体、可燃蒸气、可燃粉尘、可燃液体雾滴等与氧化剂（如空气）按一定比例混合为爆炸性混合物，在点火源的作用下，发生瞬间完成的燃烧反应而发生爆炸。还有一类爆炸物是多相混合爆炸物品，如黑火药，本身是既含可燃物木炭、硫黄，又含氧化剂硝酸钾的混合物。热分解爆炸可以在没有助燃物（空气）存在的情况下发生，而爆炸性混合物爆炸必须有助燃剂，这是二者原则上的区别。

【案例 5】　2001 年 2 月 27 日，江苏某化肥厂合成车间，管道突然破裂，5min 后，合成车间发生爆炸事故，10m 高、1000m^2 的车间厂房被炸成一片废墟，5 人死亡，26 人受伤。事故的直接原因：管道破裂后，氢气大量泄漏，形成易燃易爆混合气体，并迅速蔓延整个车间。

③ 核爆炸　由物质的原子核在发生"裂变"或"聚变"的连锁反应时瞬间放出巨大能量而产生的爆炸，如原子弹、氢弹的爆炸就属于核爆炸。在化工生产过程中，不涉及核爆炸问题，所以在此不作讨论。

(2) 按照爆炸的传播速度分类

按照爆炸的瞬时爆炸速度不同，爆炸可分为轻爆、爆炸和爆轰。

① 轻爆　爆炸的传播速度范围为每秒数十厘米到数米的爆炸过程，一般破坏力和响声不大，如无烟火药在空气中的快速燃烧，还有可燃气体混合物在接近爆炸限时的爆炸。

② 爆炸　爆炸的传播速度范围为每秒十米到数百米的爆炸过程才有较大破坏力和响声，如可燃气体混合物在爆炸限时的爆炸。

③ 爆轰　爆炸的传播速度范围为每秒 1 千米到数千米的爆炸过程。爆轰时突然产生极高的压力和超声速的冲击波。同时可发生"殉爆"现象，即一种物质的爆炸冲击波引起邻近的爆炸性气体混合物或火药、炸药等发生爆炸。爆轰不仅在爆炸性混合气体中发生，一些热分解反应的气体如乙烯、一氧化氮，在一定高压下也会发生。爆炸性混合气体中发生爆轰，只发生在一定浓度范围内，这个浓度范围称为爆轰范围。爆轰范围的上、下限在爆炸极限的上、下限之间。

(3) 按照爆炸物的相态分类

按照爆炸物相态的不同，爆炸可分为气相爆炸、液相爆炸和固相爆炸。

① 气相爆炸　爆炸物为气态，包括可燃性气体和助燃性气体混合物的爆炸、气体的分解爆炸、液体被喷成雾状物引起的爆炸、飞扬悬浮于空气中的可燃粉尘引起的爆炸等。

② 液相爆炸　爆炸物为液相，包括聚合爆炸、蒸发爆炸以及由不同液体混合所引起的爆炸。例如，硝酸和油脂、液氧和煤粉等混合时引起的爆炸；熔融的矿渣与水接触时，由于过热发生快速蒸发引起的蒸汽爆炸等。

③ 固相爆炸 爆炸物为固相，包括爆炸性化合物及其他爆炸性物质的爆炸（如乙炔铜的爆炸）；导线因电流过载，由于过热、金属迅速气化而引起的爆炸等。

3.2.3 粉尘爆炸

粉尘爆炸是指悬浮于空气中的可燃粉尘触及明火或电火花等火源时发生的爆炸现象。人们很早就注意到煤尘有发生爆炸的危险，在机械化的磨粉厂、制糖厂、纺织厂以及铝、镁、碳化钙等生产场所亦发现悬浮于空气中的细粉尘有极大的爆炸危险性。

不同的粉尘具有不同的爆炸特性。有些粉尘，如镁粉、碳化钙与水接触后会引起自燃或爆炸，有些粉尘，如硫铁矿粉、煤粉等在空气中达到一定浓度时，在外界的引爆能源作用下会引起的爆炸，有些粉尘，如磷、锌粉与溴接触混合能发生爆炸。

【案例6】 2016年4月29日16时许，某五金加工厂的12名员工在进行金属管材抛光作业时，突然发生爆炸，造成5人死亡，5人受伤。事故发生的直接原因是车间未按标准规范设置除尘系统，未经除尘器处理的铝粉尘直接采用非防爆型电机的轴流风机，将铝粉尘吹入矩形砖槽除尘风道，在矩形砖槽除尘风道内形成粉尘云，轴流风机电机持续负载电机绕组高温引燃的火花吹入矩形砖槽除尘风道，引发爆炸。

(1) 粉尘爆炸的条件

发生粉尘爆炸，一般需要具备三个方面的条件。

① 产生粉尘且粉尘是可燃的 可燃粉尘包括有机粉尘和无机粉尘两大类。在一般条件下，并非所有的粉尘都能发生爆炸，只有可燃固体产生的粉尘才能爆炸。但有些物质，如金属铝、锌，通常本身并不能燃烧，但铝粉和锌粉却具有极强的爆炸性。粉尘的颗粒越细小，其吸附性和化学反应活性越强，如纳米级颗粒就具有一般颗粒所不具有的一些特性。常见具有爆炸性的粉尘见表3-4。需要说明的是有许多爆炸性粉尘没有列入表中，实际工作中应根据粉尘的性质，或试验参数来确定某些特定粉尘是否具有爆炸性。

表3-4 常见爆炸性粉尘

粉尘种类	举例
碳制品	煤、木炭、焦炭、活性炭等
饲料	鱼粉、血粉等
食品类	淀粉、砂糖、面粉、可可粉、奶粉、骨粉、咖啡粉等
木质类	木粉、软木粉、木质素粉、纸粉等
合成制品类	染料中间体、各种塑料、橡胶、合成洗涤剂等
农产品加工类	胡椒、烟草、除虫菊粉、原粮粉尘等
金属类	铝、镁、锌、铁、锰、锡、硅、硅铁、钛、钡、锆等

② 粉尘以一定浓度悬浮在空气中 处于沉积状态（气凝胶状态）的粉尘是不能爆炸的，只有悬浮（气溶胶状态）的粉尘才可能发生爆炸。和液体只有蒸发后才能爆炸一样，粉尘飞扬起来后才能与空气很好地混合与接触，具有爆炸倾向的物质体系才能形成。粉尘在空气中能否悬浮及悬浮时间长短取决于粉尘云的空气动力学稳定性，而它主要与粉尘的粒径、密度和环境的温度、湿度等因素有关。粒径大的粉尘不能在空气中较稳定地悬浮，粒径大于0.01mm时，会较快地从悬浮状态沉降下来呈堆积状（沉积状态），空气流动则能促使粉尘悬浮，而当粒径小于0.1μm时，可以在空气中呈气溶胶形式，稳定地悬浮于空气中而不会

沉降。一般而言，粉尘粒径＜0.42mm 时就具有了爆炸危险性。实际的爆炸体系并不需要粉尘太长时间的悬浮，如飞扬起来的小麦面粉能爆炸，但飘浮的面粉也会缓慢地沉积下来。

与气态物质爆炸相同，悬浮粉尘只有其浓度处于一定的范围内才能爆炸。这是因为粉尘浓度太小，单位体积内燃烧放热太少，难以形成持续燃烧而无法爆炸；浓度太大时，则混合物中氧气浓度太小，也不会发生爆炸。所以粉尘也具有爆炸浓度极限。

③ 点火源具有足够的强度　引爆混合气体所需的能量远小于引爆粉尘/空气混合物所需的能量，粉尘粒子的粒径越小，所需的引爆能（点火能）越小，但仍然为碳氢混合气体的 10 倍左右。在引爆有机粉尘的过程中，包含了将粉尘颗粒热解生成可燃气体的过程，而引爆混合气体则没有此过程，所以引爆粉尘所需要的点火源强度要大得多，引爆过程持续的时间也长。如果有机粉尘长时间受热而发生热解（缺少氧气时也称为干馏）生成可燃气体，则很容易被引燃，其危险性接近于可燃气体，有些情况下也会成为引发爆炸的主要原因。在一些塑料颗粒料仓中，由于静电积累放电产生的火花就能引发爆炸，其原因是切粒过程中逸出少量的爆炸性气态单体降低了混合体系的最小点火能。

（2）粉尘爆炸的特点

粉尘爆炸具有如下特点：

① 多次爆炸是粉尘爆炸的最大特点。

② 粉尘爆炸所需的最小点火能量较高，一般在几十毫焦耳以上。

③ 与可燃性气体爆炸相比，粉尘爆炸压力上升较缓慢，较高压力持续时间长，释放的能量大，破坏力强。

④ 粉尘爆炸多为不完全燃烧，产生的一氧化碳等有毒物质更多。

粉尘爆炸的可能性与粉尘的物理化学性质有关，即与粉尘的可燃性、浮游状态、在空气中的浓度以及点火能源的强度等因素有关。粉尘爆炸所需的引爆能量比气体爆炸、火药爆炸所需要的引爆能量更大。

【案例7】 2014 年 8 月 2 日，江苏某金属制品有限公司抛光二车间发生特别重大铝粉尘爆炸事故，当天造成 75 人死亡、185 人受伤。直接原因：事故车间除尘系统较长时间未按规定清理，铝粉尘积聚。除尘系统风机开启后，打磨过程产生的高温颗粒在集尘桶上方形成粉尘云。1 号除尘器集尘桶锈蚀破损，桶内铝粉受潮，发生氧化放热反应，达到粉尘云的引燃温度，引发除尘系统及车间的系列爆炸。

【案例8】 2010 年 2 月 24 日，某公司淀粉车间发生粉尘爆炸事故，21 人死亡，47 人受伤。事故直接原因：维修振动筛过程中，错误使用铁质工具，机械碰撞产生火花，先是使振动筛附近的淀粉爆炸，产生的冲击波和气流又将一平台上沉积的淀粉吹起形成粉尘云，燃爆并引发大火。

（3）粉尘爆炸的机理

固体的燃烧过程远比气体燃烧过程复杂，同样，粉尘爆炸也比混合气体爆炸复杂得多，它不是一个通常的气-固两相动力学过程，爆炸机理至今仍不完全清楚，目前主要有两种观点，即气相点火机理和表面非均相点火机理。

① 气相点火机理　气相点火机理认为，粉尘点火过程分为颗粒加热升温、颗粒热分解或蒸发气化以及热解气体与空气混合形成爆炸性混合气体并着火燃烧三个阶段，粉尘气相点火过程可描述为：首先，粉尘颗粒通过热辐射、热对流和热传导等方式从外界获取能量，使颗粒表面温度迅速升高；温度升高到一定值后，颗粒迅速发生热分解或气化形成气体；气体

与空气混合形成爆炸性气体混合物，点燃着火发生气相反应，释放出化学反应热，热量传递使相邻粉尘颗粒发生升温、气化和点火。由此可见，粉尘气相点火机理与可燃气体/空气混合物点火机理有相同之处，但复杂得多。目前，多数学者用气相点火机理描述有机粉尘爆炸过程，认为粉尘爆炸大致要经历如下三个过程：

一是接受引火源能量的粉尘粒子表面温度迅速提高，使其迅速地分解或干馏，产生的可燃气释放到粒子的周围气相中，该过程称为受热气化；二是可燃气与空气的混合物随后被火源引燃而发生有焰燃烧。燃烧开始通常在局部产生，燃烧热通过辐射传递和对流传递方式，对周围粉尘颗粒加热，该过程称为气相燃烧；三是火焰在传播过程中引起更多的粉尘颗粒发生气相燃烧，产生的热量促使越来越多的粉尘粒子分解或干馏，释放出越来越多的可燃气，使大量粉尘颗粒同时发生分解燃烧，热能高速释放，产生大量气体，反应区域压力急速升高，最终导致粉尘爆炸。

需要指出的是，上述过程是对能够释放（即热解产生）可燃气体的粉尘爆炸而言的。这类粉尘受热时释放可燃气，其中有的是通过热分解（如木粉、纸粉等）释放，有的是通过熔融蒸发（如硫黄）或升华（如樟脑粉、萘粉等）。从本质上讲，这类可热解粉尘的爆炸是可燃气体爆炸，只是这种可燃气体"贮存"在粉尘之中，粉尘受热后才释放出来。

这种机理假设比较适合于有机粉尘。用气相点火机理很难解释碳粉、金属粉尘等一般条件下不能转变或分解成气态的粉尘爆炸机理。

② 表面非均相点火机理　表面非均相点火机理认为粉尘点火过程也分三个阶段。首先，氧气与颗粒表面直接发生反应，使颗粒发生表面点火；然后，挥发分在粉尘颗粒周围形成气相层，阻止氧气向颗粒表面扩散；最后，挥发分点火，并促使粉尘颗粒重新燃烧。因此，对于表面非均相点火过程，氧分子必须先通过扩散作用到达颗粒表面，并吸附在颗粒表面发生氧化反应，然后反应产物离开颗粒表面扩散到周围环境中。关于表面反应产物的问题，目前主要存在两种观点，一种认为碳与氧反应直接生成二氧化碳；另一种则认为，在一般燃烧温度范围内，碳首先与氧气发生反应生成一氧化碳，然后扩散到周围环境中再被氧化为二氧化碳。

木炭、焦炭和一些金属的粉尘，在爆炸过程中不释放可燃气，它们接受火源的热能后直接与空气中的氧气发生剧烈的氧化反应并着火，产生的反应热使火焰传播。在火焰传播过程中，炽热的粉尘或其氧化物加热周围的粉尘和空气，使高温空气迅速膨胀，从而导致粉尘爆炸。

③ 两种爆炸反应机理共存　对于具体的某一种粉尘，其爆炸按照哪一种机理进行，尚未形成统一的理论判据。一般认为，对于颗粒大于 $100\mu m$ 的大颗粒粉尘，如果加热速度不大于 $100℃/s$，则以气相点火反应为主；而对于颗粒小于 $100\mu m$ 的小颗粒粉尘，如果加热速度不大于 $100℃/s$，则以表面非均相反应为主。在高强度引爆源作用下，或者在爆炸开始后，颗粒升温速率很快，则可能是两种机理过程共存。

实际上任何可燃物质，当其以粉尘形式与空气以适当比例混合时，被热、火花、火焰点燃，都能迅速燃烧并引起严重爆炸。许多粉尘爆炸灾难性事故的发生，都是由于忽略了上述事实。谷物、面粉、煤的粉尘以及金属粉末都有这方面的危险性。化肥、木屑、奶粉、洗衣粉、纸屑、可可粉、香料、软木塞、硫黄、硬橡胶粉、皮革和其他许多物品的加工业，时有粉尘爆炸发生。为了防止粉尘爆炸，维持清洁十分重要。所有设备都应该无粉尘泄漏；爆炸卸放口应该通至室外安全地区，卸放管道应该相当坚固，使其足以承受爆炸力；真空吸尘优于清扫，禁止应用压缩空气吹扫设备上的粉尘，以免形成粉尘云。

3.2.4 爆炸极限

(1) 爆炸极限的概念

混合气体爆炸就是其快速的燃烧反应过程，化学反应的速率与反应物的浓度密切相关。对于燃烧反应来说，可燃气体和助燃气体两种气体中任何一种气体的浓度过低都会导致反应速率过慢，释放热量的速率也过慢，爆炸和燃烧都不能发生。有人对一氧化碳气体与空气的混合气体进行过试验，观察其燃爆情况随一氧化碳浓度的变化，结果见表 3-5。

表 3-5 一氧化碳与空气的混合物遇火源时的燃爆情况

CO 在混合气中所占体积比/%	燃爆情况
<12.5	不燃不爆
12.5	轻度燃爆
12.5～30	燃爆逐渐加强
30	燃爆最强烈
30～80	燃爆逐渐减弱
80	轻度燃爆
>80	不燃不爆

可见，一氧化碳只有在一定的浓度范围之内，燃烧的速率才足够快，从而产生爆炸，在此范围之外，就不可能发生爆炸。其他可燃气体也同样会发生类似的现象，如氢气在空气中的浓度在 4.0%～75% 范围之外时，或天然气浓度在 5.3%～15% 范围之外时，或甲醇蒸气浓度在 6.7%～36% 范围之外时，都不会发生燃烧和爆炸，而其浓度处于所列浓度范围之内时，可以发生燃爆，且燃爆的剧烈程度也会随着浓度的增大，发生由弱到强，再由强到弱的变化过程。当一种反应物浓度较低时，发生反应的质点释放的热量与相邻质点距离大，热量传递较慢，不能使其转变成高能态的活化分子，或是生成新自由基的速率太慢，不能维持持续燃烧所需的高温，则燃爆不能发生。

实验表明，当混合物中可燃气体浓度接近完全燃烧反应方程式的化学计量比时，燃烧最快，具有最大的爆炸威力；当浓度低于或高于某个极限值，由于燃烧反应速率降低，反应放出热量不能补偿热量散失，火焰便不再蔓延，爆炸也不会发生，这个浓度范围称为爆炸极限或爆炸浓度极限。可燃性混合物能够发生爆炸的最低浓度和最高浓度，分别称为爆炸下限和爆炸上限。在低于爆炸下限时，不爆炸也不着火，这是由于可燃物浓度不够，过量空气的冷却作用阻止了火焰的蔓延；在高于爆炸上限时，由于空气不足，火焰不能蔓延，也不会发生爆炸。气体或蒸气的爆炸极限一般以其在混合物中所占的体积分数来表示。可燃粉尘爆炸极限的单位以单位体积混合物中可燃粉尘的质量（g/m^3）来表示，如铝粉的爆炸极限为 $40g/m^3$。

可燃性混合物的爆炸极限范围越宽，即爆炸下限越低和爆炸上限越高时，其爆炸危险性越大。这是因为爆炸极限越宽，则出现爆炸条件的机会就越多；爆炸下限越低，则可燃物稍有泄漏就会形成爆炸条件；爆炸上限越高，则有少量空气渗入容器，就能与容器内的可燃物混合形成爆炸条件。应当指出，可燃性混合物的浓度高于爆炸上限时，虽然不会着火和爆炸，但当它从容器或管道里逸出并重新接触空气时却能燃烧，仍有着火的危险。所以，混合气体浓度在爆炸极限之上不能认为安全。

因此，应尽量防止可燃性气体散失到室内空气中。同时保持室内通风良好，不使它们形成可爆炸的混合气体。在操作大量可燃性气体时，应严禁使用明火，严禁使用可能产生电火花的电器以及防止铁器撞击产生电火花等。

(2) 危险度

可燃性气体或蒸汽的危险度为该气体或蒸汽的爆炸上下限之差除以爆炸下限。即

$$H = \frac{X_2 - X_1}{X_1}$$

式中，H 为危险度；X_2 为爆炸上限；X_1 为爆炸下限。

从上式可以看出，气体或蒸汽的爆炸极限范围越宽，其危险度越大。

部分可燃气体、蒸汽和液体的性质及危险度列于表 3-6。

表 3-6　部分可燃气体、蒸汽和液体的性质及危险度

分类	可燃气体	分子式	自燃点 /℃	爆炸极限(体积分数/%)		危险度(H)
				下限 X_1	上限 X_2	
无机化合物	氢	H_2	585	4.0	75	17.7
	二硫化碳	CS_2	100	1.25	44	34.3
	硫化氢	H_2S	260	4.3	45	9.5
	氰化氢	HCN	538	6.0	41	5.8
	一氧化碳	CO	651	12.5	74	4.9
	硫氧化碳	COS		12.0	29	1.4
碳氢化合物	乙炔	C_2H_2	335	2.5	81	31.4
	乙烯	C_2H_4	450	3.1	32	9.3
	丙烯	C_3H_6	498	2.4	10.3	3.3
	甲烷	CH_4	537	5.3	14	1.7
	乙烷	C_2H_6	510	3.0	12.5	3.2
	丙烷	C_3H_8	467	2.2	9.5	3.3
	丁烷	C_4H_{10}	430	1.9	8.5	3.5
	戊烷	C_5H_{12}	309	1.5	7.8	4.2
	己烷	C_6H_{14}	260	1.2	7.5	5.2
	庚烷	C_7H_{16}	233	1.2	6.7	4.6
	苯	C_6H_6	538	1.4	7.1	4.1
	甲苯	C_7H_8	552	1.4	6.7	3.8
	二甲苯	C_8H_{10}	482	1.0	6.0	5.0
	环己烷	C_6H_{12}	268	1.3	8.0	5.1
其他有机化合物	环氧乙烷	C_2H_4O	429	3.0	80	25.6
	乙醚	$(C_2H_5)_2O$	180	1.9	48	24.2
	乙醛	CH_3CHO	185	4.1	55	12.5
	丙酮	$(CH_3)_2CO$	538	3.0	11	2.7

续表

分类	可燃气体	分子式	自燃点/℃	爆炸极限(体积分数/%)		危险度(H)
				下限 X_1	上限 X_2	
其他有机化合物	酒精	C_2H_5OH	423	4.3	19	2.7
	甲醇	CH_3OH	32	464	7.3	3.6
	乙酸乙烯	$CH_3CO_2C_2H_3$	427	2.6	13.4	4.2
	乙酸乙酯	$CH_3CO_2C_2H_5$	427	2.5	9	2.6
	吡啶	C_5H_5N	482	1.8	12.4	5.9
	甲胺	CH_3NH_2	430	4.9	20.7	3.2
	二甲胺	$(CH_3)_2NH$		2.8	14.4	4.1
	三甲胺	$(CH_3)_3N$		2.0	11.6	4.8
	丙烯腈	CH_2CHCN	481	3	17	4.7
	氯乙烯	C_2H_3Cl		4	22	4.5
	氯乙烷	C_2H_5Cl	519	3.8	15.4	3.1
	二氯乙烯	$C_2H_2Cl_2$	414	6.2	16	1.6

(3) 爆炸极限的影响因素

影响爆炸极限的因素很多，爆炸性混合物的原始温度、初始压力、惰性介质、容器尺寸、点火源能量、火焰的传播方向、氧含量等都影响爆炸极限。

① 初始温度　爆炸性混合物的初始温度越高，混合物分子内能越大，燃烧反应越易进行，爆炸极限范围越宽。温度升高，爆炸性混合物的危险性增加。初始温度对甲烷爆炸极限的影响如图 3-4 所示。

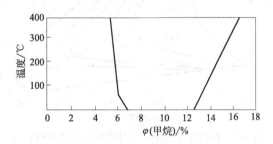

图 3-4　初始温度对甲烷爆炸极限的影响

② 初始压力　一般情况下，爆炸性混合物初始压力增大，爆炸极限范围扩大。压力增加，密度增加，分子间距减小，分子间碰撞概率增大，燃烧反应更易进行，爆炸极限范围扩大。但也有例外情况，如磷化氢与氧混合，一般不反应，将压力降低至某一值，混合物反而会突然爆炸。

初始压力降低，爆炸极限范围缩小。当初始压力降低至某一定值时，爆炸上下限重合(爆炸临界压力)。低于爆炸临界压力，系统将没有燃烧和爆炸危险。因此密闭容器内减压操作对安全有利。表 3-7 为甲烷爆炸极限随压力的变化关系。

表 3-7   初始压力对甲烷爆炸极限的影响

初始压力/kPa	爆炸下限/%	爆炸上限/%
98.1	5.6	14.3
981	5.9	17.2
4903	5.4	29.4
12258	5.7	45.7

③ 惰性介质或杂质   混合气体中加入惰性气体,可以使其氧含量降低,导致混合气体爆炸极限范围降低。当惰性气体含量增加到一定程度时,可以使爆炸极限范围为零。惰性气体氮气、氩气、二氧化碳、水蒸气及四氯化碳含量对甲烷气体爆炸极限的影响如图 3-5 所示。从图中可知,惰性气体的加入对爆炸上限的影响很大,随着惰性气体含量的增加,爆炸上限急剧下降,但爆炸下限的改变却相对缓和,部分种类的气体甚至会使爆炸下限略有下降。这是因为在爆炸性混合物中,随着惰性气体含量的增加,氧的含量相对减少,而在爆炸上限浓度下氧的含量本来已经很小,故惰性气体含量稍有增加,即会产生很大的影响,使爆炸上限剧烈下降。在可燃液体储罐内上部空气充入氮气,在可燃气体气柜和易燃液体储罐退役时用惰性气体进行惰性化处理都是利用此原理。

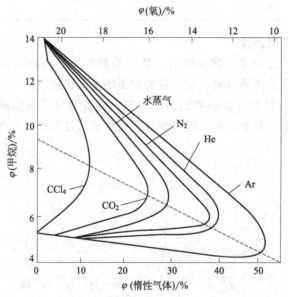

图 3-5   各种惰性气体浓度对甲烷爆炸极限的影响

对于爆炸性气体,水等杂质对其反应影响很大。如果无水,干燥的氯没有氧化功能,干燥的空气不能氧化钠或磷,干燥的氢、氧混合物在 1000℃ 也不会产生爆炸。少量甚至痕量的水会急剧加快臭氧、氯氧化物等物质的分解。少量的硫化氢会大大降低水煤气及其混合物的燃点,加速其爆炸。

④ 容器的尺寸和材质   容器的尺寸和形状对爆炸极限也有影响,由试验得知,容器的直径越小,爆炸范围越窄。这种现象可以用传热及器壁效应来解释,随着容器或管道直径的减小,单位体积的气体就有更多的热量被器壁吸收。据相关文献研究,当散失的热量达到放出热量的 23% 时,火焰就会熄灭。

从链式反应理论来看,通道越窄,比表面积越小,自由基与器壁碰撞的概率越大;活性自由基数量减少，使得反应链的传递受到阻碍，这种现象称为器壁效应。当器壁间距小到某一数值时（称为临界直径），这种器壁效应就会使火焰无法继续传播。

容器材质对爆炸极限也有很大影响。如氢和氟在玻璃器皿中混合，即使在液态空气温度下，置于黑暗中也会产生爆炸。而在银制器皿中，在一般温度下才会发生反应。

⑤ 点火源　爆炸性混合物的点火能源，如电火花的能量、炽热表面的面积、火源与混合物接触时间长短等，对爆炸极限都有影响。随着点火能量的加大，爆炸范围变宽。点火能量对甲烷-空气混合气体爆炸极限的影响如表 3-8 所示。

对一定爆炸混合物，都有一引起该混合物爆炸的最低能量。浓度不同，引爆最低能量也不同。对于一爆炸混合物，各种浓度下引爆最低能量的最小值，称为最小引爆（燃）能量。

表 3-8　标准大气压下点火能量对甲烷-空气混合气体爆炸极限的影响（容器 $V=7L$）

点火能量/J	爆炸下限/%	爆炸上限/%	点火能量/J	爆炸下限/%	爆炸上限/%
1	4.9	13.8	100	4.25	15.1
10	4.6	14.2	10000	3.6	17.5

⑥ 火焰传播方向　当在爆炸极限测试管中进行爆炸极限测定时，可发现在垂直的测试管中，当于下部点火时，火焰由下向上传播，爆炸下限值最小，上限值最大；当于上部点火时，火焰向下传播，爆炸下限值最大，上限值最小；在水平管中测试时，爆炸上下限值介于前两者之间。

⑦ 氧含量　可燃气体之所以存在爆炸下限，是由于可燃气体浓度太低、氧过量，所以氧含量增加对爆炸下限的影响不大；可燃气体存在爆炸上限是由于氧含量不足，所以增加氧含量可使爆炸上限提高。例如，甲烷与空气混合物的爆炸极限为 5.3%～14%，在纯氧气中的爆炸极限为 5.1%～61%，由此可见氧含量的增加可使爆炸上限显著增加。某些可燃气体在空气和氧气中的爆炸极限见表 3-9。

表 3-9　某些可燃气体在空气和氧气中的爆燃极限

物质名称	在空气中		在氧气中	
	爆炸上限/%	爆炸下限/%	爆炸上限/%	爆炸下限/%
甲烷	14	5.3	61	5.1
乙烷	12.5	3.0	66	3.0
丙烷	9.5	2.2	55	—
正丁烷	8.5	1.8	49	1.8
异丁烷	8.4	1.8	48	1.8
丁烯	9.6	2.0	—	3.0
1-丁烯	9.3	1.6	58	1.8
2-丁烯	9.7	1.7	55	1.7
丙烯	10.3	2.4	53	2.1
氯乙烯	22	4.0	70	4.0
氢	75	4.0	94	4.0
一氧化碳	74	12.5	94	15.5
氨	28	15	79	15.5

注：由于数据来源不同，表中有些物质在纯氧气中的爆炸下限高于其在空气中的下限，误差是由测定条件和操作者操作方法等原因造成的，不能据此认为燃气与纯氧气混合时爆炸下限更高。

另外，光对爆炸极限也有影响。例如黑暗中氢和氯反应十分缓慢，光照会发生连锁反应引发爆炸。甲烷和氯黑暗中长时间不反应，日光照射时会发生激烈反应，比例适当甚至会发生爆炸。氢和氧在 530℃ 下无反应，而加入石英、玻璃、铜、铁等，会引发爆炸。

(4) 爆炸极限的计算

① 根据化学计量浓度近似计算　爆炸性气体完全燃烧时的化学计量浓度可以用来确定链烷烃的爆炸下限，计算公式为

$$L_下 = 0.55C_0$$

式中，C_0 为爆炸性气体完全燃烧时的化学计量浓度；0.55 为常数。如果空气中氧的含量按照 20.9% 计算，C_0 的计算式则为

$$C_0 = \frac{100}{1 + n_0/0.209} = \frac{20.9}{0.209 + n_0}$$

式中，n_0 为 1 分子可燃气体完全燃烧时所需的氧分子数。

如甲烷完全燃烧时的反应式为 $CH_4 + 2O_2 \longrightarrow CO_2 + 2H_2O$，这里 $n_0 = 2$，可得 $L_下 = 5.2$，即甲烷爆炸极限的下限计算值为 5.2%。与实验值 5.0% 相差不超过 10%。此法可用来估算烷烃等有机可燃气体。应用于氢、乙炔以及含氮、氯、硫等有机气体时，偏差较大。

② 由爆炸下限估算爆炸上限　常压、20℃ 下，链烷烃在空气中的爆炸上下限有如下关系：

$$L_上 = 7.1 L_下^{0.56}$$

如果在爆炸上限附近不伴有冷火焰，该式可以简化为：

$$L_上 = 6.5 \sqrt{L_下}$$

把上式代入 $L_下 = 0.55C_0$，得：

$$L_上 = 4.8 \sqrt{C_0}$$

③ 由分子中所含碳原子数估算爆炸极限　脂肪族烃类化合物的爆炸极限与化合物中所含碳原子数 n_C 有如下近似关系：

$$1/L_上 = 0.01337n_C + 0.05151$$
$$1/L_下 = 0.1347n_C + 0.04343$$

④ 根据闪点计算爆炸极限　可燃液体的爆炸下限可以应用闪点下该液体的蒸气压计算。计算式为：

$$L_下 = 100p_闪/p_总$$

式中，$p_闪$ 为闪点下易燃液体的蒸气压；$p_总$ 为混合气体的总压。

⑤ 多组分可燃气体混合物的爆炸极限　两种及以上可燃气体或蒸气混合物，用理查特里（Le Chatelier）公式计算，根据各组分的爆炸极限按下式求取。该公式仅适用于组分间不发生化学反应，燃烧时无催化作用的可燃气体混合物。如果混合气体中含有空气组分的话，那么在运用下式时，应首先将其所占的体积分数扣除后，再行计算：

$$L_m = \frac{100}{V_1/L_1 + V_2/L_2 + \cdots + V_n/L_n}$$

式中，L_m 为混合气体爆炸极限（爆炸上限或下限），%；L_1、L_2、L_3、…、L_n 为混合气体中各组分的爆炸极限，%；V_1、V_2、V_3、…、V_n 为扣除空气组分后的各组分在混合气体中的体积分数，%。$V_1 + V_2 + V_3 + \cdots = 100$。

上式适用于计算活化能、摩尔燃烧热、反应速率接近的可燃性气体或蒸汽爆炸性混合气

体的爆炸极限。在计算烃类化合物气体时比较准确，对其他大多数可燃性混合气体的计算会出现一些偏差。该公式用于煤气、水煤气、天然气等混合气的爆炸极限计算比较准确，对氢与乙烯、氢与硫化氢、甲烷和硫化氢等混合气和二硫化碳的混合气体，计算误差较大，不得使用。

⑥ 可燃气体与惰性气体混合物的爆炸极限　可燃气体种类众多，其与不同的惰性气体可形成各种组合，有时难以通过已有的图表或手册，直接得到混有特定惰性组分的某种可燃气体混合物的爆炸极限。此时，可用下式近似估算有惰性气体混入的多组元可燃气体混合物的爆炸极限：

$$L_m = 100 L_f \frac{1 + \dfrac{B}{1-B}}{100 + \dfrac{B}{1-B} L_f}$$

式中，L_m 为含惰性气体混合物的爆炸极限（爆炸上限或下限），%；L_f 为混合物中可燃部分的爆炸极限，%；B 为惰性气体体积分数，%。对于单组分可燃气体和惰性气体混合物的爆炸极限，也可以应用上式估算，只需用该组分的爆炸极限代替上式中 L_f 即可。不同惰性气体的阻燃或阻爆能力不同，因此该式计算结果不够准确，但仍有一定参考价值。

【例题1】 可燃气体混合物分别含乙烷 40%、丁烷 60%，取 $1m^3$ 该燃气与 $19m^3$ 空气混合。该混合气体是否有爆炸危险？乙烷和丁烷在空气中的爆炸上限分别为 12.5%、8.5%，下限分别为 3.0% 和 1.6%。

解： 乙烷 $V_1 = 40\%$，丁烷 $V_2 = 60\%$

$$L_{下限} = \frac{100}{\dfrac{40}{3.0} + \dfrac{60}{1.6}} = 2.0\%, \quad L_{上限} = \frac{100}{\dfrac{40}{12.5} + \dfrac{60}{8.5}} = 9.7\%$$

混合气体中可燃气体的组成 $\dfrac{1}{1+19} = 5\%$

该混合气体存在燃烧爆炸危险。

【例题2】 可燃气体混合物含乙烷 1%，丁烷 1.5%，其余为空气。该混合气体遇明火是否有爆炸危险？乙烷和丁烷在空气中的爆炸上限分别为 12.5%、8.5%，下限为 3.0% 和 1.6%。

解： 可燃气的总浓度 1%＋1.5%＝2.5%

$$L_{下限} = \frac{100}{\dfrac{40}{3.0} + \dfrac{60}{1.6}} = 2.0\%, \quad L_{上限} = \frac{100}{\dfrac{40}{12.5} + \dfrac{60}{8.5}} = 9.7\%$$

混合气体中可燃气体的组成 2.5%

该混合气体存在燃烧爆炸危险。

3.3 燃烧性物质的储存和运输

3.3.1 燃烧性物质概述

在化工领域，燃烧性物质的应用非常广泛，由于缺乏或忽视必要的控制，火灾和爆炸事故不断发生。比如烯烃、芳香烃、醚和醇等都是典型的燃烧性物质，它们经化学加工制备出来后，又转用作其他更复杂物质的合成原料。同时，它们还用作交通工具或飞行器的驱动燃料或推进剂，以及各种分离过程的溶剂。为了避免或减少灾难性事故，这类物质在储存和应用前需预先评估它们的燃烧和爆炸危险。

实际上几乎所有的燃烧过程都是在氧和处于蒸气或其他微细分散状态的燃料之间进行的。固体只有加热到一定程度释放出足够量的蒸气，才能引发燃烧。在一定的温度下，液体一般比固体有更高的蒸气压，所以易燃液体比易燃固体更容易引燃。易燃气体和易燃粉尘无需蒸发或熔解而直接燃烧，所以最易引燃。固体、液体和气体在燃烧传播速率方面也有量的差异。固体燃烧传播速率最慢，液体则相当快，气体和粉尘的传播速率最快，常能引发爆炸。

在一般工业条件下易于引燃的物质被认为具有严重火险。这些物质必须储存于阴凉处，以防其蒸气与空气混合起火。储存区必须通风良好，这样，储存容器常规渗漏出的蒸气能很快稀释到遇火星不至于将其点燃的程度。此外，储存区必须远离有金属切割、焊接等动火作业的火险区。对于高度易燃物质，必须与强氧化剂、易于自燃的物质、爆炸品以及与空气或潮汽反应放热的物质隔离储存。

氧化剂不属于燃烧性物质，但作为供氧源与燃烧有着密切关系。通常空气是主要的供氧源。还有许多其他物质，即使没有空气也能提供反应氧。在这些物质中，有些需要加热才能产生氧，而另外一些在室温下就能释放出大量的氧。以下各类化合物，其供氧能力应该引起特别注意：有机和无机的过氧化物、氧化物、高锰酸盐、高铼酸盐、氯酸盐、高氯酸盐、过硫酸盐、过硒酸盐、有机和无机的亚硝酸盐、有机和无机的硝酸盐、溴酸盐、高溴酸盐、碘酸盐、高碘酸盐、铬酸盐、重铬酸盐、臭氧、过硼酸盐。强氧化剂靠近低闪点液体储存是极不安全的，现在普遍采取氧化剂和燃料隔离储存。氧化剂储存区除应该保持阴凉，通风良好外，还应该是防火的。在氧化剂储存区，由于氧化剂本身可以供氧，灭火剂的覆盖失去效用，普通救火设施往往不起作用。

3.3.2 燃烧性物质的储存安全

（1）储存安全的一般要求

储存容器和储存方法的确定以及燃烧性物质的操作和管理，对安全都是至关重要的。储存容器和储存方法的确定与储存物质的相态有很大关系，因此，储存安全也必须结合物质存在的相态考虑。

燃烧性气体不得与助燃物质、腐蚀性物质共同储存。如氢、乙烷、乙炔、环氧乙烷、环氧丙烷等易燃气体不得与氧、压缩空气、一氧化二氮等助燃气体混合储存，否则易燃气体或助燃气体一旦泄漏，就有可能形成危险的爆炸混合物。燃烧性气体是以压缩状态储存的，与腐蚀性物质共同储存（如硝酸、硫酸等都有很强的腐蚀作用）气体容器容易受到腐蚀造成泄漏，引发燃烧和爆炸事故。易燃气体和液化石油气的储罐库，应该通风良好，远离明火区。不同类型的燃烧性气体的储存容器，不应设在同一库房，也不宜同组设置。

燃烧性液体较易挥发，其蒸气和空气以一定比例混合，会形成爆炸性混合物。故燃烧性液体应该储存于通风良好的阴凉处，并与明火保持距离。在易燃液体储存区内，严禁烟火。沸点低于或接近夏季最高气温的易燃液体，应储存于有降温设施的库房或储罐内。燃烧性液体受热膨胀，容易损坏盛装的容器，容器内应留有不少于 5% 容积的空间。

燃烧性固体着火点较低，燃烧时多数能释放出大量有毒气体。所以燃烧性固体储存库应该干燥、清凉、有隔热措施，忌阳光曝晒。燃烧性固体多属还原剂，多具有毒性，燃烧性固体与氧化剂应该隔离储存，要有防毒措施。

自燃性物质有不稳定的性质，在一定的条件下会自发燃烧，可以引发其他燃烧性物质的燃烧，故自燃性物质不能与其他燃烧性物质共同储存。因灭火方法和其稳定性相抵触，自燃性物质和遇水燃烧物质不能在一起储存。自燃性物质应该储存在阴凉、通风、干燥的库房内，对存储温度也有严格的要求。遇水燃烧的物质，受潮湿作用会释放出大量易燃气体和热量，遇到酸类或氧化剂会起剧烈反应。遇水燃烧的物质不应与酸类、氧化剂共同储存，存储库房要保持干燥，对存储湿度也有严格要求。

(2) 燃烧性物质的盛装容器

燃烧性物质一般盛装于容量 200kg 以下的容器中。从储运事故案例可以看出，多数事故是由盛装容器自身原因造成的。根据盛装的燃烧性物质的性质不同，对盛装容器的种类、材质、强度和气密性有不同的要求。只有金属容器不适宜时才允许使用有限容量的玻璃和塑料容器。工厂和实验室都倾向于使用容量 20kg 以下的安全罐，弹簧帽可以防止通常温度下的液体或气体的损失，但在内压增加时要适当排放降压。安全罐出口处的阻火器可以阻止火焰的进入，从而排除了内爆危险。使用塑料容器时要注意周围环境温度对其的影响，以免环境温度过热时，塑料软化或熔化造成物料的泄放或渗漏。液体燃料储存库要有防火墙和防火门，要用防爆电线，通风必须良好。燃烧性物质输送时，所有金属部件必须电接地。液体的流动或自由下落产生的静电足以达到着火的能量。

对于燃烧性物质，有桶装、袋装、箱装、瓶装、罐装等多种形式。盛装的形式和要求因盛装物料的性质而异。这里仅介绍几种常用的盛装形式。金属制桶装容器有铁桶、马口铁桶、镀锌铁桶、铅桶等，规格一般为 200kg 或更小的容量。金属桶要求桶形完整，桶体不倾斜、不弯曲、不锈蚀，焊缝牢固密实，桶盖应该是旋塞式的，封口要有垫圈，以保证桶口的气密性。金属桶在使用前应该进行气密性检验。耐酸坛用来盛装硝酸、硫酸、盐酸等强酸。耐酸坛表面必须光洁，无斑点、气泡、裂纹、凹凸不平或其他变形。坛体必须耐酸、耐压，经坚固烧结而成。坛盖不得松动，可用石棉绳浸硅酸钠缠绕坛盖螺丝，旋紧坛盖后用黄沙加硅酸钠或耐酸水泥加石膏封口。

(3) 大容量燃烧性液体储罐

储存大容量燃烧性液体采用大型储罐。储罐分地下、半地下和地上三种类型。起火乃至爆炸是燃烧性液体储罐区最主要的危险。为了储存安全，所有储罐在安装前都必须试压、检漏，储罐区要有充分的救火设施。储罐的尺寸、类型和位置，与建筑物或其他罐间的互相暴露，储存液体的闪点、容量和价值，以及物料损失中断生产的可能性，应充分考虑这些因素，确定需要采取的防火措施。

对于地下和半地下储罐，要根据储存液体的性质，选定的埋罐区的地形和地质条件，确定埋罐的最佳尺寸和地点，以及采用竖直的还是水平的储罐。埋罐选点时，还要结合同区中的建筑物、地下室、坑洞的地点，统筹考虑。罐体掩埋要足够牢固，以防洪水、暴雨以及其他可能危及罐体装配安全的事件发生。要考虑邻近工厂腐蚀性污水排放、存在腐蚀性矿渣或地下水的可能性，确有腐蚀性状况，在埋罐前需要采取必要的防腐措施。对罐要进行充分的遮盖，埋罐区要建设混凝土围墙。

对于地上储罐，罐体的破裂或液面以下罐体的泄漏，极易引发严重的火灾，对邻近的社区也会造成较大的危害。为了周边的安全，储罐应该设置在比建筑物和工厂公用设备低洼的地区。为了防止火焰扩散，储罐间要有较大的间隙，要有适宜的排液设施和充分的阻液渠。

3.3.3　燃烧性物质的装卸和运输

燃烧性物质是化学工业中加工量最大、应用面最广的危险物质。这些物质由火车车厢、货运卡车经陆路，由内河中的驳船、海洋中的货轮经水路，由管道经地下中转或抵达目的地。危险物质的装卸和运输是化学工业中最为复杂而重要的操作。

（1）车船运输安全

燃烧性物质经铁路、水路发货、中转或到达，应在郊区或远离市区的指定专用车站或码头装卸。装运燃烧性物质的车船，应悬挂危险货物明显标记。车船上应设有防火、防爆、防水、防日晒以及其他必要的消防设施。车船卸货后应进行必要的清洗和处理。火车装运应按相关的危险货物运输规则办理。汽车装运应按规定的时间、指定的路线和车速行驶，停车时应与其他车辆、高压电线、明火和人口稠密处保持一定的安全距离。船舶装运，在航行和停泊期间应与其他船只、码头仓库和人口稠密区保持一定的安全距离。

（2）管道输送安全

高压天然气、液化石油气、石油原油、汽油或其他燃料油一般采用管道输送。在美国，天然气输送管道管径略大于 1.2m，石油输送管道管径约 0.9m。从美国俄克拉何马州到芝加哥的汽油输送管道管径为 1.02m。这些管道埋设于深度 0.76～0.91m 的地下，操作压力高达 8.27MPa。

为保证安全输送，在管线上应安装多功能的安全设施，如有自动报警和关闭功能的火焰检测器、自动灭火系统以及闭路电视，远程监视管道运行状况。例如在正常情况下，管道中各处的流量读数应该相同，压力读数应该保持恒定，一旦某处的读数出现变化，可以立即断定该处发生泄漏，立即采取应急措施，把损失降至最低限度。

（3）装卸操作安全

装卸的普遍安全要求是安全接近车辆的顶盖，这对于顶部装卸的情形特别重要。计量、采样等操作也是如此。这样就需要架设适宜的扶梯、装卸台、跳板，车辆上要安装永久的扶手。所有燃烧性物质的装卸都要配置相应的防火、防爆消防设施。

装卸燃烧性固体，必须做到轻装、轻卸，防止撞击、滚动、重压和摩擦。气动传送系统的应用使固体卸料变得相当容易。固体物料在惰性气体中分散，通过封闭管道进入接收槽。卸料系统的主要组件包括拾取装置、传送气体的大容量鼓风机、把物料从气体中分离出的旋风分离器和阻止物料进入大气的过滤器。卸料系统的安全设施主要有高压报警和联锁关闭装置，以及防止静电的电接地设施。

燃烧性液体装卸时，液体蒸气有可能扩散至整个装卸区，因而需要有和整个装卸区配套的灭火设施。燃烧性液体车船如果采用气体压力卸料，压缩气体应该采用氮气等惰性气体。用于卸料的气体管道应该配置设定值不大于 0.14MPa 的减压阀，以及压力略高，约 0.17MPa 的排空阀。有时待卸液体需要蒸汽加热，蒸汽管道和接口必须与液罐接口匹配，避免使用软管，蒸汽压力一般不超过 0.34MPa。装卸区应配置供水管和软管，冲洗装卸时的洒落液。

3.4 爆炸性物质的储存和销毁

3.4.1 爆炸性物质概述

爆炸性物质是指在一定的温度、受震动或受其他物质激发的条件下，能够在极短的时间内发生剧烈化学反应，释放出大量的气体和热量，并伴有巨大声响而爆炸的物质。爆炸性物质的爆炸反应速率极快，可在万分之一秒或更短的时间内完成。爆炸反应释放出大量的反应热，温度可达数千摄氏度，同时产生高压。爆炸反应能够产生大量的气体产物。爆炸的高温高压形成的冲击波，能够对周围的建筑物和设备造成极大破坏。

爆炸性物质引爆所需要的能量称为引爆能。爆炸性物质在高热、震动、冲击等外力作用下发生爆炸的难易程度则称为敏感度。爆炸性物质的引爆能越小，敏感度就越高。为了爆炸性物质的储存、运输和使用安全，对其敏感度应有充分的了解。影响爆炸性物质敏感度的有物质分子内部的组成和结构因素，还有温度、杂质等外部因素。

爆炸性物质爆炸力的大小、敏感度的高低，可以通过物质本身的组成和结构来解释。物质的不稳定性与分子中含有不稳定的结构基团有关。这些基团容易被活化，其化学键很容易断裂，从而激发起爆炸反应。分子中不稳定的结构基团越活泼，数量越多，爆炸敏感度就越高。如叠氮钠中的叠氮基，三硝基苯中的硝基，都是不稳定的结构基团。再如硝基化合物中的硝基苯只有一个硝基，加热分解，不易发生爆炸；二硝基苯中有两个硝基，有爆炸性，但不敏感；三硝基苯中有三个硝基，容易发生爆炸。

爆炸性物质的敏感度和温度有关。温度越高，起爆时所需要的能量越小，爆炸敏感度则相应提高。爆炸性物质在储运过程中，必须远离火源，防止日光曝晒，避免温度升高，引发储运爆炸事故。杂质对爆炸敏感度也有很大影响，特别是硬度大、有尖棱的杂质，冲击能集中在尖棱上，以致产生高能中心，加速爆炸。如三硝基甲苯（TNT）在储运过程中，由于包装破裂而洒落，收集时混入沙粒，提高了爆炸敏感度，很容易引发爆炸。

爆炸性物质除对温度、摩擦、撞击敏感之外，还有遇酸分解、光照分解和与某些金属接触产生不稳定盐类等特征。雷汞 $[Hg(ONC)_2]$ 遇浓硫酸会发生剧烈的分解而爆炸。叠氮铅遇浓硫酸或浓硝酸会发生爆炸。TNT 炸药受日光照射会发生爆炸。硝铵炸药容易吸潮而变质，降低爆炸能力甚至拒爆。硝化甘油混合炸药，储存温度过高时会自动分解，甚至发生爆炸。为了保持炸药的理化性能和爆炸能力，对不同种类的炸药，均规定有不同的保存期限。如硝化甘油混合炸药规定保存期一般不超过八个月。爆炸性物质有一种特殊的性质，就是炸药爆炸时，能够引起位于一定距离另一处的炸药也发生爆炸，这就是所谓"殉爆"。所以爆炸性物质储存时应该保持一定的安全距离。

3.4.2 爆炸性物质储存

爆炸性物质必须储存在专用仓库内。储存条件应该是既能保证爆炸物安全，又能保证爆炸物功能完好。储存温度、储存湿度、储存期、出厂期等对爆炸物的性能都有重要的影响。爆炸性物质储存时，必须考虑上述爆炸物本身存在的状况。同时，爆炸性物质是巨大的危险源，储存时必须考虑其对周边安全的影响。所以对于储存仓库的位置，要有严格的要求。

（1）储存安全的一般要求

爆炸性物质仓库，不得同时存放性质相抵触的爆炸性物质。如起爆器材和起爆剂不得存入已经存有爆炸性物质的仓库内；同样地，起爆器材或起爆剂仓库也不能同时存放任何爆炸性物质或爆破器材加热器。一切爆炸性物质，不得与酸、碱、盐、氧化剂以及某些金属同库储存。黑火药和其他高爆炸品也不能同库存放。

爆炸物箱堆垛不宜过高过密，堆垛高度一般不超过 1.8m，墙距不小于 0.5m，垛与垛的间距不少于 1m，这样有利于通风、装卸和出入检查。爆炸物箱要轻举轻放，严防爆炸物箱滑落至其他爆炸物箱或地面上。只能用木制或其他非金属材料制的工具开启爆炸物箱。

（2）储存仓库及其防火

爆炸性物质仓库地板需由木材或其他不产生电火花的材料制造。如果仓库是钢制结构或铁板覆盖，仓库则应建于地上，保证所有金属构件接地。仓库内照明需是自然光线或防爆灯，如果采用电灯，必须是防蒸汽的，导线应该置于导线管内，开关应设在仓库外。

爆炸性物质仓库，温湿度控制是不容忽视的安全因素之一。在库房内应该设置温湿度计，并设专人定时观测、记录，采用通风、保暖、吸湿等措施，夏季库温一般不超过 30℃，相对湿度经常保持在 75% 以下。

仓库应该保持清洁，仓库周围不得堆放用尽的空箱、容器或其他可燃性物质。仓库四周 8m，最好是 15m 内不得有垃圾、干草或其他可燃性物质。仓库四周最好用防止杂草、灌木生长的材料覆盖。

仓库周围严禁吸烟、灯火或其他明火，不得携带火柴或其他吸烟物件接近仓库。严禁非职能人员进入仓库。

（3）储存仓库的位置和安全距离

爆炸性物质仓库禁止设在城镇、市区和居民聚居的地区，与周围建筑物、交通要道、输电输气管线应保持一定的安全距离。爆炸性物质仓库与电站、江河堤坝、矿井、隧道等重要建筑物的距离不得小于 60m。爆炸性物质仓库与起爆器材或起爆剂仓库之间的距离，在仓库无围墙时不得小于 30m，在有围墙时不得小于 15m。

3.4.3 爆炸性物质的销毁

销毁的爆炸性物质，有些是本身完好但包装受到损坏，有些则由于自然老化或管理不当而变质。处理变质的爆炸性物质，常比处理良好状况的爆炸性物质更具危险性。除起爆器材和起爆剂以外的绝大多数爆炸性物质，推荐采用焚烧销毁。即使是在最适宜的条件下，焚烧时爆炸的危险总是存在的。所以，最重要的是选择不会危及人身和财产安全的焚烧地点。焚烧地点与建筑物、交通要道以及任何可能会有人员暴露的地方，必须保持足够的安全距离。各类爆炸物销毁时，都应该禁绝烟火，防止爆炸物提前引燃。要仔细查看，严禁起爆剂混入待焚毁的爆炸物中。一次只能焚毁一种爆炸物，高爆炸性物质不得成箱或成垛焚毁。硝化甘油，特别是胶质硝化甘油，点火前过热会增加爆炸敏感度。普通硝化甘油的焚毁量每次不应超过 45kg，胶质硝化甘油则不应超过 4.5kg。

起爆器材，如雷管、电雷管和延迟电雷管等，由于老化或储存不当变质不适于应用时，应该予以销毁。这些器材如果浸泡过水，也应该销毁。管壳如果是潮湿的，干后就会出现锈迹。这样的雷管处理起来更具危险性。起爆器材最常用的处理方法是爆炸销毁。对于有引信的普通雷管，仍在原储装箱内，去掉箱盖引爆是可行的。这些雷管也可以放在一个小箱或小袋中，在地上，挖掘一个深度不小于 0.3m 的坑，把废雷管容器置于坑底，在其上放置一个黄色炸药（硝化甘油）包和一个完好的雷管，并用纸张仔细盖好，再用干沙或细土覆盖，而后在安全处引火起爆。每次销毁的雷管数量不得超过 100 只。每次爆炸后都要仔细检查，在爆炸范围内是否有未爆炸的雷管。电雷管或延迟电雷管的销毁，必须首先在距雷管顶部 2.5cm 处剪断导线，而后按普通雷管的销毁程序进行。

有些爆炸性物质能溶于水而失去爆炸性能，销毁这些爆炸性物质的方法是把它们置于水中，使其永远失去爆炸性能。还有一些爆炸性物质，能与某些化学物质反应而分解，失去原有的爆炸性能。如起爆剂硝基重氮二酚（DDNP）有遇碱分解的特性，常用 10%～15% 的碱溶液冲洗和处理。硝化甘油可以用酒精或碱液进行破坏处理。

3.5 火灾爆炸危险

火灾和爆炸事故，大多是由危险性物质的物性造成的。而化学化工行业需要处理多种大量的危险性物质，这类事故的多发性是化学化工行业的一个显著特征。火灾和爆炸的危险性取决于物料的种类、性质和用量，危险化学反应的发生，装置破损泄漏以及误操作的可能性等。化学工业中的火灾和爆炸事故形式多样，但究其原因和背景，有其共同的特点，即人的行为起重要作用。实际上，装置的结构和性能、操作条件以及有关的人员是一个统一体，对装置没有进行正确的安全评价和综合的安全管理是事故发生的重要原因。近年来，一些从事化工行业管理和研究的人员发现并认识到上述问题，努力寻求系统的安全管理，于是提出了系统安全评价方法。对物料和装置进行正确的危险性评价，并以此为依据制订完善的对策，用于对装置进行安全操作。

3.5.1 物料的火灾爆炸危险

（1）气体

爆炸极限和自燃点是评价气体火灾爆炸危险性的主要指标。气体的爆炸极限越宽，爆炸下限越低，火灾爆炸的危险性越大。气体的自燃点越低，越易起火，火灾爆炸的危险性就越大。此外，气体温度升高，爆炸下限降低；气体压力增加，爆炸极限变宽。所以气体的温度、压力等状态参数对火灾爆炸危险性也有一定影响。

气体的扩散性能对火灾爆炸危险性也有重要影响。可燃气体或蒸气在空气中的扩散速率越快，火焰蔓延越快，火灾爆炸的危险性就越大。密度比空气小的可燃气体在空气中随风飘移，扩散速度比较快，火灾爆炸危险性比较大。密度比空气大的可燃气体泄漏出来，往往沉积于地表死角或低洼处，不易扩散，火灾爆炸危险性比密度较小的气体小。

（2）液体

闪点和爆炸极限是液体火灾爆炸危险性的主要指标。闪点越低，液体越容易起火燃烧，燃烧爆炸危险性越大。液体的爆炸极限与气体的类似，可以用液体蒸气在空气中爆炸的浓度范围表示。液体蒸气在空气中的浓度与液体的蒸气压有关，而蒸气压的大小是由液体的温度决定的。所以，液体爆炸极限也可以用温度极限来表示。液体爆炸的温度极限越宽，温度下限越低，火灾爆炸的危险性越大。

液体的沸点对火灾爆炸危险性也有重要的影响。液体的挥发度越大，越容易起火燃烧。

而液体的沸点是液体挥发度的重要表征。液体的沸点越低，挥发度越大，火灾爆炸的危险性就越大。

液体的化学结构和分子量对火灾爆炸危险性也有一定影响。有机化合物中，醚、醛、酮、酯、醇、羧酸等火灾危险性依次降低。不饱和有机化合物比饱和有机化合物的火灾危险性大。有机化合物的异构体比正构体的闪点低，火灾危险性大。氯、羟基、氨基等芳烃苯环上的氢取代衍生物，火灾危险性比芳烃本身低，取代基越多，火灾危险性越低。但硝基衍生物相反，取代基越多，爆炸危险性越大。同系有机化合物，如烃或烃的含氧化合物，分子量越大，沸点越高，闪点也越高，火灾危险性越小。但分子量大的液体，一般发热量高，蓄热条件好，自燃点低，受热容易自燃。

(3) 固体

固体的火灾爆炸危险性主要取决于固体的熔点、着火点、自燃点、比表面积及热分解性能等。固体燃烧一般要在气化状态下进行。熔点低的固体物质容易蒸发或气化，着火点低的固体则容易起火。许多低熔点的金属有闪燃现象，其闪点大多在 100℃ 以下。固体的自燃点越低，越容易着火。固体物质中分子间隔小，密度大，受热时蓄热条件好，所以其自燃点一般低于可燃液体和可燃气体。粉状固体的自燃点比块状固体低，其受热自燃的危险性更大。

固体物质的氧化燃烧从固体表面开始，所以固体的比表面积越大，和空气中氧的接触机会越多，燃烧的危险性越大。许多固体化合物含有容易游离的氧原子或不稳定的单体，受热极易分解释放出大量的气体和热量，从而引发燃烧和爆炸，如硝基化合物、硝酸酯、高氯酸盐、过氧化物等。物质的热分解温度越低，其火灾爆炸危险性越高。

3.5.2　化学反应的火灾爆炸危险

(1) 氧化反应

所有含碳和氢的有机物都是可燃的，尤其是沸点较低的液体被认为有严重的火险。如汽油类、石蜡油类、醚类、醇类、酮类等有机化合物，都是具有火险的液体。许多燃烧性物质在常温下与空气接触就能反应释放出热量，如果热的释放速率大于消耗速率，就会引发燃烧。

在通常工业条件下易于起火的物质被认为具有严重的火险，如粉状金属、硼化氢、磷化氢等自燃性物质，闪点等于或低于 28℃ 的液体，以及易燃气体。这些物质在加工或储存时，必须与空气隔绝，或控制在较低的温度条件下。

在燃烧和爆炸条件下，所有燃烧性物质都是危险的，这不仅是由于存在将其点燃并释放出危险烟雾的足够多的热量，而且由于小的爆炸有可能扩展为易燃粉尘云，引发更大爆炸。

(2) 水敏性反应

许多物质与水、水蒸气或水溶液发生放热反应，释放出易燃或爆炸性气体。这些物质如锂、钠、钾、钙、铷、铯等金属或合金，汞齐、氢化物、氮化物、硫化物、碳化物、硼化物、硅化物、碲化物、硒化物、砷化物、磷化物、酸酐、浓酸或浓碱等。

在上述物质中，氢化物前的八种物质，与潮气会发生程度不同的放热反应，并释放出氢气。从氮化物到磷化物的九种物质，与潮气会发生程度不同的迅速反应，并生成挥发性的、易燃的，有时是自燃或爆炸性的氢化物。酸酐、浓酸或浓碱与潮气作用只释放出热量。

(3) 酸敏性反应

许多物质与酸和酸蒸气发生放热反应，释放出氢气和其他易燃或爆炸性气体。这些物质包括前述的除酸酐和浓酸以外的水敏性物质，金属和结构合金，以及砷、硒、碲和氰化物等。

3.5.3 工艺装置的火灾爆炸危险

化工企业的火灾和爆炸事故，主要原因是对某些事物缺乏认识，例如，对危险物料的物性，对生产过程中所产生的杂质的积累，对生产规模及效果，对物料受到的环境和操作条件的影响，对装置的技术状况和操作方法的变化等认识不足。特别是新建或扩建的装置，当操作方法改变时，如果仍按过去的经验制定安全措施，往往会因为人为的微小失误而铸成大错。

化工装置的火灾和爆炸事故，主要原因可以归纳为以下五类。

(1) 装置不适当

① 高压装置中高温、低温部分材料不适当；

② 接头结构和材料不适当；

③ 有易使可燃物着火的电力装置；

④ 防静电措施不充分；

⑤ 装置开始运转时无法预料的影响。

(2) 操作失误

① 阀门的误开或误关；

② 燃烧装置点火不当；

③ 违规使用明火。

(3) 装置故障

① 储罐、容器、配管的破损；

② 泵和机械的故障；

③ 测量和控制仪表的故障。

(4) 不停车检修

① 切断配管连接部位时发生无法控制的泄漏；

② 破损配管没有修复，在压力下降的条件下恢复运转；

③ 在加压条件下，某一物体掉到装置的脆弱部分而发生破裂；

④ 不知装置中有压力而误将配管从装置上断开。

(5) 异常化学反应

① 反应物质匹配不当；

② 不正常的聚合、分解等；

③ 安全装置不合理。

在工艺装置危险性评价中，物料评价占有很重要的位置。对于有关物料，如果仅根据一般的文献调查和小型试验决定操作条件，或只是用热平衡确定反应的规模和效果，往往会忽略副反应和副产物。上述现象是对装置危险性没有进行全面评价的结果。火灾爆炸事故的蔓延和扩大，问题往往出在平时操作中并无危险，但一旦遭遇紧急情况时却无应急措施的物料上。所以，目前装置危险性评价的重点放在由于事故爆发火灾并使事故扩大的危险性上。

3.6 防火防爆技术措施

3.6.1 防火防爆的一般原则

(1) 火灾和爆炸的区别与关系

① 火灾和爆炸的发展明显不同。火灾有初期阶段、发展阶段、猛烈阶段和衰弱阶段等过程，即在起火后火场火势是逐渐蔓延扩大的，随着时间的延续，损失数量迅速增长。因此火灾的初期扑救尚有意义。而爆炸的突发性强，破坏作用大，爆炸过程瞬间完成，人员伤亡及物质财产损失也在瞬间造成。因此对爆炸事故更应强调以"防"为主。

② 火灾和爆炸可能同时发生，也可能相互引发和转化。爆炸可能引起火灾。爆炸抛出的易燃物也可能引起火灾，如油罐爆炸后，由于油品外泄，往往引起火灾。火灾也可能引起爆炸。火灾中的明火及高温可引起周围易燃物爆炸，如炸药库失火，会引起炸药爆炸；一些在常温下不会爆炸的物质，如醋酸，在火场高温下有变成爆炸物的可能。

因此，发生火灾时，要谨防火灾转化为爆炸；发生爆炸时，也要谨防引发火灾，要考虑以上复杂情况，及时采取防火防爆措施。

(2) 预防火灾和爆炸的一般原则

防火防爆的根本目的是使人员伤亡、财产损失降到最低。由火灾和爆炸发生的基本条件和关系可知，采取预防措施是控制火灾和爆炸的根本办法。

在制定防火防爆措施时，可以从以下四个方面考虑。

① 预防性措施 这是最基本、最重要的措施。我们可以把预防性措施分为两大类：消除导致火灾和爆炸灾害的物质条件（即可燃物与氧化剂的结合）及消除导致火灾和爆炸灾害的能量条件（即点火或引爆能源），从而从根本上杜绝起火（引爆）的可能性。

② 限制性措施 即一旦发生火灾或爆炸事故，限制其蔓延扩大及减少其损失的措施。如安装阻火、泄压设备，设置防火墙、防爆墙等。

③ 消防措施 配备必要的消防设施，在万一不慎起火时，能及时扑灭。特别是如果能在着火初期将火扑灭，就可以避免发生大火灾或引发爆炸。从广义上讲，这也是防火防爆措施的一部分。

④ 疏散性措施 预先采取必要的措施，如在建筑物、车辆等人员集中场所设置安全门或疏散楼梯、疏散通道等。一旦发生较大火灾时，能迅速将人员或重要物资撤到安全区，以减少损失。在实际生产中，为了便于管理、防盗等原因而将门窗加固、堵死等行为都是违反防火要求的。

3.6.2 火灾和爆炸的预防措施

根据火灾和爆炸发生的条件可知，可燃物、助燃物、点火源是火灾和爆炸发生的基本条件，预防火灾和爆炸事故的基本措施也是控制系统中的可燃物、助燃物和点火源，主要从预防可燃物与助燃物泄漏及控制浓度入手。惰性气体保护技术是重要的预防火灾技术。点火源控制则重在安全管理。

3.6.2.1　可燃物的控制措施

在可能的情况下，最好用难燃物质和不燃物质代替易燃物质。化工生产中的可燃物多数为气体或液体，一要设法控制可燃物的泄漏，二要控制可燃物的浓度。

(1) 预防可燃物泄漏

可燃气体或液体通常密闭在设备管道中，一旦密闭失效，就可能泄漏到大气中发生火灾事故，化工企业发生的火灾事故多属此类情况。密封和腐蚀控制等是预防可燃物泄漏的主要技术。

有的可燃液体是在非密闭状态如敞口容器中生产。密闭装置在加料或卸料时临时打开，其中的危险化学品处于非密闭状态，也易发生事故。有些易燃液体即使在密闭装置中，也并非处于绝对密闭状态，如汽油等易挥发液体的储罐有呼吸阀或气窗与外界相通，以平衡罐内外压力，如果易挥发液体体积超过储罐容积，将会溢出，可能发生火灾。

(2) 可燃物浓度控制

有可燃气体和蒸气泄漏的封闭作业场所，必须设计良好的通风系统，设备检修前要做好置换，以保证作业场所中可燃物质的浓度不超过燃烧下限，使燃烧不能进行。应当定期对车间空气进行可燃气体浓度的测定与评价，以便检查通风等技术措施的效果，研究改进措施。在重点部位，宜按照有关设计规范，设置固定式可燃气体检测报警设施，报警信号应发送至控制室或操作室。

(3) 自燃事故预防

要注意自燃物与热源隔离。预防受热自燃，可从防止自燃反应发生和预防热量持续蓄积入手。容易发生自热自燃的物质很多，如油脂、黄磷、硫化铁等容易氧化自燃，金属钠、磷化钙、硼氢化物等遇水自燃，硝化棉和赛璐珞等易分解放热自燃，某些聚合物单体易聚合自燃。对于不同的自热自燃反应，预防事故发生方法不同。

3.6.2.2　助燃物的控制措施

从助燃物控制角度，预防火灾和爆炸有以下具体措施。

(1) 避免空气进入负压和常压容器

如果密闭装置是负压，外界空气泄漏到密闭装置内部，可能发生爆炸火灾事故。千万不可因压力低而忽视常压和负压容器系统的密封。要特别注意真空泵在出现故障或停泵时，空气进入负压容器系统。在特殊情况下，常压容器压力也可能成为负压。如果真空度过大，有可能把容器抽瘪，甚至造成容器破裂，外界空气被吸入容器。例如，煤气气柜壁较薄、体积大，当出口管道大量带水或者气柜中气体数量太少而出气量仍然很大时，可能使气柜抽瘪甚至破裂，外界空气被吸入气柜。

(2) 富氧环境氧含量的监测报警

通常空气中的氧含量约为 21%，超过此值时即富氧环境下，可燃物质的燃点、自燃点等性质要发生极大变化，物质的燃烧速度成十倍地加快，最小点火能大大减小，混合气体的爆炸极限明显变宽。所以，富氧环境有很高的危险性。氧气瓶及其附件（如瓶阀）切忌有油污，就是这个原因。制氧车间或氧气站发生氧气泄漏时，车间内为富氧环境且不易觉察，一定要设置氧含量监测报警装置。

【案例 9】　某氧气厂一工人在发生氧气泄漏的富氧环境中划火柴吸烟，随即剧烈燃烧，慌乱中欲用鞋子踩灭火柴，结果点燃了衣服与鞋子，最终因烧伤死亡。

（3）防止因物质分解产生助燃物

有时可燃物和助燃物是合二为一的，这类物质在燃烧过程中发生分解反应，如硝化甘油的爆炸就是一个典型的例子。有些氧化剂高温易分解释放出氧和热量，极易引起燃烧爆炸。特别是有机过氧化物分子组成中的过氧基很不稳定，易分解释放出原子氧，且有机过氧化物本身就是可燃物，易着火燃烧，受热分解的生成物又均为气体，更易引起爆炸。有些氧化剂特别是活泼金属的过氧化物如过氧化钠（钾）等遇水分解，释放出氧气和热量，有助燃作用，使可燃物燃烧甚至爆炸。这些氧化剂应防止受潮，灭火时严禁用水、酸碱、泡沫、二氧化碳灭火剂扑救。

3.6.2.3 点火源的控制措施

化工生产企业可能遇到的点火源除加热炉、反应热、电火花外，还有维修用火、机械摩擦热、撞击火星等。这些点火源都是经常引起易燃易爆物着火爆炸的原因。

（1）明火

明火主要是指生产过程中的加热用火、维修用火及其他火源。加热易燃液体时，应尽量避免采用明火，而采用蒸汽、过热水或其他热载体加热。如果必须采用明火，设备应严格密闭，燃烧室与设备应该隔离设置。凡是用明火加热的装置，必须与有火灾爆炸危险的装置相隔一定距离，防止装置泄漏引起火灾。

在有火灾爆炸危险的场所，不得使用普通电灯照明，必须采用防爆照明电器。在有易燃易爆物质的工艺加工区，应尽量避免切割和焊接作业，最好将需要动火的设备和管段拆卸至安全地点维修。进行切割和焊接作业时，应严格执行动火安全规定。在积存有易燃液体或易燃气体的管沟、下水道、渗坑内及其附近，危险消除前不得进行明火作业。

（2）摩擦与撞击

摩擦和撞击是化工行业许多火灾和爆炸的重要原因。如转动部分摩擦发热起火，金属部件落入粉碎机、提升机、反应器，撞击起火。

【案例10】 某合成氨厂造气工段，常压煤气管道更换防爆片时，煤气管道未进行置换，一维修人员面对防爆片进行拆卸作业时，由于扳手与管道碰撞产生火花，引发管道内煤气与空气的混合气体发生爆炸，被2~3mm厚的铝防爆片击中面部，当场死亡。

机器轴承要及时加油保持润滑，并经常清除附着的可燃污垢。可能摩擦或撞击的两部分应采用不同的金属制造，摩擦或撞击时便不会产生火花。铅、铜和铝都不发生火花，而铍青铜的硬度不逊于钢。为避免撞击起火，应使用铍青铜或镀铜钢的工具，设备或管道容易遭受撞击的部位应使用不产生火花的材料覆盖。

搬运盛装易燃液体或气体的金属容器时，不要抛掷、拖拉、震动，防止互相撞击，以免产生火花。防火区严禁穿带钉子的鞋，地面应铺设不发生火花的软质材料。

（3）高温热表面

加热装置、高温物料输送管道和机泵等，其表面温度较高，应防止可燃物落于其上而着火。可燃物的排放口应远离高温热表面。如果高温设备和管道与可燃物装置比较接近，高温热表面应有隔热措施。加热温度高于物料自燃点的工艺过程，应严防物料外泄或空气进入系统。

(4) 电气火花

可燃气体、液体和粉尘与空气形成爆炸性混合物，电气火花是引发此类事故的重要火源。电气设备所引起的火灾爆炸事故，多由电弧、电火花、电热或漏电造成。

在火灾爆炸危险场所，可能的条件下，应首先考虑将电气设备安装在危险场所以外或另室隔离。在火灾爆炸危险场所，应尽量少用携带式电气设备。

对电气设备本身采取各种防爆措施，以供火灾爆炸危险场所使用。在火灾爆炸危险场所选用电气设备时，应该根据危险场所的类别、等级和电火花形成的条件，并结合物料的危险性，选择相应的电气设备。一般可根据爆炸混合物的等级选用电气设备。

3.6.3 有火灾爆炸危险性物质的处理

化工生产过程中，对火灾爆炸危险性较大的物质，应该采取安全措施。通过工艺改进，以危险性小的物质代替危险性大的物质。如果不能，应根据物质的燃烧爆炸特性采取相应的措施，防止形成燃烧爆炸条件。

安全措施包括：用难燃溶剂代替可燃溶剂；根据物质的燃烧特性分别处理；密闭和通风措施；惰性介质的惰化和稀释作用；减压处理；燃烧爆炸性物料的处理。

(1) 用难燃溶剂代替可燃溶剂

萃取、吸收等单元操作，采用的多为易燃溶剂。选择燃烧性能差的溶剂代替易燃溶剂，能显著改善操作安全。沸点和蒸气压是选择燃烧危险性较小的液体溶剂的重要依据。

对沸点高于110℃的液体，如醋酸戊酯、丁醇、戊醇、乙二醇、氯苯、二甲苯等沸点高于110℃，20℃时的蒸气压较低，其蒸气不足以达到爆炸浓度，燃烧危险性较小。如醋酸戊酯在20℃时的蒸气压为800Pa，蒸气浓度为44g/m^3，爆炸浓度范围为119～541g/m^3，常温浓度远低于其爆炸下限。

许多情况下可用不燃液体代替可燃液体，如二氯甲烷、三氯甲烷、四氯化碳、三氯乙烯等。如用四氯化碳溶解脂肪、油脂、树脂、沥青、橡胶、油漆等。使用氯代烃时必须考虑其蒸气毒性，以及发生火灾时可能释放出光气。为防止中毒，设备必须密闭，室内不应超过规定浓度，并在发生事故时佩戴防毒面具。

(2) 根据物质燃烧特性进行处理

遇空气或遇水燃烧的物质，应隔绝空气或采取防水、防潮措施，以免发生燃烧或爆炸事故。燃烧性物质不能与其他性质相抵触的物质混存、混用；遇酸、碱有分解爆炸危险的物质应防止与酸碱接触；对机械作用比较敏感的物质需轻拿轻放。燃烧性液体或气体，应该根据它们的密度考虑适宜的排污方法；根据它们的闪点、爆炸范围、扩散性等采取相应的防火防爆措施。

对于自燃性物质，在加工或储存时应采取通风、散热、降温等措施，以防其达到自燃点，引发燃烧或爆炸。多数气体、蒸气或粉尘的自燃点都在400℃以上，在很多场合要有明火或火花才能起火，只要消除任何形式的明火，就基本达到了防火目的。而有些气体、蒸气或固体易燃物的自燃点很低，只有采取充分的降温措施，才能有效避免自燃。有些液体如乙醚，光照能生成过氧化物，对于这些液体，应采取避光措施，盛放于金属桶或深色玻璃瓶中。

有些物质能够提高易燃液体的自燃点，如四乙基铅添加进汽油中，可增加汽油的易燃性。而另外一些物质，如铈、钒、铁、钴、镍的氧化物，则可以降低易燃液体的自燃点。

（3）系统密闭和通风措施

为了防止易燃气体、蒸气或可燃粉尘泄漏与空气混合形成爆炸性混合物，设备应该密闭，特别是带压设备更要保持密闭性。如果设备或管道密封不良，正压操作时会导致可燃物泄漏；负压操作时会使空气进入。开口容器、破损的铁桶、没有防护措施的玻璃瓶不得存储易燃液体。不耐压的容器不得存储压缩气体或加压液体，以防容器破裂造成事故。

为了保证设备的密闭性，对于危险设备和系统，应尽量少用法兰连接。输送危险液体或气体，应采用无缝管。负压操作可防止爆炸性气体逸入厂房，但在负压下操作，要特别注意设备清理打开排空阀时，不要让大量空气吸入。

加压或减压设备，在投产或定期检验时，应检查其密闭性和耐压程度。所有压缩机、液泵、导管、阀门、法兰、接头等容易漏油、漏气的机件和部位应该经常检查。填料如有损坏，应立即更换，以防渗漏。操作压力必须加以限制，压力过高，轻则破坏密闭性，加剧渗漏；重则设备破裂，造成事故。

氧化剂如高锰酸钾、氯酸钾、铬酸钠、硝酸铵、漂白粉等粉尘加工的传动装置，密闭性能必须良好，要定期清洗传动装置，及时更换润滑剂，防止粉尘渗进变速箱与润滑油相混，由于蜗轮、蜗杆摩擦生热而引发爆炸。

即使设备密封很严，但总会有部分气体、蒸气或粉尘渗漏到室内，必须采取措施使可燃物的浓度降至最低。同时还要考虑到爆炸物的量虽然极微，但也有可能局部浓度达到爆炸范围。

完全依靠设备密闭，消除可燃物在厂房内的存在是不可能的。往往借助于通风来降低车间内空气中可燃物的浓度。通风可分为机械通风和自然通风；按换气方式也可分为排风和送风。对于有火灾爆炸危险厂房的通风，由于空气中含有易燃气体，所以不能循环使用。排出或输送温度超过 80℃ 的空气、燃烧性气体或粉尘的设备，应由非燃烧材料制成。

空气中含有易燃气体或粉尘的厂房，应选用不产生火花的通风机械和调节设备。含有爆炸性粉尘的空气，在进入排风机前应净化除去粉尘。排风管道应直接通往室外安全处，不宜穿过防火墙等防火分隔物，以免发生火灾时，火势顺管道通过防火分隔物。

（4）惰性介质的惰化和稀释作用

① 惰性气体保护作用　惰性气体反应活性较差，常用作保护气体。惰性气体保护是指用惰性气体稀释可燃气体、蒸气或粉尘的爆炸性混合物，以抑制其燃烧或爆炸。常用的惰性气体有氮气、二氧化碳、水蒸气以及卤代烃等燃烧阻滞剂。

易燃固体物料在粉碎、研磨、筛分、混合以及粉状物料输送时，应施加惰性气体保护。输送易燃液体物料的压缩气体应选用惰性气体。易燃气体在加工过程中，应该用惰性气体作稀释剂。对于有火灾爆炸危险的工艺装置、贮罐、管道等，应配备惰性气体，以备发生危险时使用。在有爆炸危险场合的某些电气、仪表，采用氮气正压保护。

不必用惰性气体取代空气中的全部氧，只要稀释到一定程度即可，惰性气体的这种功能称作惰化防爆。有些易燃气体溶解在溶剂中比在气相中稳定，这也是由于溶剂的惰化作用。比如，在总压 0.7MPa 以下时，溶解在丙酮中的乙炔比气相乙炔稳定。

② 惰性气体用量　在易燃物料的加工中，惰性气体的用量取决于系统中氧的最高允许浓度。氧的最高允许浓度值因采用不同的惰性气体而有所不同。表 3-10 列出了不同可燃物采用二氧化碳或氮气稀释时氧的最高允许含量。

表 3-10　不同可燃物质稀释时氧的最高允许含量　　　　　　单位：%

可燃物	CO₂ 稀释	N₂ 稀释	可燃物	CO₂ 稀释	N₂ 稀释
甲烷	11.5	9.5	丁二醇	10.5	8.5
乙烷	10.5	9	丙酮	12.5	11
丙烷	11.5	9.5	苯	11	9
丁烷	11.5	9.5	一氧化碳	5	4.5
汽油	11	9	二硫化碳	8	
乙烯	9	8	氢	5	4
丙烯	11	9	煤粉	12～15	
乙醚	10.5		硫黄粉	9	
甲醇	11	8	铝粉	2.5	7
乙醇	10.5	8.5	锌粉	8	8

（5）减压操作

化工物料的干燥，许多是从湿物料中蒸发出其中的易燃溶剂。如果易燃溶剂蒸气在爆炸下限以下的浓度范围，便不会引发燃烧或爆炸。为了满足上述条件，这类物料的干燥，一般在负压下操作。文献中的爆炸极限数据多为 20℃、0.101325MPa 的体积分数。由爆炸下限不难计算出溶剂蒸气的分压，如果干燥压力在此分压以下，便不会发生燃烧或爆炸。如乙醚的爆炸下限为 1.7%，在爆炸下限的条件下，乙醚蒸气的分压为 0.101325×1.7%，即 0.0017MPa（13mmHg）。爆炸下限下的易燃蒸气的分压即为减压操作的安全压力。

在减压条件下，干燥箱中的空气完全被溶剂蒸气排除，从而消除了爆炸条件。此时溶剂蒸气与空气相比，相对浓度很大，但单位体积的质量却很小。减压操作应用的实质是爆炸下限下的质量浓度。

（6）燃烧爆炸性物料的处理

化工行业生产排放的污水中，往往混有易燃物质或可燃物质，为了防止下水系统发生燃烧爆炸事故，对易燃或可燃物质排放必须严格控制。如苯、汽油等有机溶剂废液放入下水道，由于这类溶剂在水中的溶解度很小，且密度比水小，在水面上形成一层易燃蒸气，遇火引发燃烧或爆炸，随波逐流，火势会很快蔓延。

性质互相抵触的不同废水排入同一下水道，容易发生化学反应，导致事故发生。如硫化碱废液与酸性废水排入同一下水道，会产生硫化氢，造成中毒或爆炸事故。对于输送易燃液体的管道沟，如果管理不善，易燃液体外溢造成大量积存，一旦触发火灾，后果严重。

3.6.4　工艺参数的安全控制

在化学工业生产中，工艺参数主要是指温度、压力、流量、物料配比等。按工艺要求严格控制工艺参数在安全限度之内，防止操作中出现超温、超压和物料跑损，是防止火灾和爆炸的基本保证。

【案例 11】　2017 年 7 月 2 日 17 时，江西某化工公司一高压反应釜发生爆炸，事故造成 3 人死亡，3 人受伤。直接经济损失约 2380 万元。事故直接原因：该企业涉及胺化反应，反应物料具有燃爆危险性，事故发生时冷却失效，且安全联锁装置被企业违规停用，大量反应热无法通过冷却介质移除，体系温度不断升高；反应产物对硝基苯胺在高温下易发生分解，导致体系温度、压力急速升高造成爆炸。

3.6.4.1 反应温度的控制

温度是化学工业生产的主要控制参数之一。各种化学反应有其最适宜的温度范围，正确控制反应温度不但可以保证产品质量，而且也是防火防爆所必需的。如果超温，反应物有可能分解起火，造成压力升高，甚至导致爆炸；也可能因温度过高而发生副反应，生成危险副产物或过反应物。升温过快、过高或冷却设施发生故障，可能会引起剧烈反应，乃至冲料或爆炸。温度过低会造成反应速率减慢或停滞，温度一旦恢复正常，往往会因为未反应物料过多而使反应加剧，有可能引起爆炸。温度过低还会使某些物料冻结，造成管道堵塞或破裂，致使易燃物料泄漏引发火灾或爆炸。

(1) 移出反应热

化学反应伴随着热效应，放出或吸收一定热量。大多数反应都是放热反应。为使反应在一定的温度下进行，必须从系统中移出一定热量，以免过热而引起爆炸。如乙烯氧化制环氧乙烷，环氧乙烷沸点只有 $10.7℃$，爆炸极限范围 $3\%\sim100\%$，没有氧气也能分解爆炸。另外，杂质存在易引发自聚放热；遇水发生水合也释放热量，如果能量不能及时移出，温度持续升高，会导致乙烯燃烧引发爆炸。

温度的控制可以靠传热介质的流动移走反应热来实现。移走反应热的方法有夹套冷却、内蛇管冷却或两者兼用，还有稀释剂回流冷却、惰性气体循环冷却等。还可采用一些特殊结构的反应器或在工艺上采取一些措施，达到移走反应热控制温度的目的。也可加入其他介质，如通入水蒸气带走部分反应热。乙醇氧化制取乙醛就是采用乙醇蒸气、空气和水蒸气的混合气体，将其送入氧化炉，在催化剂作用下生成乙醛，利用水蒸气的吸热作用将多余的反应热带走。

(2) 传热介质选择

传热介质，即热载体，常用的有水、水蒸气、烃类化合物、联苯、熔盐、熔融金属、烟道气等。充分了解传热介质的性质并正确选择，对传热过程安全十分重要。

避免使用性质与反应物料相抵触的介质。并尽量避免使用性质与反应物料相抵触的物质作冷却介质。例如，环氧乙烷易与水剧烈反应，甚至极微量的水分渗入液态环氧乙烷中也会引发自聚放热产生爆炸。又如，金属钠遇水剧烈反应而爆炸。因此在加工过程中，这些物料的冷却介质不得用水，一般采用液体石蜡。

防止传热面结垢以免影响传热效率。在化学工业中，设备传热面结垢是普遍现象。传热面结垢不仅会影响传热效率，更危险的是在结垢处易形成局部过热点，造成物料分解而引发爆炸。结垢的原因有，由于水质不好而结成水垢；物料黏结在传热面上；特别是因物料聚合、缩合、凝聚、炭化而引起结垢，极具危险性。换热器内传热流体宜采用较高流速，既可提高传热效率，又可减少污垢在传热表面的沉积。

注意传热介质使用安全。传热介质在使用过程中处于高温状态，安全问题十分重要。高温传热介质，如联苯混合物（73.5%联苯醚和26.5%联苯）在使用过程中要防止低沸点液体（如水或其他液体）进入，低沸点液体进入高温系统，会立即气化超压而引发爆炸。传热介质运行系统不得有死角，以免容器试压时积存水或其他低沸点液体。传热介质运行系统在水压试验后，一定要有可靠的脱水措施，在运行前应干燥吹扫处理。

(3) 热不稳定性物质的处理

对热不稳定性物质的温度进行控制十分重要，尤其要注意降温、隔热措施。对能生成过氧化物的物质，在加热之前应除去。热不稳定性物质的储存温度应控制在安全限度之内。如乐果原油贮存温度超过 55℃，1605 原油与乳化剂共用一根保温管道，生成的过氧化物没有在加热之前完全除去，均曾引发爆炸事故。对这些热不稳定性物质，应注意使用时与其他热源隔绝。受热后易发生分解爆炸的危险物质，如偶氮染料及其半成品重氮盐等，在反应过程中要严格控制温度，反应后必须清除反应釜壁上的剩余物。

（4）防止搅拌中断

搅拌可加速热量传递。生产过程中，搅拌停止，会造成传热不良，部分区域反应加剧而发生危险。如苯和浓硫酸发生磺化反应，物料加入后，搅拌器开启滞后，会造成物料分层，开启搅拌后，反应加剧，冷却系统不能及时移走大量反应热，温度升高，未反应的苯很快受热气化，压力升高造成超压爆裂。对因搅拌中断而引起事故的反应装置，应采用双路供电、增设人工搅拌等有效措施。

3.6.4.2 物料配比和投料速率控制

（1）物料配比控制

在化工生产中，物料配比不仅决定反应进程和产品质量，而且对安全也有重要影响。如松香钙皂的生产，是将松香投入反应釜内，加热至 240℃，缓慢加入氢氧化钙，生成目标产物和水。反应生成水在高温下变成蒸气。投入的氢氧化钙如果过量，水的生成量也相应增加，生成的水蒸气量过多则容易造成跑锅，与火源接触会发生燃烧。对于危险性较大的化学反应，应特别注意物料配比关系。

对于能形成爆炸性混合物的生产，物料配比应严格控制在爆炸极限以外。如果工艺条件允许，可以添加水蒸气、氮气等惰性气体稀释。催化剂对化学反应速率影响很大，如果催化剂过量，就有可能发生危险。可燃或易燃物料与氧化剂的反应，要严格控制氧化剂的投料速率和投料量。

（2）投料速率控制

对于放热反应，投料速率不能超过设备的传热能力，否则，物料温度将会急剧升高，加速副反应的进行，或引起物料的分解、突沸，造成事故。投料速度太慢，加料温度降低，反应物料不能完全作用，往往造成物料的积累，而一旦升温至适宜反应温度，反应加剧，如果热量不能及时导出，温度和压力都会突然升高，超过正常指标，导致事故。如某农药厂"保棉丰"反应釜，按工艺要求，在不低于 75℃的温度下，4h 内加完 100kg 双氧水。但由于投料温度为 70℃，开始反应速率慢，加之投入冷的双氧水使温度降至 52℃，因此将投料速度加快，在 1h 20min 投入双氧水 80kg，造成双氧水与原油剧烈反应，反应热来不及导出而温度骤升，仅在 6s 内温度就升至 200℃以上，使釜内物料气化引起爆炸。

投料速度太快，除影响反应速率外，还可能造成尾气吸收不完全，引起毒性气体或可燃性气体外逸。如某农药厂乐果生产硫化岗位，由于投料速度太快，硫化氢尾气来不及吸收而外逸，造成中毒事故。当反应温度不正常时，首先要判明原因，不能随意采用补加反应物的方法提高反应温度，更不能采用先增加投料量而后补热的办法。

在投料过程中，还应注意投料顺序问题。如氯化氢合成应先加氢后加氯；三氯化磷合成应先投磷后加氯；磷酸酯与甲胺反应时，应先投磷酸酯，再滴加甲胺等。反之就有可能引发爆炸。投料过少也可能引起事故。加料过少，使温度计接触不到料面，温度计显示的不是物料的真实温度，会导致判断错误，从而引起事故。

3.6.4.3 物料纯度和过反应的控制

反应物料中危险杂质的增加可能会导致副反应或过反应，引发燃烧或爆炸事故。对于化工原料和产品，纯度和成分是质量要求的重要指标，对生产安全也有重要影响。如乙炔和氯化氢合成氯乙烯，氯化氢中游离氯不允许超过0.005%，因为过量的游离氯与乙炔反应生成四氯乙烷会立即起火爆炸。在乙炔生产中，电石含磷量不得超过0.08%，因为磷在电石中主要是以磷化钙的形式存在，磷化钙遇水生成磷化氢，遇空气燃烧，导致乙炔和空气混合物的爆炸。

反应原料气中，如果含有的有害气体不清除干净，在物料循环过程中会不断积累，最终会导致燃烧或爆炸等事故。清除有害气体，可以采用吸收的方法，也可以在工艺上采取措施，使之无法积累。如高压法合成甲醇，在甲醇分离器之后的气体管道上设置放空管，通过控制放空量防止爆炸性介质积累。

有时有害杂质来自未清理干净的设备。如在六六六生产中，合成塔可能留有少量的水，通氯后水与氯反应生成次氯酸，次氯酸受光照射产生氧气，与苯混合发生爆炸。所以这类设备一定要清理干净，符合要求后才能投料。

有时可在物料的贮存和处理中加入一定量的稳定剂，以防止某些杂质引起事故。如氰化氢在常温下呈液态，贮存时水含量必须低于1%，置于低温密闭容器中。如果有水存在，可生成氨，氨作为催化剂引起聚合反应，聚合热使蒸气压上升，导致爆炸事故。为了提高氰化氢的稳定性，常加入浓度为0.001%~0.5%的硫酸、磷酸或甲酸等酸性物质作为稳定剂或吸附在活性炭上加以保存。

许多过反应的生成物不稳定，容易造成事故，所以反应过程中要防止发生过反应。如三氯化磷合成是把氯气通入黄磷中，产物三氯化磷沸点为75℃，很容易从反应釜中移出。但如果反应过头，则生成固体五氯化磷，100℃时才升华。五氯化磷比三氯化磷的反应活性高得多，由于黄磷的过氧化而发生爆炸的事故时有发生。苯、甲苯硝化生成硝基苯和硝基甲苯的反应，发生过反应生成二硝基苯和二硝基甲苯，二硝基化合物稳定性不如硝基化合物，精馏时容易发生爆炸。对于这一类反应，往往保留一部分未反应物，使过反应不至于发生。在某些化工过程中，要防止物料与空气中的氧反应生成不稳定的过氧化物。有些物料，如四氢呋喃、乙醚、异丙醚等，如果蒸馏时存在过氧化物，极易发生爆炸。

3.6.4.4 自动控制系统和安全保险装置

(1) 自动控制系统

自动控制系统按其功能分为四类：自动检测系统，自动调节系统，自动操纵系统，自动信号、联锁和保护系统。自动检测系统是对机械、设备或过程进行连续检测，把检测对象的参数如温度、压力、流量、液位、物料成分等信号，由自动装置转换为数字，并显示或记录出来的系统。自动调节系统是通过自动装置的作用，使工艺参数保持在设定值的系统。自动操纵系统是由自动装置对机械、设备或过程的启动、停止及交换、接通等，进行操纵的系统。自动信号、联锁和保护系统是机械、设备或过程出现不正常情况时，会发出警报并自动采取措施，以防事故的安全系统。

化工自动化系统，大多数是对连续变化的参数，如温度、压力、流量、液位等进行自动调节。但还有一些参数，需要按一定的时间间隔做周期性的变化。这样就需要对调节设施如阀门等做周期性的切换。上述操作一般是靠程序控制来完成。

（2）信号报警、保险装置和安全联锁

在化工生产中，可配置信号报警装置，情况失常时发出警告，以便及时采取措施消除隐患。报警装置与测量仪表连接，用声、光或颜色示警。例如在硝化反应中，硝化器的冷却水为负压，为了防止器壁泄漏造成事故，在冷却水排出口处有带铃的导电性测量仪，若冷却水中混有酸，电导率升高，则会响铃示警。随着化学工业的发展，警报信号系统的自动化程度不断提高。例如反应塔温度上升的自动报警系统可分为两级，急剧升温检测系统，以及与进出口流量相对应的温差检测系统。警报的传送方式按故障的轻重设置信号。

信号装置只能提醒人们注意事故正在形成或即将发生，但不能自动排除事故。而保险装置则能在危险状态下自动消除危险状态。例如氨的氧化反应是在氨和空气混合物爆炸极限边缘进行，在气体输送管路上应该安装保险装置，以便在紧急状态下切断气体输入。在反应过程中，空气的压力过低或氨的温度过低，都有可能使混合气体中氨的浓度升高，达到爆炸下限。在这种情况下，保险装置就会切断氨的输送，只允许空气流过，因而可以防止发生爆炸事故。

安全联锁就是利用机械或电气控制依次接通各个仪器和设备，使之彼此发生联系，达到安全运行的目的。例如硫酸与水的混合操作，必须先把水加入设备，再注入硫酸，否则将发生喷溅和灼伤事故。把注水阀门和注酸阀门依次联锁起来，就可以达到此目的。某些需要经常打开孔盖的带压反应容器，在开盖之前必须卸压。频繁操作容易疏忽出现差错，如果把卸掉罐内压力和打开孔盖联锁起来，就可安全无误。

3.6.5　限制火灾和爆炸的扩散蔓延

多数火灾爆炸事故，伤害和损失的很大一部分不是在事故的初阶段，而是在事故的蔓延和扩散中造成的。目前许多大多化工企业把防灾的重点，普遍放在火灾爆炸发生并转而使事故扩大的危险性上。

3.6.5.1　限制火灾事故蔓延的措施

阻止火势蔓延，就是阻止火焰或火星窜入有燃烧爆炸危险的设备、管道或空间内，或者阻止火焰在设备和管道中扩展，或者把燃烧限制在一定范围内不向外传播。其目的在于减少火灾危害，把火灾损失降到最低限度。阻止火势蔓延主要通过设置阻火装置来实现。

（1）阻火装置

阻火装置通常是指防止火焰或火星作为火源窜入有火灾和爆炸危险的设备或空间内，或者阻止火焰在设备和管道之间扩展的安全器械或安全设备。常用的阻火装置主要有以下几种。

① 安全液封　安全液封是湿式阻火装置，通常安装在压力低于 0.02MPa（表压）的可燃气体管道和生产设备之间，有敞开式和封闭式两种。液封的阻火原理是由于液体（通常为水）封在进、出气管之间，在液封两侧的任一方着火，火焰将在液封处熄火，从而起到阻止火势蔓延的作用。液封内的液位应根据生产设备内的压力保持一定的高度。

② 阻火器　阻火器是阻止可燃气体和可燃液体蒸气的火焰扩展的安全装置。它由带有能通过气体或蒸气的许多细小、均匀或不均匀孔道的固体材料构成。有金属网、波纹金属片等多种形式的阻火器。其阻火原理是火焰在管中蔓延的速度随着管径的减小而降低，同时随

着管径减小，火焰通过时的热损失增大，最终使火焰熄灭。

影响阻火器效能的主要因素是阻火器的厚度及其空隙或通道的大小。各式阻火器的内径大小及外壳高度由连接阻火器的管道直径来决定，其内径通常是管道直径的 4 倍。阻火器通常安装在：输送可燃气体管线之间及管道设备放空管的末端；储存石油产品的油罐；油气回收系统；有爆炸危险的通风管道口；内燃机排气系统上；去加热炉燃料气的管网处；火炬系统上等。

③ 回火防止器　回火防止器是在气焊和气割时防止火焰倒燃进入容器里，并阻止其在管路中蔓延的安全装置。其作用原理同阻火器。

④ 防火阀　防火阀安装在建筑空调、通风系统中，是用于防止火势沿管道蔓延的阻火阀门。它主要依靠易熔合金片或感温、感烟等控制设备在温度作用下动作而起防火作用。

⑤ 火星熄灭器　俗称防火帽，是用于熄灭由机械或烟囱排放废气中夹带火星的安全装置。它通常装在汽车、拖拉机、柴油机的排气管，锅炉烟囱或其他使用鼓风机的烟囱上。

(2) 阻火设施

阻火设施是指把燃烧限定在一定范围内，阻止或隔断火势蔓延的安全构件或构筑物。常用的阻火设施有以下几种。

① 防火门　防火门是指在一定时间内，连同框架在内均能满足耐火稳定性、完整性和隔热性要求的一种防火分隔物。按耐火极限，防火门可分为甲、乙、丙三级。甲级防火门，耐火极限不低于 1.2h，用于建筑物划分防火分区的防火墙上。乙级防火门，耐火极限不低于 0.9h，用于安全疏散的封闭楼梯间的前室。丙级防火门，耐火极限不低于 0.6h，用作建筑物竖向井道的检查门。按所采用的材料和结构的不同，防火门可分为金属、木质、钢木、玻璃和其他结构 5 种。对于各种防火门，均要求其必须能够关闭紧密，不能窜入烟火。

② 防火墙　防火墙是指为减少或避免建筑物结构、设备遭受热辐射危害和防止火势蔓延，专门设置在户外的竖向分隔体或直接设置在建筑物基础上或钢筋混凝土框架上的非燃烧体墙，其耐火极限不低于 4h。从建筑平面上分，有与屋脊方向垂直的横向防火墙和与屋脊方向一致的纵向防火墙。从位置上分，有内墙防火墙、外墙防火墙和室外独立防火墙。其中，内墙防火墙可以把建筑物划分成若干个防火分区；外墙防火墙是在两幢建筑物因防火间距不足而设置的无门窗孔洞的外墙；室外独立防火墙是当建筑物间的防火间距不足但又不便使用外墙防火墙时而设置的，用于挡住并切断对面的热辐射和冲击波作用。

③ 防火带　防火带是一种由非燃烧材料筑成的带状防火分隔物。通常由于生产工艺连续性的要求等原因，无法设防火墙时，可改设防火带。具体做法是：在有可燃构件的建筑物中间划出一段区域，将这个区域内的建筑构件全部改用非燃烧材料，并采取措施阻挡防火带侧的烟火流窜到另一侧，从而起到防火分隔的作用。防火带中的屋顶结构应用非燃烧材料制成，其宽度不应小于 4m，并高出相邻屋脊 0.7m。防火带最好设置在厂房、仓库的通道部位，以利于火灾时的安全疏散和扑救工作。

④ 防火卷帘　防火卷帘是指在一定时间内，连同框架能满足耐火稳定性和耐火完整性要求的防火阻隔物。通常设在因使用或工艺要求而不便设置其他防火分隔物的处所，如在设有上、下层相通的走廊、自动扶梯、传送带、跨层窗等开口部位，用于封闭或代替防火墙作为防火分区的分隔设施。

防火卷帘一般由帘板、卷筒、导轨、传动装置、控制装置、护罩等部分组成。帘板通常为钢板重叠组合结构，刚性强，密封性好，体积小，不占使用面积，通过手动或电动使卷帘启闭与火灾自动报警系统联动。以防火卷帘代替防火墙时，必须有水幕保护。

⑤ 水封井　水封井是一种湿式阻火设施，设置在含有可燃性液体的污水工业下水道中间，用于防止火焰、爆炸波的蔓延扩展。当两个水封井之间的管线长度超过 300m 时，此段管线上应增设一个水封井。水封井内的水封高度不得小于 250mm。

⑥ 防火堤　又称防油堤，是为容纳泄漏或溢出流体而设的防护设施，设置在可燃性液体的地上、半地上储罐或储罐组的四周。防火堤应用非燃烧材料建造，能够承受液体满堤时的静压力，高度为 1～1.6m。

⑦ 防火分隔堤　防火分隔堤是分隔泄漏或溢出不同性质的液体的防护设施，它设置在可燃性液体储罐之间，水溶性和非水溶性的可燃液体储罐之间，相互接触能引起化学反应的可燃液体储罐之间，具有腐蚀性的液体储罐与其他可燃液体储罐之间等。

⑧ 事故存油罐（槽）　简称事故罐（槽），是为发生事故时或开罐检修时能容纳泄漏或排放可燃性液体或油品的备用容器。一般设置在含有液态可燃物料的反应器（锅）群及石油产品和液化石油气储罐区内。其有效容积应为器群中最大反应器或罐区内最大储罐的容量，并应安装快速转换的导液管。

⑨ 防火集流坑　防火集流坑是容纳某种设备泄漏或溢出可燃性液体（油品）的防火设施。它通常设置在地下，并用碎石填塞。如设在较大容量的油浸式电力变压器下面的防火集流坑，在发生火灾时，可将容器内的油放入坑中，既能防止油火蔓延，又便于扑救，缩小火灾范围。

3.6.5.2　限制爆炸冲击波扩散的措施

限制爆炸冲击波扩散的措施，就是采取泄压隔爆措施防止爆炸冲击波对设备或建（构）筑物的破坏和对人员的伤害，这主要是通过在工艺设备上设置防爆泄压装置和在建（构）筑物上设置液压隔爆结构或设施来实现。

防爆泄压装置，是指设置在工艺设备上或受压容器上，能够防止压力突然升高或爆炸冲击波对设备、容器造成破坏的安全防护装置。包括安全阀、爆破片、防爆门和放空管等。安全阀主要用于防止物理性爆炸；爆破片主要用于防止化学爆炸；防爆门、防爆球阀主要用在加热炉上，放空阀用来紧急排泄有超温、超压、爆聚和分解爆炸的物料。

建筑防爆泄压结构或设施，是指在有爆炸危险的厂房所采取的阻爆、隔爆措施，如耐爆框架结构、泄压轻质屋盖、泄压轻质外墙、防爆门窗、防爆墙等。这些泄压构件是人为设置的薄弱环节，当发生爆炸时，它们最先遭到破坏或开启而向外释放大量的气体和热量，使室内爆炸产生的压力迅速下降，从而达到主要承重结构不破坏，整座厂房不倒塌的目的。

3.7　火灾扑救措施

危险化学品容易发生火灾和爆炸事故，但不同的化学品以及在不同情况下发生火灾时，其扑救方法差异很大，若处置不当，不仅不能有效扑灭火灾，反而会使灾情扩大。此外，由于化学品本身及其燃烧产物大多具有较强的毒害性和腐蚀性，极易造成人员中毒、灼伤。因此，扑救化学危险品火灾是一项极其重要又非常危险的工作。

3.7.1 火灾的危害

火灾事故的危害主要是造成人员伤亡、财产损失，还可能对环境造成破坏。

(1) 火灾危害的特点

化工企业火灾危害有两个显著特点：一是火灾损失与火灾持续时间关系很大，火灾发生后必然经历一个起火、发展、衰弱和熄灭的过程，在发展阶段迅速蔓延，如果扑救及时就能显著地减少损失；二是化工企业发生火灾后，由于高温可能引发危险化学品爆炸，而爆炸又使危险化学品泄漏，可能造成二次火灾。

(2) 燃烧产物对人体的毒害作用

燃烧时生成的气体、蒸气和固体物质称为燃烧产物。火灾中人员死因统计表明，因燃烧产物中的烟气和毒气直接致死的占 40%，加上由于中毒晕倒后被烧死的，则占一半以上。燃烧产物对人体的毒害作用包括缺氧、高温气体对呼吸道的热损伤和烟尘对呼吸道的毒害作用。

① 缺氧窒息　正常空气中氧含量的体积分数为 21%。在火场特别是密闭环境中，燃烧使火场中氧含量减少。当空气中氧含量为 12%～16% 时，人会出现头痛、呼吸急促，脉搏加快；当氧含量为 9%～14% 时，人判断能力迟钝，出现酩酊状态，产生紫斑；当氧含量6%～10% 时，人意识不清，痉挛，致死。

② 高温气体的热损伤　可燃物质燃烧产生的热量在火焰燃烧区域释放出来，火焰温度即燃烧温度多数在 1000℃ 以上。由于火灾发展迅速，火场气体温度升高很快。根据一般室内火灾升温曲线，5min 后着火中心温度即可升高到 500℃ 以上。只要吸入的气体温度超过70℃，就会使气管、支气管内黏膜充血，出血起水泡，组织坏死，并引起肺扩张、肺水肿而死亡。

③ 热烟尘的毒害作用　火灾中的热烟尘由燃烧中析出的炭粒、焦油状液滴以及房屋倒塌、天花板掉落等扬起的灰尘组成。这些烟尘吸入呼吸系统后，堵塞、刺激内黏膜，其毒害作用随烟尘的温度、粒径不同而不同，其中温度高、粒径小、化学毒性大的烟尘对呼吸道的损害最严重。烟尘粒径为 5μm 左右的一般只停留在上呼吸道，3μm 左右的则进入支气管，小于 2μm 的烟尘会进入肺泡。进入呼吸道的烟尘会由气管壁上的纤毛运动输送到咽头而咳出或吞入胃内。

【案例 12】 2000 年 12 月 25 日，河南某商厦因非法施工、电焊工违章作业，电焊火花溅入地下二层可燃物上，引燃绒布、海绵床垫、沙发和木质家具等可燃物品造成火灾，产生的大量有毒烟雾迅速向上蔓延，因二三层入口处封闭不通风，大量高温有毒烟雾迅速涌入四楼歌舞厅敞开的入口，充满整个歌舞厅，高浓度的烟气使大量人员在短时间内窒息，造成其中 309 人中毒窒息死亡。

3.7.2 火灾的分类

在时间和空间上失去控制的燃烧及其所造成的灾害即为火灾。不同类型的火灾其灭火方法也不相同，为了在发生火灾时能迅速确定采用哪种灭火方式，在场所的火灾危险因素辨识清楚后，判断应该配置什么种类的灭火器材，设计什么类型的灭火设施，发生火灾后采取什么灭火方法，都需要对火灾进行分类。国家标准《火灾分类》（GB/T 4968—2008）中，根据可燃物的类型和燃烧特性，将火灾分为 A、B、C、D、E、F 六个类型。

A 类火灾。指固体物质火灾。这种物质通常具有有机物性质，一般在燃烧时能产生灼热的余烬，如木材、棉、毛、麻、纸张火灾等。

B 类火灾。指液体火灾和可熔化的固体火灾，如汽油、煤油、原油、甲醇、乙醇、沥青、石蜡火灾等。

C 类火灾。指气体火灾，如煤气、天然气、甲烷、乙烷、丙烷、氢气火灾等。

D 类火灾。指金属火灾，是指钾、钠、镁、钛、锆、锂、铝镁合金火灾等。

E 类火灾。指带电火灾，物体带电燃烧的火灾。电气火灾比较特殊，但切断电源后就基本上为固体物质火灾。

F 类火灾。烹饪器具内的烹饪物（如动植物油脂）火灾。《建筑灭火器配置设计规范》（GB 50140—2005）将火灾分为 A、B、C、D、E 五个类型，定义与上述基本相同，其中 E 类火灾也是指带电火灾，如发电机房、变压器室、配电间、仪器仪表间和电子计算机房等在燃烧时不能及时或不宜断电的电气设备带电燃烧的火灾。E 类火灾是建筑灭火器配置设计的专用概念，主要是指发电机、变压器、配电盘、开关箱、仪器仪表和电子计算机等在燃烧时仍旧带电的火灾，必须用能达到电绝缘性能要求的灭火器来扑灭。对于那些仅有常规照明线路和普通照明灯具而且并无上述电气设备的普通建筑场所，可不按 E 类火灾的规定配置灭火器。

3.7.3 火灾扑救要点

在火灾扑救过程中必须根据救火应急预案掌握以下要点：

① 抓住火灾初期的救火"黄金时间"，尽早扑救，尽早报警，在可能条件下，关闭有关阀门，阻止可燃物的继续泄漏，切断各个车间、工序、设备之间的联系。

② 防止在救火过程中发生次生爆炸事故是救火工作的重中之重。火源附近有爆炸危险的设备、管道，应采用积极的冷却降温措施；火源附近有爆炸燃烧危险的物资应火速移走；阻止液体可燃物流淌或将其导流到较安全的地带，尽最大努力防止连环爆炸和火灾事故的发生。

③ 应根据设备装置特点及安装位置等因素，事先制定好火灾扑救预案。火灾扑救要按照原则进行，同时可根据具体情况灵活调整。

④ 根据火灾类型与实际情况，正确选择灭火剂和灭火方法，正确选择和使用消防设施与器材。抓住燃烧三要素中最容易消除的一个要素，尽快将其消除或减弱。火灾扑灭之后，认真检查，防止可燃物复燃。

⑤ 在火灾扑救过程中，充分利用自然风向和事故排风设施，注意防止烟雾伤害，疏散无关人员，防止发生中毒或窒息事故。电气火灾扑救不要盲目断电，要严防人员触电事故。

⑥ 火灾扑救中要防止泄漏出来的有害物料和现场消防水污染环境。

3.7.4 灭火的原理与方法

根据燃烧三要素，只要消除可燃物或把可燃物浓度充分降低；隔绝氧气或充分减少氧气量；把可燃物冷却至燃点以下，均可达到灭火的目的。灭火就是破坏燃烧的条件，使燃烧反应因缺少条件而终止。灭火方法可归纳为以下四种：冷却法、窒息法、隔离法和抑制法。

(1) 冷却法

冷却法的原理是将灭火剂直接喷射到燃烧的物体上，使燃烧的温度降低到燃点之下，从而使燃烧停止；或将灭火剂喷洒在火源附近的物体上，使其不因火焰热辐射作用而形成新的火点。冷却灭火法是灭火的一种主要方法，常用水和二氧化碳作灭火剂来冷却降温灭火。灭火剂在灭火过程中不参与燃烧过程中的化学反应。这种方法属于物理灭火方法。

(2) 窒息法

窒息法是阻止空气流入燃烧区或用不燃物质冲淡空气，使燃烧物得不到足够的氧气而熄灭的灭火方法。具体方法是：用沙土、水泥、湿麻袋、湿棉被等不燃或难燃物质覆盖燃烧物；喷洒雾状水、干粉、泡沫等灭火剂覆盖燃烧物；用水蒸气或氮气、二氧化碳等惰性气体灌注发生火灾的容器、设备；密闭起火建筑、设备和孔洞；把不燃气体或不燃液体（如二氧化碳、氮气、四氯化碳等）喷洒到燃烧物区域内或燃烧物上。

(3) 隔离法

隔离法是将正在燃烧的物质和周围未燃烧的可燃物质隔离或移开，中断可燃物质的供给，使燃烧因缺少可燃物而停止。具体方法有：把火源附近的可燃、易燃、易爆和助燃物品搬走；关闭可燃气体、液体管道的阀门，减少和阻止可燃物质进入燃烧区；设法阻拦流散的易燃、可燃液体；拆除与火源相毗连的易燃建筑物，形成防止火势蔓延的空旷地带。

(4) 化学抑制法

冷却法、窒息法、隔离法灭火时，灭火剂不参与燃烧反应，属于物理灭火方法。而化学抑制法则是使灭火剂参与到燃烧反应中去，降低燃烧反应中自由基的生成，从而使燃烧的链式反应中断而不能持续进行。常用的干粉灭火剂、卤代烷灭火剂的主要灭火机理就是化学抑制作用。

3.7.5 常用灭火剂介绍

灭火剂是能够有效地破坏燃烧条件，使燃烧终止的物质。灭火剂的种类很多，有水、泡沫、卤代烷、二氧化碳、干粉等。

(1) 水及水蒸气

水是应用历史最长、范围最广、价格最廉的灭火剂。水的灭火机理主要是冷却和窒息。水是不燃液体，蒸发潜热较大，与燃烧物质接触被加热气化吸收大量的热，使燃烧物质冷却降温，从而减弱燃烧的强度。水遇到燃烧物后气化生成大量的蒸汽，能够阻止燃烧物与空气接触，并能稀释燃烧区的氧，使火势减弱。用水灭火，取用方便，器材简单，价格便宜，而且灭火效果好，因此，水仍是目前国内外普遍使用的主要灭火剂。

对于水溶性可燃、易燃液体的火灾，如果允许用水扑救，水与可燃、易燃液体混合，可降低燃烧液体浓度以及燃烧区内可燃蒸气浓度，从而减弱燃烧强度。由水枪喷射出的加压水流，其压力可达几兆帕。高压水流强烈冲击燃烧物和火焰，会使燃烧强度显著降低。

灭火形式包括：普通无压力水；水蒸气；经水泵加压由直流水枪喷出的柱状水流称作直流水；由开花水枪喷出的滴状水流称作开花水；由喷雾水枪喷出，水滴直径小于 $100\mu m$ 的水流称作雾状水。直流水、开花水是加压的密集水流，具有很大的动能和冲击力，喷射较远。直流水、开花水可用于扑救一般固体如煤炭、木制品、粮食、棉麻、橡胶、纸张等的火灾，也可用于扑救闪点高于 $120℃$，常温下呈半凝固态的重油火灾。雾状水液滴的表面积大，与可燃物接触面积大，有利于吸收可燃物热量，降温快，效率高，常用于扑灭可燃粉尘、谷物堆囤等固体物质的火灾，也可用于扑灭电气设备的火灾。与直流水相比，开花水和雾状水射程均较近，不适于远距离使用。水蒸气适于扑救密闭的厂房、容器及空气不流通的地方。水蒸气浓度在燃烧区超过 30％～35％时，即可将火熄灭。

下面的特殊情况，一般不能用水来灭火。

与水反应能产生可燃气体，容易引起爆炸的物质不能用水扑救，例如轻金属，遇水生成氢气，电石遇水生成乙炔气都能放出大量的热，且氢气和乙炔气与空气混合容易发生爆炸等。非水溶性，特别是密度比水小的可燃、易燃液体的火灾，原则上也不能用水扑救。但原油、重油可用雾状水扑救。直流水（密集水）不能用于扑救带电设备火灾，也不能扑救可燃粉尘聚集处的火灾。贮存大量浓硫酸、浓硝酸的场所发生火灾，不能用直流水扑救，以免酸液发热飞溅。必要时可用雾状水补救。

（2）泡沫灭火剂

泡沫灭火剂指能够与水混溶，并可通过机械或化学反应产生灭火泡沫的灭火剂。泡沫的灭火机理主要是隔离，也有一定冷却作用，可用于扑救 A 类和 B 类火灾。泡沫在封闭燃烧物表面后，可以遮挡火焰对燃烧物的热辐射，阻止燃烧物的蒸发或热解挥发，使可燃气体难以进入燃烧区。另外，泡沫析出的液体对燃烧表面有冷却作用，泡沫受热蒸发产生的水蒸气还有稀释燃烧区氧气浓度的作用。但由于泡沫中含有大量水分，因此相比二氧化碳灭火剂会在灭火后留下痕迹、污染物品。多数泡沫灭火装置都是小型手提式的，对于小面积火焰覆盖极为有效。也有少数装置配置固定的管线，在紧急火灾中提供大面积的泡沫覆盖。对于密度比水小的液体火灾，泡沫灭火剂优点明显。

（3）干粉灭火剂

干粉灭火主要是依靠抑制作用。干粉灭火剂是一种灭火效果好、速度快的有效灭火剂，但扑救后易于复燃，故经常与氟蛋白泡沫灭火系统联用。干粉灭火剂主要由活性灭火组分、疏水组分、惰性填料等组成。灭火组分是干粉灭火剂的核心，常见的干粉成分是微细的固体颗粒，有碳酸氢钠、碳酸氢钾、磷酸二氢铵、尿素干粉等。灭火组分是燃烧反应的非活性物质，当其进入燃烧区域火焰时，能捕捉并终止燃烧反应产生的自由基，降低燃烧反应的速率。当火焰中干粉浓度足够高、与火焰接触面积足够大，自由基终止速率大于燃烧反应生成的速率时，链式反应被终止，从而火焰熄灭。干粉灭火器主要用于扑救石油及其产品、有机溶剂、可燃气体和电气设备的初起火灾以及一般固体火灾。对于扩散性很强的易燃气体，灭火效果不佳。使用时近火源喷射。干粉容易飘散，不宜逆风喷射。

（4）卤代烷灭火剂

卤代烷是靠化学抑制作用灭火，另外还有部分稀释氧和冷却作用。卤代烷接触高温表面或火焰时，分解产生活性自由基，即通过溴和氟等卤素氢化物的负化学催化作用和化学净化作用，大量消耗燃烧链式反应中产生的自由基，破坏和抑制燃烧的链式反应，从而将火焰扑灭。卤代烷灭火剂可适用于除金属火灾外的所有火灾，因其灭火后全部气化，不留痕迹，一般在需要干净的灭火剂的场合使用。尤其适用于扑救精密仪器、计算机、珍贵文物及贵重物资仓库等的初起火灾。需要强调的是，由于卤代烷灭火剂会破坏臭氧层，根据规定，多数卤代烷类灭火剂已经被禁止使用。目前国内外正在开发相应的替代产品，比如七氟丙烷（无色、无味、低毒，对大气臭氧层无破坏作用）、气溶胶灭火剂（通过燃烧或其他方式产生具有灭火效能气溶胶的灭火剂）等。

(5) 二氧化碳灭火剂

二氧化碳是一种不燃烧、不助燃的惰性气体，具有较高的密度，约为空气的 1.5 倍。在常压下，1.0kg 的液态二氧化碳可产生约 $0.5m^3$ 的气体。其灭火主要依靠窒息作用和部分冷却作用。当燃烧区域空气中氧气的含量低于 12%，或者二氧化碳的浓度达到 30%～35% 时，绝大多数的燃烧都会熄灭。用二氧化碳灭火还有一定的冷却作用，二氧化碳从储存容器中喷出时，液体迅速气化，从周围吸收部分热量，导致燃烧物周围温度下降。二氧化碳灭火器适用于各种易燃、可燃液体、可燃气体火灾，也可扑救贵重的仪器设备、档案资料等火灾，并适用于扑救带电的低压电气设备和油类火灾，但不可用于扑救钾、钠、铝、镁等活泼金属的火灾。手提式二氧化碳灭火器适用于扑灭小型火灾，大规模的火灾则需要固定管输出的二氧化碳系统，释放出足够量的二氧化碳覆盖在燃烧物上。

3.7.6 灭火设施

(1) 水灭火装置

常用的有喷淋装置和水幕装置。

喷淋装置由喷淋头、支管、干管、总管、报警阀、控制盘、水泵、重力水箱等组成。当防火对象起火后，喷头自动打开喷水，具有迅速控制火势或灭火的特点。喷淋头有易熔合金锁封喷淋头和玻璃球网喷淋头两种形式。对于前者，防火区温度达到一定值时，易熔合金熔化锁片脱落，喷口打开，水经溅水盘向四周均匀喷洒。对于后者，防火区温度达到释放温度时，玻璃球破裂，水自喷口喷出。可根据防火场所的火险情况设置喷头的释放温度和喷淋头的流量。喷淋头的安装高度为 3.0～3.5m，防火面积为 7～$9m^2$。

水幕装置是能喷出幕状水流的管网设备。它由水幕头、干支管、自动控制阀等构成，用于隔离冷却防火对象。每组水幕头需在与供水管连接的配管上安装自动控制装置，所控制的水幕头一般不超过 8 只。供水量应能满足全部水幕头同时开放的流量，水压应能保证最高最远的水幕头有 3m 以上的压头。

(2) 泡沫灭火装置

泡沫灭火装置按发泡剂不同分为化学泡沫和空气机械泡沫装置两种类型。按泡沫发泡倍数分为低倍数、中倍数和高倍数三种类型。按设备形式分为固定式、半固定式和移动式三种类型。泡沫灭火装置一般由泡沫液罐、比例混合器、混合液管线、泡沫室、消防水泵等组成。

(3) 蒸汽灭火装置

蒸汽灭火装置一般由蒸汽源、蒸汽分配箱、输汽干管、蒸汽支管、配汽管等组成。把蒸汽施放到燃烧区，使氧气浓度降至一定程度，从而终止燃烧。试验得知，对于汽油、煤油、柴油、原油的灭火，燃烧区每立方米空间内水蒸气的量应不少于 0.284kg。经验表明，饱和蒸汽的灭火效果优于过热蒸汽。

(4) 二氧化碳灭火装置

二氧化碳灭火装置一般由储气钢瓶组、配管和喷头组成。按设备形式分为固定和移动两种类型。按灭火用途分为全淹没系统和局部应用系统。二氧化碳灭火用量与可燃物料的物性、防火场所的容积和密闭性等有关。

(5) 氮气灭火装置

氮气灭火装置的结构与二氧化碳灭火装置类似，适于扑灭高温高压物料的火灾。用钢瓶贮存时，1kg 氮气的体积为 0.8m³，灭火氮气的储备量不应少于灭火估算用量的 3 倍。

(6) 干粉灭火装置

密闭库房、厂房、洞室灭火干料用量每立方米空间应不少于 0.6kg；易燃、可燃液体灭火干料用量每平方米燃烧表面应不少于 2.4kg。空间有障碍或垂直向上喷射，干料用量应适当增加。

(7) 烟雾灭火装置

烟雾灭火装置由发烟器和浮漂两部分组成。烟雾剂盘分层装在发烟器筒体内。浮漂是借助液体浮力，使发烟器漂浮在液面上，发烟器头盖上的喷孔要高出液面 350～370mm。

烟雾灭火剂由硝酸钾、木炭、硫黄、三聚氰胺和碳酸氢钠组成。硝酸钾是氧化剂，木炭、硫黄和三聚氰胺是还原剂，它们在密闭系统中可维持燃烧而不需要外部供氧。碳酸氢钠作为缓燃剂，使发烟剂燃烧速度维持在适当范围内而不至于引燃或爆炸。烟雾灭火剂燃烧产物 85% 以上是二氧化碳和氮气等不燃气体。灭火时，烟雾从喷孔向四周喷出，在燃烧液面上布上一层均匀浓厚的云雾状惰性气体层，使液面与空气隔绝，同时降低可燃蒸气浓度，达到灭火目的。

3.7.7　火灾现场疏散与逃生

(1) 火灾报警

如果火势太大，应立即报警。在拨打电话向消防队报警时，必须讲清楚以下内容：①发生火灾的详细地址和具体位置，包括街道名、门牌号、楼幢号等，总之，地址要尽可能明确、具体；②报告起火物品的性质，以便消防部门根据情况派出相应的灭火车辆；③火势情况，如见浓烟、有火光、火势猛烈，有多少房间起火等情况；④留下报警人的姓名以及电话号码，以便消防部门及时电话联系，还应派人到路口接应消防车辆。

消防报警是严肃的，谎报火警和阻拦报警均是违法行为。《中华人民共和国消防法》第六十二条规定："谎报火警的；阻碍消防车、消防艇执行任务的；阻碍消防救援机构的工作人员依法执行职务的"，依照《中华人民共和国治安管理处罚法》的规定处罚；《中华人民共和国消防法》第六十四条规定："在火灾发生后阻拦报警，或者负有报告职责的人员不及时报警的；扰乱火灾现场秩序，或者拒不执行火灾现场指挥员指挥，影响灭火救援的；故意破坏或者伪造火灾现场的"，对尚不构成犯罪的，处十日以上十五日以下拘留，可以并处五百元以下罚款；情节较轻的，处警告或者五百元以下罚款。

(2) 火灾现场疏散与逃生

火灾发生后，人员的安全疏散与逃生自救极为重要。在此过程中，要注意以下几点：

①稳定情绪，保持冷静，维护好现场秩序；②在能见度差的情况下，采用拉绳、拉衣襟、喊话、应急照明等方式引导疏散；③当烟雾较浓、视线不清时不要奔跑，左手用湿毛巾捂住口鼻做好防烟保护，右手向右前方顺势探查，靠消防通道右侧，顺着紧急疏散指示标志引导的疏散逃生路线，半蹲、弯腰或匍匐前进，迅速撤离；④在逃生过程中经过火焰区，要淋湿身体并尽量用浸湿的衣物、被褥等不燃烧、难燃烧的物品披裹身体后冲出；⑤个人衣服起火时，切勿慌张奔跑，以免风助火势，应迅速脱衣，用水龙头浇灭火势，火势过大时可就地卧倒打滚，压灭火焰；⑥发生火灾时，不能乘电梯，三楼以上在无防护的情况下不能跳窗，不要贪恋财物；⑦室外着火，千万不要开门，以防大火窜入室内，用浸湿的衣物、被褥等堵住门、窗缝，并泼水降温。

思考题与习题

1. 常见火源都有哪些？应该如何防范其危险性？

2. 燃烧的条件是什么？认识燃烧的条件有何意义？

3. 闪燃、点燃和自燃这三种不同类型燃烧之间有何区别？其各自的特征参数又是什么？

4. 什么是爆炸？爆炸的特征是什么？

5. 根据爆炸原因不同，爆炸分哪几类？

6. 分析控制点火源的技术措施。

7. 物质的爆炸极限是如何定义的？哪些因素会对其产生影响？

8. 在化工生产中处理具有火灾爆炸危险的物质时，通常会采取哪些防范措施以降低其危险性？

9. 讨论各类防止火灾蔓延的设施与措施。

10. 水的灭火原理是什么？哪些物质着火时不能用水来灭火？

11. 讨论火灾扑救的原理。如何正确选择灭火剂？

参考文献

[1] 李振花，王虹，许文编 . 化工安全概论 . 3 版[M]. 北京：化学工业出版社，2018. 09.

[2] 温路新，李大成，刘敏编 . 化工安全与环保 . 2 版[M]. 北京：科学出版社，2020. 04.

[3] 邵辉主编 . 化工安全[M]. 北京：冶金工业出版社，2012. 05.

[4] 董文庚，苏昭桂编著 . 化工安全原理与应用[M]. 北京：中国石化出版社，2014. 01.

第4章

职业毒害及防治措施

本章要点：通过本章内容的学习，了解工业毒物的类型，重点掌握工业毒物入侵人体的途径及在人体内的分布与作用、对人体的危害；认识常见的化学危险品标识、掌握如何正确使用化学危险品；掌握职业病产生的原因、职业病的类型，掌握职业中毒与现场救治知识。

4.1 工业毒物及危险化学品

4.1.1 工业毒物

(1) 工业毒物的定义

工业毒物通常指的是较小剂量的化学物质，在一定的条件下，与细胞成分产生生物化学作用或生物物理作用，扰乱或破坏机体的正常功能，引起功能性或器质性改变，导致暂时性或持久性病理损害甚至危及生命的物质。需要引起注意的是，毒物与非毒物之间不存在绝对界限。以盐酸为例，1%浓度的盐酸可内服，用于治疗胃酸分泌减少影响消化吸收的患者；但如果内服浓盐酸，则可引起口腔、食管、胃、肠道严重灼伤，甚至致死。可见低浓度盐酸是一种药物，而高浓度盐酸是一种毒物。一般情况下，化学结构与毒性是相关的。通常，芳香族化合物比脂肪族化合物的毒性要大。有机化合物中含有较多卤素及氮磷元素时，具有较大的毒性，如常用的农药、杀虫剂、灭鼠药等多含有氮磷元素。杂环化合物的毒性要比一般化合物的毒性大。在化工生产中，毒物的来源多种多样，可以是原料、中间体、成品、副产品、助剂、夹杂物、废弃物、热解产物、与水反应产物等。

(2) 工业毒物的形态

① 粉尘 漂浮于空气中直径大于 $0.1\mu m$ 的固体微粒，如塑料粉尘。

② 烟尘 悬浮于空气中直径小于 $0.1\mu m$ 的固体微粒，多为金属熔融后在空气中氧化冷却的结果，如熔铅时产生的氧化铅烟尘。

③ 雾 悬浮于空气中的液体微滴，多由蒸汽冷凝或喷洒形成，如酸雾。

④ 蒸汽 液体蒸发或固体升华而成，如可燃液体蒸汽、碘蒸气。

⑤ 气体　常温常压下呈气态的物质，如氯气、氮氧化物等。

（3）工业毒物进入人体的途径

在工业生产中，毒物主要经过呼吸道和皮肤进入人体，经口进入的情况较少。

① 呼吸道　凡是以粉尘、烟尘、雾、蒸汽、气体形式存在的毒物，均可经呼吸道侵入体内。由于毒物的性质及人体呼吸道各部分特点不同，吸收情况也不相同。水溶性强的毒物，易被上呼吸道黏膜溶解吸收；水溶性差的毒物，进入肺泡吸收。人的肺部由亿万个肺泡组成，肺泡壁很薄，壁上有丰富的毛细血管，毒物一旦进入肺脏，很快就会通过肺泡壁进入血液循环而被运送到全身，引起全身中毒。毒物在空气中的浓度越高，吸收越快。在火灾中，吸入毒性气体而引起中毒窒息是造成死亡的主要原因。注意室内通风，在通风橱进行涉及有毒物质的操作，是预防此类中毒的有效措施。

② 皮肤　有些工业毒物可以通过无损的皮肤（表皮、黏膜、毛囊皮脂腺、汗腺、眼睛）进入人体。工业毒物经皮肤吸收，包括两个扩散过程：一是要穿透表皮的角质层，二是在真皮经毛细血管吸收进入血液。脂溶性毒物经表皮吸收后，还需有水溶性，才能进一步扩散和吸收。所以，既具有脂溶性又具有水溶性的物质最易经皮肤吸收，如苯胺；脂溶性很好但水溶性极微的物质经皮肤吸收得较少，如苯。对皮肤有腐蚀作用的物质会严重损伤皮肤的完整性，可显著增加毒物的吸收；低分子量的有机溶剂可损伤皮肤的屏蔽功能，如甲醇、乙醚、丙酮等；皮肤与水长时间接触，可因角质层的水合作用而增加皮肤对水溶性毒物的吸收。毒物被皮肤吸收的速率与数量与其结构、浓度、脂溶性、温度及接触面积等情况有关，特别是当皮肤受损或处于高温、高湿环境时，可导致中毒加重。分子量大于 300 的物质不易经皮肤吸收。在作业时，戴好防护用具是预防此类中毒的有效措施。

③ 消化道　工业毒物由消化道进入人体的机会很少，多由不良的卫生习惯造成误服，或由于呼吸道黏膜混有部分毒物，被无意吞入。进入消化道的毒物主要被胃和小肠吸收，被吸收的程度与毒物的结构、水溶性及胃内容物的多少有关。发生误服毒物时应立即呕吐或洗胃，尽量减少毒物在胃、肠中的停留时间。不将食物、饮料及水杯等带进实验室、厂房等地是防止此种中毒方式的最有效措施。

4.1.2　危险化学品

《危险化学品安全管理条例》（国务院 591 号令，2011 年 12 月 1 日起实施）规定，危险化学品是指具有毒害、腐蚀、爆炸、燃烧、助燃等性质，对人体、设施与环境有危害的剧毒化学品和其他化学品。凡具有各种不同程度的燃烧、爆炸、毒害、腐蚀、放射性等危险性的物质，受到摩擦、撞击、震动、接触火源、日光曝晒、遇水受潮、温度变化或遇到性能有抵触的外界因素影响，而引起燃烧、爆炸、中毒、灼伤等人身伤亡或使财产损坏的物质都属危险化学品。

危险化学品在生产、贮存、运输、销售和使用过程中，因其易燃、易爆、有毒、有害等危险特性，常会引发火灾和爆炸等危险事故，造成巨大的人员伤亡和财产损失。很多事故发生的原因是缺乏相关危险化学品安全基础知识，不遵守操作和使用规范，以及对突发事故苗头处理不当所造成。高校化工学科及化工企业涉及的实验教学及科研、生产活动中，不可避免地涉及危险化学品的贮存、使用及安全管理。加强危险化学品的严格管理和规范使用，保障人员及财产安全，防止发生环境污染及安全事故，是高校及企业化工行业安全管理的重要组成部分。因此，必须了解常见危险化学品的危险特性和储存等相关知识。

4.1.2.1　危险化学品标志

危险品标志是用来表示危险品的物理、化学性质以及危险程度的标志，它可提醒人们在运输、储存、保管、搬运等活动中注意。根据国家标准 GB 190—2009 规定，需在水、陆、空运危险货物的外包装上拴挂、印刷或标出不同的标志，如爆炸品、遇水燃烧品、有毒品、剧毒品、腐蚀性物品、放射性物品等。标签必要信息有：①表示危险性的象形图；②信号词/警示词；③危害性说明；④注意事项；⑤产品名称；⑥生产商/供应商。图 4-1 给出了几种常见的危险品标志，图 4-2 给出了几种常见试剂标签样式。

图 4-1　危险化学品标志

4.1.2.2　危险化学品分类

常见危险化学品数量繁多，性质各异，每一种又往往具有多种危险属性，其中对人员财产危害最大的危险属性称为主要危险性。化学品通常根据其主要危险性进行分类，即采用"择重归类"原则。国家标准 GB 13690—2009《化学品分类和危险性公示通则》将危险化学品分为三类：理化危险、健康危险和环境危险，每类又分别细分为数种至数十种小类。其中，易燃易爆危险化学品在"防火防爆技术"一章中重点讲述，这里不再赘述。

（1）毒害品

此类物品进入肌体后，积累达到一定的量，能与体液和组织发生生物化学作用或生物物

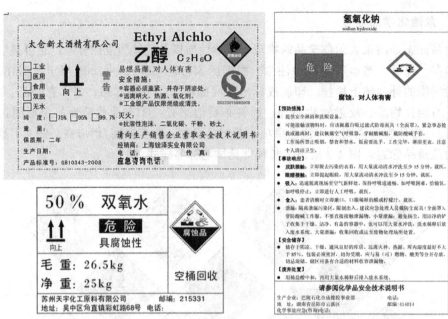

图 4-2 几种常见试剂包装标签

理作用，扰乱或破坏肌体的正常生理功能，引起暂时性或持久性的病理改变，甚至危及生命。例如 DMSO（二甲基亚砜）、丙烯酰胺、甲醛、氯仿、叠氮化钠、SDS（十二烷基硫酸钠）、Triton X-100（聚乙二醇辛基苯基醚）等。口服或皮肤接触毒害品时，生物试验致死中量（LD_{50}）在 50mg/kg 以下；吸入气体毒害品，致死中量（LC_{50}）吸入时间 4h，浓度在 2mg/L 以下，能造成死亡者，均属剧毒品。按其性质，分为四项：

①无机剧毒品，如氰化钾（钠）、亚砷酸等；②有机剧毒品，如硫酸二甲酸、磷酸三甲苯酯等；③无机有毒品，如氯化钡、氟化钠等；④有机有毒品，如四氯化碳、糠醛等。

(2) 腐蚀物品

此类物品具有强烈腐蚀性，与其他物品接触时因腐蚀作用发生破坏现象，与人体接触能发生灼伤，且较难医治。按其性质，分为八项：

①一级无机酸性腐蚀物品，如硝酸、硫酸等；②一级有机酸性腐蚀物品，如甲酸、三氯乙醛等；③二级无机酸性腐蚀物品，如盐酸、磷酸等；④二级有机酸性腐蚀物品，如冰醋酸、氯乙酸等；⑤无机碱性腐蚀物品，如烧碱、硫化钠等；⑥有机碱性腐蚀物品，如甲醇钠、二乙醇胺等；⑦无机其他腐蚀物品，如漂白粉、次氯酸钠溶液等；⑧有机其他腐蚀物品，如石炭酸、甲酚等。

腐蚀性药品应放在 PP（聚丙烯）耐腐蚀药品柜中。称量腐蚀性固体时应使用表面皿，不能使用称量纸。腐蚀品取用时，应穿着适当的工作服、戴防护手套。在处理腐蚀品废液时，不可直接倒入下水道，应收集起来集中处理。

(3) 放射性物品

此类物品具有放射性，放射比活度大于 $7.4×10^4$ Bq/kg，能放射出穿透力很强、人们感觉器官不能觉察到的射线。如金属铀、六氟化铀、金属钍等。侵入人体时为内照射，人体外部受辐射为外照射。与大剂量放射性物质直接接触时能损害人体。按其品种分为：①放射同位素；②放射性化学试剂和化工制品；③放射性矿石和矿砂；④涂有放射性发光剂的工业成品。

4.1.2.3　危险化学品贮运注意事项

(1) 危险化学品装卸搬运安全操作

① 在装卸搬运化学危险物品前，要预先做好准备工作，了解物品性质，检查装卸搬运的工具是否牢固，不牢固的应予更换或修理。如工具上曾被易燃物、有机物、酸、碱等污染的，必须清洗后方可使用。

② 操作人员应根据不同物资的危险特性，分别穿戴相应合适的防护用具，对毒害、腐蚀、放射性物品应加强注意。防护用具包括工作服、橡皮围裙、橡皮袖罩、橡皮手套、长筒胶靴、防毒面具、滤毒口罩、纱口罩、纱手套和护目镜等。操作前应由专人检查用具是否妥善，穿戴是否合适。操作后应进行清洗或消毒，放在专用的箱柜中保管。

③ 操作中对危险化学品应轻拿轻放，防止撞击、摩擦、碰摔、震动。液体铁桶包装下垛时，不可用跳板快速溜放，应在地面上垫旧轮胎或其他松软物，缓慢下垛。标有不可倒置标志的物品切勿倒放。发现包装破漏，必须移至安全地点整修，或更换包装。整修时不应使用可能产生火花的工具。危险化学品洒落在地面、车上时，应及时扫除，对易燃易爆物品应用松软物经水浸湿后扫除。

④ 在装卸搬运危险化学品时，不得饮酒、吸烟。工作完毕后根据工作情况和危险品的性质，及时清洗手、脸，漱口或淋浴。装卸搬运毒害品时，必须保持现场空气流通，如果发现恶心、头晕等中毒现象，应立即到新鲜空气处休息，脱去工作服和防护用具，清洗皮肤沾染部分，重者送医院诊治。

⑤ 装卸搬运强腐蚀性物品，操作前应检查箱底是否已被腐蚀，以防脱底发生危险。搬运堆码时，不可倒置、倾斜、震荡，以免液体溅出发生危险。在现场须备有清水、苏打水或稀醋酸等，以备急救使用。

⑥ 装卸搬运放射性物品时，不得肩扛、背负或揽抱，并尽量减少人体与物品包装的接触，应轻拿轻放，防止摔破包装。工作完毕以肥皂和水清洗手脸和淋浴后才可进食饮水。对防护用具和使用工具，须经仔细洗刷，除去射线感染。对沾染放射性的污水，不得随便流散，应引入深沟或进行处理。废物应挖深坑填埋处理。

⑦ 两种性能互相抵触的物品，不得同地装卸，同车（船）并运。对怕热、怕潮物品，应采取隔热、防潮措施。

(2) 危险化学品的安全贮存措施

① 贮存大量危险化学品的仓库，除应有消防保卫设施外，根据物品不同性质，应进行分区分类隔离贮存。个别性质极为特殊的物品，应单独贮存。

② 对相互接触能引起燃烧、爆炸的物品，或灭火方法不同的危险品，不得在同一库房内贮存，如：有机物、易燃物品与氧化剂，氧化剂与强酸性腐蚀物品，氰化物与酸性腐蚀物品等不得存放在一起。苯类与醇类因灭火方法不同，亦不宜存放在一起。食用原料（如小苏打等）应与有毒品分开，以防沾染发生中毒。

③ 不准在库房内或露天堆垛附近进行试验、串倒换桶、焊修、整修、分装和其他可能引起火灾的操作。

④ 容器包装应密闭完好无损，如果发现破损渗漏，必须进行安全处理，改装换桶必须

在库房外的安全地点进行。对易燃物、爆炸品应使用不产生火花的工具。

⑤ 加强平时检查工作，对性质不稳定，容易分解、变质以及易燃烧、易爆炸的物品，除一日三查外，应该定期进行测温、化验，并相应地采取安全措施（如稳定剂含量减少的即添加补足，分解、变质、黏结、发热的堆垛立即倒垛分开存放，并尽快处理），防止发生自燃或爆炸。

⑥ 换装危险品的空容器，在使用前必须进行检查，彻底清洗，以防遗留物质与装入物质发生抵触引起燃烧、爆炸和中毒；对遗留在地面和垫仓板上的危险品，必须及时清除处理，保持库房清洁。

4.1.2.4 危险化学品泄漏的应急处理

在化学品使用过程中，盛装化学品的容器经常发生一些意外的破裂、倾洒等事故，造成化学品的外泄。危险化学品泄漏后，如果处理不当，不但会对周围环境造成长期的严重污染，引起人体中毒甚至死亡，而且可燃物、易燃物引发的火灾、爆炸会造成周围大面积毁灭性的破坏。因此，对泄漏物及时进行安全处理尤为重要。常用的危险化学品安全处理方法有稀释法、中和法、覆盖法、吸收法、冲洗法、收集法等。

处理危险品泄漏的过程中不要慌张，采取以下应急措施。

① 疏散与隔离：在化学品生产、储存和使用中一旦发生泄漏，首先要疏散无关人员等，隔离泄漏污染源。如果是易燃易爆化学品大量泄漏，一定要打"119"报警，请专业消防人员救援，同时保护、控制好现场。

② 切断火源：切断火源对于化学品泄漏处理尤为重要，如果泄漏物是易燃品，则必须立即消除泄漏污染区域内的各种火源。

③ 个人防护：参与泄漏处理人员应对泄漏品的化学性质和反应特征有充分的了解，要于高处和上风处进行处理。至少 2 名人员参与处理并共同行动，严禁单独行动，避免不能互救。注意并考虑天气状况和周围环境对处理泄漏危险化学品带来的不利因素。所有进入泄漏现场者必须配备必要的个人防护用品。根据泄漏品的性质和毒物接触形式，选择适当的防护用品，必要时要用水枪（雾状水）掩护。

为了防止有毒有害物质通过呼吸系统侵入人体，应根据不同场合选择不同的防护器具。泄漏化学品毒性较大、浓度较高、且缺氧情况下，必须采用氧气呼吸器、空气呼吸器、送风式长管面具等。泄漏中氧气浓度不低于 18%，毒物浓度在一定范围内的场合，可以采用防毒面具（毒物浓度在 2% 以下的采用隔离式防毒面具，浓度在 1% 以下的采用直接式防毒面具，浓度在 0.1% 以下的采用防毒口罩）。在粉尘环境中可采用防尘口罩。

4.1.3 工业毒物在人体内的分布

毒物进入人体，有的可直接发挥毒作用，但更多情况是需经过生物转化后才能发挥毒作用。生物转化形式有：氧化、还原、水解和结合。毒物或其代谢产物通过血液循环分布到全身的器官组织，在到达靶器官并达到临界浓度时，就可产生毒作用并引起组织损伤。毒物进入体内的初期，血液中毒物的浓度最高，在器官、组织内的毒物浓度主要与供血量有关。经过一段时间后（几小时或几天），血液中毒物浓度降低，体内未排出的毒物主要按它对各器官、组织的亲和力大小而重新分布，并通过血液循环维持动态平衡。体内如有长时间不能排出的剩余毒物，则大部分贮留在作为"贮存库"的器官或组织中，然后缓慢释放到血液中，进行新的循环。多数毒物在体内会经历四个步骤。

(1) 分布

毒物被吸收后，随血液循环（部分随淋巴液）分布到全身。当在作用点达到一定浓度时，就可引发中毒。毒物在体内各部位分布是不均匀的，同一种毒物在不同的组织和器官中分布量有多有少。有些毒物相对集中于某组织或器官中，则称该器官为靶器官。例如铅、氟主要集中在骨质，苯多分布于骨髓及类脂质。

(2) 生物转化

被吸收的毒物在体内生物化学过程的作用下，其化学结构发生一定改变，称之为毒物的生物转化。其结果可使毒性降低（解毒作用）或增加（增毒作用）。毒物的生物转化可归结为氧化、还原、水解及结合。经转化形成的毒物代谢产物排出体外。

(3) 排出

毒物在体内可经转化后或不经转化而排出。毒物可经肾、呼吸道及消化道排出，其中经肾随尿排出是最主要的途径。尿液中毒物浓度与血液中的浓度密切相关，常测定尿中毒物及其代谢物，以监测和诊断毒物的吸收和中毒。

(4) 蓄积

毒物进入体内的总量超过转化和排出总量时，体内的毒物就会逐渐增加，这种现象称为毒物的蓄积。长时间接触毒物时，如毒物或其代谢产物在体内的生物半衰期较长，在接触间隔内不能完全排出，则会产生蓄积。此时毒物大多相对集中于某些部位，毒物对这些蓄积部位可产生中毒作用。若毒物的蓄积部位与靶位一致，则易发生慢性中毒。

4.1.4　工业毒物的作用方式及分级

(1) 作用方式

世界卫生组织（WHO）1981 年曾指出在生产场合存在两种以上毒物时，有害因素危害人体时可发生三类作用。

① 独立作用　几种毒物对人体的作用机理不同，对人体互不产生关联，混合物的毒性是各个毒物单独作用结果的简单汇总。

② 协同作用　相加作用，若各种毒物在化学结构上属同系物，或结构相近似，它们的主要靶器官相同，毒作用等于各毒物分别作用的强度的总和。如有机溶剂蒸气的混合物可认为是相加作用，如苯、甲苯、二甲苯混合物。

相乘作用，又称加强作用，指一种毒物加强另一种毒物的毒性，对机体的危害比相加作用要大。如一氧化碳与氮氧化物同时存在，前者毒性增加 1.5 倍，后者毒性增加 3 倍。$0.8 \mathrm{g/m^3}$ 的硫化氢使小鼠死亡率升高 3%，而混有石油气的 $0.4 \mathrm{g/m^3}$ 的硫化氢使小鼠死亡升高 63%。乙醇会加强苯的血液毒性、加强一氧化碳对人的致死作用、加强氯仿的毒性。

③ 拮抗作用　一种毒物减弱另一种毒物的毒性，总的毒性小于各毒物单独作用的总和。如乙醇拮抗二氯乙烷、乙二醇的毒性，铅可以拮抗四氯化碳的毒性。

两种以上毒物存在时，日常卫生监督中如不能判断其联合作用，可认为是相加作用，采用下式进行评价：

$$N = \frac{c_1}{M_1} + \frac{c_2}{M_2} + \cdots\cdots + \frac{c_n}{M_n}$$

式中，c_1、c_2、……、c_n 为各毒物的实际测量浓度；M_1、M_2、……、M_n 为各毒物的最高容许浓度。$N=1$，是毒物共存物质容许达到的最大浓度；$N<1$，毒物浓度低于最高容许浓度，符合标准；$N>1$，毒物浓度高于最高容许浓度，说明毒物浓度超标，必须进行整改。

(2) 职业接触毒物危害程度分级

GBZ 230—2010 等规定了职业性接触毒物危害程度分级，参见表 4-1～表 4-4。

表 4-1　Ⅰ级（极度危害）

毒物名称	行业举例	毒物名称	行业举例
联苯胺	染料生产	甲基对硫磷	生产及贮运
2-萘胺	橡胶加工、染料生产	三乙基氯化锡	油漆制造及使用
磷胺	生产及贮运	煤焦油、沥青挥发物	煤焦油、沥青熔化
甲拌磷	生产及贮运	叠氮酸	有机合成、叠氮钠制造
久效磷	生产及贮运	叠氮钠	雷管制造
内吸磷	生产及贮运		

表 4-2　Ⅱ级（高度危害）

毒物名称	行业举例	毒物名称	行业举例
丁二烯	合成橡胶及塑料生产	氟及其无机化合物	磷肥生产
1,2-二氯乙烷	超细纤维滤膜生产、制药	磷化氢	电石中磷化钙水解，磷化铝水解
碘甲烷	杀虫剂制造及使用	氯化苦（三氯硝基甲烷）	有机合成、粮库熏蒸
环氧乙烷	环氧乙烷生产，合成洗涤剂生产、熏蒸消毒	甲基丙烯酸环氧丙酯	飞机制造业
肼（联氨）	制药、火箭推进剂制造	三甲苯磷酸酯	橡胶、塑料加工
一甲肼	火箭推进剂制造	甲基内吸磷	生产及贮运
偏二甲肼	火箭推进剂制造及安装维修	乐果	生产及贮运
氯联胺	氯联苯制造，电容器、变压器绝缘	氧化乐果、溴氰菊酯	生产及贮运
氯苯	氯萘制造，电容器、电缆绝缘	氯乙酸	生产靛蓝染料，合成咖啡因、乐果
甲苯胺	染料、香料、离子交换树脂	铊	滤色玻璃、光电管制造
二甲苯胺	染料生产、制药	硒及其化合物	
丙烯酰胺	树脂合成，矿井、水坝堵水固沙，造纸		

表 4-3　Ⅲ级（中度危害）

毒物名称	行业举例	毒物名称	行业举例
氯甲烷	聚硅氧烷、甲基纤维素生产	二甲基乙酰胺	树脂、合成纤维生产
二氯甲烷	电影胶片生产	乙腈	丙烯腈制造

续表

毒物名称	行业举例	毒物名称	行业举例
三氯甲烷	氟利昂制造、合成纤维生产	吡啶	维生素、香料生产
四氯乙烯	干洗	氰氨化钙	氰氨化钙制造
一甲胺	农药、医药生产	氯乙醇	医药、农药生产
二甲胺	制革、农药生产	二氯丙醇	离子交换树脂生产
乙胺	农药、表面活性剂、离子交换树脂生产	糠醛	医药、农药、食品防腐、香烟加工
乙二胺	农药、医药生产	邻苯二甲酸酐	生产及贮运
锑及其化合物	锑矿开采、冶炼、生产涂料、颜料	三氯化磷	医药、农药制造
钴及其化合物	碳化物冶炼	五氧化二磷	磷酸制造
氢化锂	核材料加工	杀螟松	生产及贮运
铜尘	铜熔炼、氧化亚铜生产	硝化甘油	医药、炸药制造
二氧化硫	硫酸制造，二氧化硫贮运	三氯氢硅	三氯氢硅、多晶硅生产
马拉硫磷	生产及贮运	氰戊菊酯	生产及贮运

表 4-4　Ⅳ级（轻度危害）

毒物名称	行业举例	毒物名称	行业举例
己内酰胺	合成树脂、合成纤维、人造革生产	醋酸丁酯	硝化纤维素、清漆生产
正丁醛	纤维素生产	醋酸戊酯	香料、化妆品、胶片、青霉素
环己酮	己内酰胺生产	丙烯酸甲酯	合成橡胶、涂料
乙醚	溶剂、麻醉剂	甲基丙烯酸甲酯	有机玻璃制造
丙醇	制药、油漆、化妆品生产	丁烯	合成橡胶、塑料生产
异丙醇	制药、化妆品、香料、涂料生产	环己烷	己内酰胺生产，油漆脱膜
乙二醇	合成树脂、纤维、化妆品生产	液化石油气	液化石油气制造、贮运
戊醇	油漆、塑料、香精、制药	萘	染料、驱虫剂
环己醇	纤维素、硝化棉生产	松节油	合成樟脑
间苯二酚	制药、染料、胶片	氧化锌	冶炼、橡胶、涂料等
四氢呋喃	制药、合成橡胶	二氧化钛	颜料、涂料制造
醋酸甲酯	硝化纤维素、人造革	钼及其化合物	冶炼、玻璃、陶瓷制造
醋酸乙酯	清漆、染料、药物、香料	锆及其化合物	冶炼、玻璃、陶瓷制造
醋酸丙酯	调味剂、香料生产	二月桂酸二丁基锡	塑料加工

4.1.5 工业毒物对人体的危害

(1) 对靶器官的作用

① 神经系统 一氧化碳、硫化氢等窒息性气体中毒可导致缺氧性脑病；汽油、苯等有机溶剂可导致类神经症；四乙基铅、二硫化碳等能引起类似精神分裂的症状。各种亲神经性毒物的慢性作用主要表现为神经衰弱综合征：乏力、易于疲劳、记忆力减退、头昏、头痛、失眠、心悸、多汗等。

② 呼吸系统 氨气、氯气、光气、硫酸二甲酯、氮氧化物、二氧化硫等刺激性毒物可引起上呼吸道炎症、肺炎及肺水肿等。有些高浓度毒物（如氨气、氯气、硫化氢等）能直接抑制呼吸中枢或引起机械性阻塞而窒息。

③ 血液和心血管系统 苯、三硝基甲苯可导致再生障碍性贫血；砷化氢、苯肼、苯酚等可引起溶血性贫血；苯的氨基和硝基化合物可导致高铁血红蛋白血症；一氧化碳可使血液的输氧功能障碍。

有机氟烯烃类和烷类某些化合物、有机农药、砷等可引起心肌损伤；各种刺激性和窒息性气体中毒也可使心肌受损。

④ 消化系统 铅、汞、镉、磷等可导致口腔炎；氟化氢、氯化氢、酸雾等可导致牙齿酸蚀症；有机磷农药、汞、砷、二甲基甲酰胺等可导致急性、慢性肠胃炎或消化性溃疡；急性铅中毒可导致腹绞痛；卤代烃、芳香族及其硝基氨基化合物可导致中毒性肝病。

⑤ 泌尿系统 卤代烃、酚类、有机氯等可导致中毒性肾病；二硫化碳长期作用可导致慢性肾功能衰竭；芳香胺、氟烯烃等可导致出血性膀胱炎。

⑥ 生殖系统 铅、二硫化碳、二溴氯丙烷、甲苯二胺、二硝基甲苯等对男性生殖系统有损害；铅、汞、镉、铍、氯乙烯、苯乙烯等对女性生殖系统产生危害。

⑦ 皮肤 强酸、强碱、酚类、黄磷等可导致皮肤灼伤和溃烂；二硝基氯苯、对硝基氯苯等可引起接触性皮炎及过敏性皮炎；液氯、氯乙烯等可引起皮炎、红斑、湿疹等；苯、汽油等有机溶剂可使皮肤脱脂、干燥、皲裂。

⑧ 眼睛 三硝基甲苯可导致白内障；汞、砷、甲醇等可导致中毒性眼病，如视力减退、视网膜病变等；腐蚀性物质，如强酸、强碱、石灰、氨水等，可使结膜坏死糜烂或角膜混浊等。

⑨ 致癌 国际癌症研究中心（IARC）经综合评价，对人体产生致癌的化合物和生产过程共计有 63 种，如石棉可导致肺癌、间皮瘤，苯可导致白血病，氯甲醚可导致肺癌，氯乙烯可导致肝血管肉瘤，联苯胺、4-氨基联苯、β-萘胺可导致膀胱癌，橡胶工业可导致肺癌、胃癌、肠癌等。

⑩ 其他 氯乙烯可导致肢端溶骨症，无机氟可导致氟骨症，铬酸可导致鼻中隔穿孔等。

(2) 急性中毒和慢性中毒

工业毒物对人体的中毒表现为急性中毒和慢性中毒。急性中毒指短时间内受到大剂量的毒物侵蚀而对人体造成的损害，包括窒息、麻醉、全身中毒、过敏和刺激。易挥发、易扩散的气态毒物或易经皮肤吸收的毒物易引起急性中毒，如光气、氯气、一氧化碳、硫化氢、砷化氢、苯、汽油等。慢性中毒是指毒物在不引起急性中毒的剂量条件下，长期反复进入机体而出现的中毒状态或疾病状态。此类毒物大多数有蓄积作用，如铅、锰、汞、苯胺、四氯化碳等。慢性中毒作用包括致癌作用、诱变和致畸作用、具体器官中毒。

4.2　职业病与职业卫生

4.2.1　职业病及防治

4.2.1.1　职业病及危害

职业病是指企业、事业单位和个体经济组织等用人单位的劳动者，在职业活动中，因接触粉尘、放射性物质和其他有毒、有害因素而引起的疾病。职业病危害，是指对从事职业活动的劳动者可能导致职业病的各种危害。职业病危害因素包括：职业活动中存在的各种有害的化学、物理、生物因素以及在作业过程中产生的其他职业有害因素。职业病的特点是病因明确，患者与职业病危害因素有接触史；有群发性，接触人群有一定的发病率；是否发病与职业病危害因素的浓度或强度有直接关系，也与个体危险因素有关；有特异性，即选择性地作用于人体的某一系统或某一器官，出现典型症状；有潜伏期的职业病，如能早期诊断、及时治疗、妥善处理，多数预后较好；控制职业病危害因素与人体接触时间与强度，可以预防职业病。

职业病不仅仅是一个医学术语，更是一个法律术语。职业病目录是一组因接触职业性有害因素所引起的疾病。2013 年 12 月 23 日国家卫生计生委、安全监管总局、人力资源社会保障部和全国总工会联合组织对职业病的分类和目录进行了调整，联合印发了《职业病分类和目录》（国卫疾控法〔2013〕48 号）即日起施行。2002 年 4 月 18 日原卫生部和原劳动保障部联合印发的《职业病目录》同时废止。该目录纳入法定范围的职业病分 10 大类 132 种，见表 4-5。

表 4-5　职业病目录

类别		职业病名称
一、职业性尘肺病及其他呼吸系统疾病	（一）尘肺病	1. 矽肺(硅肺)；2. 煤工尘肺；3. 石墨尘肺；4. 炭黑尘肺；5. 石棉肺；6. 滑石尘肺；7. 水泥尘肺；8. 云母尘肺；9. 陶工尘肺；10. 铝尘肺；11. 电焊工尘肺；12. 铸工尘肺；13. 根据《尘肺病诊断标准》和《尘肺病理诊断标准》可以诊断的其他尘肺病
	（二）其他呼吸系统疾病	1. 过敏性肺炎；2. 棉尘病；3. 哮喘；4. 金属及其化合物粉尘肺沉着病(锡、铁、锑、钡及其化合物等)；5. 刺激性化学物所致慢性阻塞性肺疾病；6. 硬金属肺病
二、职业性皮肤病		1. 接触性皮炎；2. 光接触性皮炎；3. 电光性皮炎；4. 黑变病；5. 痤疮；6. 溃疡；7. 化学性皮肤灼伤；8. 白斑；9. 根据《职业性皮肤病的诊断总则》可以诊断的其他职业性皮肤病
三、职业性眼病		1. 化学性眼部灼伤；2. 电光性眼炎；3. 白内障(含放射性白内障、三硝基甲苯白内障)
四、职业性耳鼻喉口腔疾病		1. 噪声聋；2. 铬鼻病；3. 牙酸蚀症；4. 爆震聋

续表

类别	职业病名称
五、职业性化学中毒	1. 铅及其化合物中毒(不包括四乙基铅);2. 汞及其化合物中毒;3. 锰及其化合物中毒;4. 镉及其化合物中毒;5. 铍病;6. 铊及其化合物中毒;7. 钡及其化合物中毒;8. 钒及其化合物中毒;9. 磷及其化合物中毒;10. 砷及其化合物中毒;11. 铀及其化合物中毒;12. 砷化氢中毒;13. 氯气中毒;14. 二氧化硫中毒;15. 光气中毒;16. 氨中毒;17. 偏二甲基肼中毒;18. 氮氧化合物中毒;19. 一氧化碳中毒;20. 二硫化碳中毒;21. 硫化氢中毒;22. 磷化氢、磷化锌、磷化铝中毒;23. 氟及其无机化合物中毒;24. 氰及腈类化合物中毒;25. 四乙基铅中毒;26. 有机锡中毒;27. 羰基镍中毒;28. 苯中毒;29. 甲苯中毒;30. 二甲苯中毒;31. 正己烷中毒;32. 汽油中毒;33. 一甲胺中毒;34. 有机氟聚合物单体及其热裂解物中毒;35. 二氯乙烷中毒;36. 四氯化碳中毒;37. 氯乙烯中毒;38. 三氯乙烯中毒;39. 氯丙烯中毒;40. 氯丁二烯中毒;41. 苯的氨基及硝基化合物(不包括三硝基甲苯)中毒;42. 三硝基甲苯中毒;43. 甲醇中毒;44. 酚中毒;45. 五氯酚(钠)中毒;46. 甲醛中毒;47. 硫酸二甲酯中毒;48. 丙烯酰胺中毒;49. 二甲基甲酰胺中毒;50. 有机磷中毒;51. 氨基甲酸酯类中毒;52. 杀虫脒中毒;53. 溴甲烷中毒;54. 拟除虫菊酯类中毒;55. 铟及其化合物中毒;56. 溴丙烷中毒;57. 碘甲烷中毒;58. 氯乙酸中毒;59. 环氧乙烷中毒;60. 上述条目未提及的与职业有害因素接触之间存在直接因果联系的其他化学中毒
六、物理因素所致职业病	1. 中暑;2. 减压病;3. 高原病;4. 航空病;5. 手臂振动病;6. 激光所致眼(角膜、晶状体、视网膜)损伤;7. 冻伤
七、职业性放射性疾病	1. 外照射急性放射病;2. 外照射亚急性放射病;3. 外照射慢性放射病;4. 内照射放射病;5. 放射性皮肤疾病;6. 放射性肿瘤(含矿工高氡暴露所致肺癌);7. 放射性骨损伤;8. 放射性甲状腺疾病;9. 放射性性腺疾病;10. 放射复合伤;11. 根据《职业性放射性疾病诊断标准(总则)》可以诊断的其他放射性损伤
八、职业性传染病	1. 炭疽;2. 森林脑炎;3. 布鲁氏菌病;4. 艾滋病(限于医疗卫生人员及人民警察);5. 莱姆病
九、职业性肿瘤	1. 石棉所致肺癌、间皮瘤;2. 联苯胺所致膀胱癌;3. 苯所致白血病;4. 氯甲醚、双氯甲醚所致肺癌;5. 砷及其化合物所致肺癌、皮肤癌;6. 氯乙烯所致肝血管肉瘤;7. 焦炉逸散物所致肺癌;8. 六价铬化合物所致肺癌;9. 毛沸石所致肺癌、胸膜间皮瘤;10. 煤焦油、煤焦油沥青、石油沥青所致皮肤癌;11. β-萘胺所致膀胱癌
十、其他职业病	1. 金属烟热;2. 滑囊炎(限于井下工人);3. 股静脉血栓综合征、股动脉闭塞症或淋巴管闭塞症(限于刮研作业人员)

4.2.1.2 职业病防治相关法律

(1) 职业病防治法

《中华人民共和国职业病防治法》由全国人民代表大会常务委员会于 2001 年 10 月 27 日,为了预防、控制和消除职业病危害,防治职业病,保护劳动者健康及其相关权益,促进经济社会发展,根据宪法制定。该法规定,职业病防治工作坚持预防为主、防治结合的方针,建立用人单位负责、行政机关监管、行业自律、职工参与和社会监督的机制,实行分类管理、综合治理。用人单位应当为劳动者创造符合国家职业卫生标准和卫生要求的工作环境和条件,并采取措施保障劳动者获得职业卫生保护。工会组织依法对职业病防治工作进行监督,维护劳动者的合法权益。用人单位制定或者修改有关职业病防治的规章制度,应当听取工会组织的意见。

产生职业病危害的用人单位的设立除应当符合法律、行政法规规定的设立条件外,其工作场所还应当符合下列职业卫生要求:①职业病危害因素的强度或者浓度符合国家职业卫生标准；②有与职业病危害防护相适应的设施；③生产布局合理，符合有害与无害作业分开的原则；④有配套的更衣间、洗浴间、孕妇休息间等卫生设施；⑤设备、工具、用具等设施符合保护劳动者生理、心理健康的要求；⑥法律、行政法规和国务院卫生行政部门关于保护劳动者健康的其他要求。

劳动者享有下列职业卫生保护权利：获得职业卫生教育、培训；获得职业健康检查、职业病诊疗、康复等职业病防治服务；了解工作场所产生或者可能产生的职业病危害因素、危害后果和应当采取的职业病防护措施；要求用人单位提供符合防治职业病要求的职业病防护设施和个人使用的职业病防护用品，改善工作条件；对违反职业病防治法律、法规以及危及生命健康的行为提出批评、检举和控告；拒绝违章指挥和强令进行没有职业病防护措施的作业；参与用人单位职业卫生工作的民主管理，对职业病防治工作提出意见和建议。

(2) 工伤保险条例

《工伤保险条例》由国务院于 2003 年 4 月 27 日发布，自 2004 年 1 月 1 日起施行。现行的版本是国务院第 136 次常务会议通过的修订版。该条例为保障因工作遭受事故伤害或者患职业病的职工获得医疗救治和经济补偿，促进工伤预防和职业康复，分散用人单位的工伤风险制定。

该条例规定，职工发生事故伤害或者按照职业病防治法规定被诊断、鉴定为职业病，所在单位应当自事故伤害发生之日或者被诊断、鉴定为职业病之日起 30 日内，向统筹地区社会保险行政部门提出工伤认定申请。遇有特殊情况，经报社会保险行政部门同意，申请时限可以适当延长。用人单位未按前款规定提出工伤认定申请的，工伤职工或者其直系亲属、工会组织在事故伤害发生之日或者被诊断、鉴定为职业病之日起 1 年内，可以直接向用人单位所在地统筹地区劳动保障行政部门提出工伤认定申请。

根据《中华人民共和国职业病防治法》，我国还颁布了一系列职业卫生法令、法规，卫生行政部门修订、发布了大量国家职业卫生标准。《中华人民共和国劳动法》《中华人民共和国矿山安全法》《中华人民共和国尘肺病防治条例》等的制订和实施为保护劳动者的安全和健康，促进生产的发展起到了积极作用。这些法律法规是保障化工行业从业者免受职业病危害、以及对用人单位进行卫生监管的法定依据。在健全法律、法规、标准、规范的同时，必须保证法律、法规、强制性标准、规范的约束力，做到有法可依，有法必依、执法必严。

4.2.2　生产性粉尘及其对人体的危害

(1) 生产性粉尘及分类

生产性粉尘是指生产过程中使用、产生的，能较长时间悬浮于作业环境中的固体微粒。在工业生产过程中，由于矿藏的开采，固体物质的机械加工，物质加热产生的蒸气在空气中的凝结或氧化，有机物质的不完全燃烧，物质的转运装卸过程等均可产生粉尘。按其性质可分为三类，见表 4-6。

表 4-6　生产性粉尘分类表

属性	类别	举例
无机性	矿物性	石英、金属矿石（金、铜、钨等）、滑石、石棉等粉尘
	金属性	冶炼或加工中形成的金属及其氧化物如铝、铁等粉尘
	人工性	水泥、炭黑、玻璃纤维等粉尘

续表

属性	类别	举例
有机性	植物性	棉、麻、谷物、甘蔗渣、烟草、茶叶等粉尘
	动物性	动物的皮、毛、骨、角等粉尘
	人工性	有机染料、塑料、合成纤维及合成橡胶等粉尘
混合性		各种粉尘的混合存在

（2）生产性粉尘对人体的危害

① 尘肺　尘肺是我国危害最严重的职业病，是长期吸入较高浓度的粉尘沉积在肺部后引起的，以肺组织纤维化病变为主的全身性疾病。我国规定的职业病名单中列出了 12 种尘肺。患病率最高的是矽肺和煤工尘肺。

尘肺是难以治愈的，如矽肺和石棉肺，一旦得病，轻则慢性致残，重则死亡。

② 呼吸系统损害　粉尘进入呼吸道后，可引起黏膜刺激。石棉尘、二氧化硅粉尘可引起上呼吸道炎症，棉尘、麻尘等植物性粉尘可引起呼吸道阻塞性疾病。茶、枯草、毛皮等粉尘可引起过敏性体质人员发生支气管哮喘。霉变枯草可致"农民肺"，甘蔗渣可致"蔗渣肺"。

③ 中毒　吸入铅、砷、锰、农药、化肥、助剂等有毒粉尘，能经呼吸道溶解吸收，引起全身中毒。

④ 皮肤病变　长期接触粉尘可使皮肤及眼受到损害，如沥青尘可致光感性皮炎，金属性粉尘可致角膜损伤，导致角膜感觉迟钝和混浊。

⑤ 致癌　石棉粉尘、镍及其氧化物粉尘、铬、砷等金属粉尘可导致肺癌，放射性粉尘进入人体也会引起癌变。粉尘的分散度愈高，即微小粒子愈多，愈容易进入肺部的深处；沉降速度小的粉尘可长期浮游于空气中，增加了吸入的可能性；粉尘的溶解性愈小，机械刺激作用愈大。荷电粉尘更容易被吸附于体内。

4.2.3 职业卫生

职业卫生是识别并评估不良的劳动条件（包括生产过程、劳动过程和生产环境）对劳动者健康的影响以及研究改善劳动条件、保护劳动者健康的一门科学。职业卫生工作不仅承担着保护劳动者健康的神圣职责，同时也起着保护国家劳动力资源、维持社会劳动力资源可持续发展的作用。关于职业健康卫生的认识与原则有如下几方面：①所有关于职业事故和职业病的危险都可以通过有效的措施予以预防和控制；②对生命、劳动能力和健康的损害是一种道义上的罪恶，对事故不采取预防措施就负有道义上的责任；③事故会产生深远的社会性损害；④事故限制工作效率和劳动生产率；⑤对职业伤害的受害者及其亲属应当进行充分而迅速的经济补偿；⑥职业健康安全投入是绝对必要的，且这种投入所避免的支出是投入费用的好几倍；⑦职业健康安全是企业或事业单位全部业务工作中不可分割的一部分；⑧采取立法、管理、技术、教育等方面的措施能有效地避免职业伤害，提高劳动生产率；⑨为预防事故和职业病进行的努力还未达到极限，应继续努力。

化工生产特点决定了职业健康安全在化工生产中的地位与作用。应在合理和切实可行的范围内，把工作环境中的危险减少到最低限度，预防事故的发生。做好职业卫生工作，首先应对照相关法律、法规和标准体系制定安全管理条例。其次，要采取有效的技术措施，减少各种职业病和职业性损害的发生。在确定生产工艺时，要优先选用不产生尘毒或尘毒危害较小的新工艺、新技术，尽量以低毒或无毒物质代替高毒物质。散发性粉尘的作业应尽量采用湿式作业或以颗粒物料、浆料代替粉料。利用除尘设备除掉粉尘是防止粉尘外逸的有效措施。为有效防止化工生产中的尘毒外逸，应尽量使用密闭的生产工艺和设备。避免敞开式操作，减少作业人员的直接接触，加强设备的日常维护及检查，防止"跑、冒、滴、漏"。采取必要的通风措施将空气中的尘毒及时排走或稀释，使其符合国家卫生标准的要求。提高自动化与程序控制水平是现代化工生产大型化、连续化的要求，同时也为尘毒预防提供了便利。加料、排料、取样、检测等过程实现自动化，免除了工人直接接触的危险，起到了有效的隔离作用。

此外，还应加强管理，健全组织机构，完善管理制度。配备必要的人员和装备，建立教育培训体制，使工人充分认识各类职业危害因素，掌握必需的气体防护、自救互救、应急处理等技术。完善健全防毒防尘操作规程，建立环境检测制度、剧毒物品保管领用制度、化学危险品贮运制度。编制化学事故应急救助预案，防止突发性重大化学事故发生。一旦发生事故能迅速有效处理，确保企业、社会及人民的生命财产安全。从事尘毒作业的职工，就业前应进行体格检查，有禁忌证的不得从事相应的作业。就业后，按规定发放保健用品，定期体检。在作业过程中要做好个体防护。

4.2.4　安全标示

化工场所的规范化管理需要设置统一的安全标示，这是预防职业病及安全事故的必要手段之一。常用的安全标识根据安全级别的不同，主要分为四类：禁止标识、警告标识、指令标识和提示标识。这四类标识的安全级别不同，因此使用不同的颜色来标识。例如，安全级别最高的是禁止标识，使用红色标识；警告标识使用黄色标识；指令标识使用蓝色标识；提示标识使用绿色标识。除了常见的安全标识以外，还有消防安全专用警示标识等。下面介绍化工场所常用的安全标识以及设置。

4.2.4.1　安全标示的设置要求

为规范安全警示标识设置和安装标准，安全警示标识使用细则的具体内容如下：

① 生产环境中可能存在不安全因素需要警示标识提醒时，应设置相关警示标识。警示标识设置牢固后，不应有造成人体任何伤害的潜在危险。

② 警示标识应设在醒目的地方，要保证标识具有足够的尺寸，并与背景有明显的对比度。

③ 应使标识的观察角尽可能接近 90°，对位于最大观察距离的观察者，观察角不应小于 75°。

④ 警示标识的正面或临近观察角度，不得有妨碍视线的固定障碍物，并尽量避免被其他临时性物体遮挡。

⑤ 警示标识通常不设在门、窗架等可移动的物体上，避免物体移动后人们无法看到。

⑥ 警示标识应设在光线充足的地方，以保证正常准确地辨认标志。

⑦ 布置各种功能的图形标识应按警告、禁止、指令、提示的顺序，由左到右或由上到下排列。

4.2.4.2 常用禁止标示

禁止标识是禁止人员不安全行为的图形标志。禁止标志的基本形式是带斜杠的圆边框，白底红字，如图 4-3 所示。

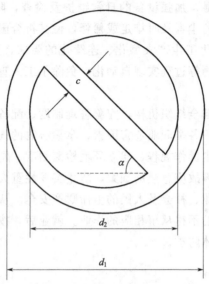

图 4-3　禁止标识基本形式

参数：外径 $d_1=290\text{mm}$；内径 $d_2=230\text{mm}$；

斜杠宽 $c=30\text{mm}$；斜杠与水平线的夹角 $\alpha=45°$

化工场所常用的禁止标识有禁止吸烟、禁止明火、禁止饮用、禁止触摸等标识。表 4-7 列出了这些常用禁止标识的含义、用途和使用注意事项。

表 4-7　常用的禁止标识的含义、用途和使用注意事项

标识示图	含义	用途和使用注意事项
	禁止明火	化工区域、易燃易爆物品存放处
	禁止吸烟	化工区域

标识示图	含义	用途和使用注意事项
	禁止带入火种	化工区域
	禁止饮用	用于标识不可饮用的水源、水龙头等处
	禁止入内	可引起职业病危害的作业场所入口处或禁止入内的危险区周边,如在可能产生生物危害的设备故障时设置;维护、检修这些存在生物危害的设备、设施时,根据现场实际情况设置
	禁止通行	进行维护、检修时,根据现场实际情况设置
	禁止触摸	特殊仪器设备
	禁止攀登	特殊设施入口

续表

标识示图	含义	用途和使用注意事项
	禁止穿化纤衣服	可能产生可燃气体的场所
	禁止用水灭火	特殊化学试剂

4.2.4.3 常用警告标识

警告标识是提醒人们对周围环境引起注意，以避免可能发生危险的标识。其基本形状为正三角形边框，黄底黑字。警告标识的基本形式是正三角形边框，如图 4-4 所示。

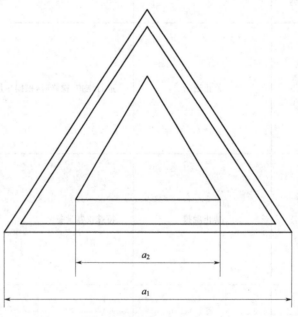

图 4-4　警告标识基本形式

参数：外边 $a_1 = 300mm$；边框 $a_2 = 250mm$

化工场所常用的警告标识有当心毒物、当心腐蚀、当心电离辐射等标识，表 4-8 列出了这些常用警告标识的含义、用途和使用注意事项。

表 4-8　常用的警告标识的含义、用途和使用注意事项

标识示图	含 义	用途和使用注意事项
	当心腐蚀	腐蚀性化学试剂
	当心毒物	剧毒化学试剂
	当心感染	生物实验室
	当心电离辐射	仪器的放射源
	当心低温	超低温设备,如液氮等
	当心表面高温	高温设备,如马弗炉等
	当心激光	有激光的仪器设备及光源

续表

标识示图	含义	用途和使用注意事项
	当心伤手	操作利器时需注意

4.2.4.4 常用指令标识

指令标识是强制人们必须做出某种动作或采取防范措施的图形标识。其基本形式为圆形边框，蓝底白字，如图 4-5 所示。

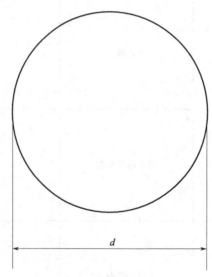

d

图 4-5 指令标识基本形式

参数：直径 $d=450\text{mm}$

化工场所常用的指令标识有必须佩戴防护眼镜、必须戴防护口罩、必须戴手套等，表 4-9 列出了这些常用指令标识的含义、用途和使用注意事项。

表 4-9 常用指令标识的含义、用途和使用注意事项

标识示图	含义	用途和使用注意事项
	必须戴防护眼镜	有溶液飞溅的场所

标识示图	含义	用途和使用注意事项
	必须戴防护口罩	有大量粉尘的场所
	必须戴防护手套	有腐蚀性的操作
	必须戴防护面具	有溶液飞溅的场所
	必须戴防毒面具	有毒气体生成的场所

4.2.4.5　常用提示标识

提示标识是向人们提供某种信息（如表明安全设施或场所）的图形标识。提示标识的基本形状为正方形边框，绿底白字，如图 4-6 所示。

图 4-6　提示标识基本形式

参数：边长 $a = 400mm$

化工场所常用的提示标识有应急避难所、急救药箱、救援电话等，表 4-10 列出了这些常用提示标识的含义、用途和使用注意事项。

表 4-10 常用提示标识的含义、用途和使用注意事项

标识示图	含义	用途和使用注意事项
	紧急冲淋装置	指示紧急冲淋装置的位置
	应急避难所	指示应急避难场所
	急救药箱	指示急救医药箱的放置位置
	救援电话	提供电话救援服务
	紧急医疗站	提供医疗服务

4.2.4.6 消防安全警示标识

化工场所除了常规的安全标识外，还有消防相关的标识，红底白字。表 4-11 列出了这些常用消防安全警示标识的含义、用途和使用注意事项。

表 4-11　常用消防安全警示标识的含义、用途和使用注意事项

标识示图	含义	用途和使用注意事项
	灭火设备	指示灭火设备集中存放的位置
	灭火器	指示灭火器存放的位置
	消防水带	指示消防水带、软管卷盘或消火栓箱的位置
	地下消防栓	指示地下消火栓的位置
	地上消防栓	指示地上消火栓的位置
	消防梯	指示消防梯的位置

续表

标识示图	含义	用途和使用注意事项
	击碎面板	指示此处可以通过击碎面板取出消防急救工具
	疏散通道方向	指示到紧急出口的方向
	紧急出口	指示在发生火灾等紧急情况下,可使用的一切出口
	滑动开门	指示装有滑动门的紧急出口,箭头指示该门的开启方向

4.3 工业毒物防治措施

4.3.1 中毒事故处理

有毒物质往往通过呼吸吸入、皮肤渗入、误食等方式导致人员中毒。如果在通风条件不佳的场所使用有毒试剂,或者在操作中产生有毒气体或液体的化学反应时,人员极易通过呼吸吸入有毒气体的方式导致中毒。操作人员手直接接触化学试剂和剧毒品,或者试剂不慎洒在皮肤上,都可能使人员通过皮肤渗入的方式造成化学中毒。在化工场所中,人员如果违规食用食品,用口操作移液管,或者试剂不慎溅入口中等情况均会造成化学试剂误食中毒。在操作涉及有毒化学品时,若感觉咽喉灼痛、嘴唇脱色或发干,胃部痉挛或恶心呕吐、心悸头晕等症状时,可以考虑是化学品中毒。要根据化学药品的毒性特点、中毒情况(包括吞食、吸入或沾染皮肤等)、中毒程度和发生时间等有关情况采取相应的急救措施,根据情况送医院就诊。

(1) 吸入有毒气体的应急处理

吸入有毒气体，应马上将中毒者转移至有新鲜空气的地方，解开衣领和纽扣让患者进行深呼吸（必要时可进行人工呼吸），有条件可吸氧。待呼吸好转后，立即送往医院治疗。注意硫化氢、氯气、溴中毒不可进行人工呼吸，一氧化碳中毒不可施用兴奋剂。若发生休克昏迷，可给患者吸入氧气，并迅速送往医院。表 4-12 列入了一些常见有毒气体吸入的应急处理方法。

表 4-12　一些常见有毒气体吸入的应急处理方法

化学品	急救方法
氯、溴、氯化氢蒸气	吸入稀氨水与乙醇或乙醚的混合蒸气
砷化氢、磷化氢	呼吸新鲜空气
一氧化碳、氢氰酸	吸氧，施行人工呼吸
氨、苛性碱	吸入水蒸气，或服 1% 乙酸溶液，同时服用小冰块
氰化钾、砷盐	氧化镁与硫酸亚铁溶液强烈搅拌生成的新鲜氢氧化铁悬浮液

(2) 皮肤沾染毒物的应急处理

应立即脱去被污染的衣服，并用大量水冲洗皮肤（禁用热水，冲洗时间不得少于15min），再用消毒剂洗涤伤处，最后涂敷能中和毒物的液体或保护性软膏。注意：如沾染毒物的地方有伤痕，需迅速清除毒物，并请医生进行治疗；有些有害物能与水作用（如浓硫酸或者一些金属遇水会放热），应先用干布或其他能吸收液体的干性材料擦去大部分污染物后，再用清水冲洗患处或涂抹必要的药物。

(3) 眼睛接触毒物的应急处理

立即提起眼睑，使毒物随泪水流出，并用大量流动清水（可使用洗眼器）彻底冲洗。冲洗时，要边冲洗边转动眼球，使结膜内的化学物质彻底洗出，冲洗时间一般不得少于30min。如若没有冲洗设备或无他人协助冲洗时，可将头浸入脸盆或水桶中浸泡十几分钟，可达到冲洗目的。一些毒物会与水发生反应，如生石灰、电石等，若眼睛沾染此类物质则应先用沾有植物油的棉签或干毛巾擦去毒物，再用水冲洗；冲洗时忌用热水，以免增加毒物吸收；切记不可使用化学解毒剂处理眼睛。

(4) 误食化学品的应急处理

误食化学品的危险性最大。患者因吞食药品中毒而发生痉挛或昏迷时，非专业医务人员不可随意进行处理。除此以外的其他情形，则可采取下述方法处理。注意，在进行应急处理的同时，要立即送医治疗，并告知其引起中毒的化学药品的种类、数量、中毒情况以及发生时间等有关情况。

化学药品溅入口腔尚未进入食管的有毒物马上吐出，并用大量清水冲洗口腔。

误吞化学品主要有三种处理方式：

① 为了降低胃液中化学品的浓度，延缓毒物被人体吸收的速度并保护胃黏膜，可饮食下列食物，如新鲜牛奶、生蛋清、面粉、淀粉、土豆泥的悬浮液以及水等；也可用 1000mL 的蒸馏水加入 50g 活性炭，并充分摇动润湿，然后给患者分次少量吞服。

② 催吐，先用手指或筷子或匙的柄摩擦中毒者的喉头或舌根，使其呕吐，若用上述方法还不能催吐时，可在半杯水中加入 15mL 吐根糖浆（催吐剂之一），或在 80mL 热水中溶解一匙食盐用于催吐，或者用 5～10mL 的 5% 稀硫酸铜溶液加入一杯温水，内服后用手指

伸入咽喉部，促其呕吐。催吐后快速送医治疗。

③ 吞服万能解毒剂（2份活性炭、1份氧化镁和1份丹宁酸的混合物），用时可取2～3匙此药剂，加入一杯水，调成糊状物吞服。表4-13列举了误食某些化学品的应急处理方法。

表4-13 误食某些化学品的应急处理方法

化学品	急救方法
强酸	先饮用大量水，再服氢氧化铝类药剂或2.5%氧化镁溶液（不可用碳酸钠或碳酸氢钠溶液作中和剂，因为酸会与之反应产生大量二氧化碳气体，使中毒者产生严重不适），然后吞入蛋清，喝鲜牛奶，不要服催吐剂
强碱	先饮用大量水，再服醋、酸性果汁（橙汁、柠檬汁等），然后吞入蛋清，喝鲜牛奶，不要服催吐剂
汞及汞盐	用饱和碳酸氢钠溶液洗胃，或立即饮浓茶、牛奶，吃生鸡蛋和蓖麻油，立即送医救治
铅及铅的化合物	用硫酸钠或硫酸镁灌肠，送医治疗
酚类化合物	立即饮用自来水、牛奶或吞食活性炭以减缓毒物被吸收的程度，然后反复洗胃或进行催吐，再口服60mL蓖麻油和硫酸钠溶液（将30g硫酸钠溶于200mL水中），注意千万不可服用矿物油或乙醇洗胃
乙醛、丙酮、苯胺	可用洗胃或服用催吐剂的方法除去胃中的药物，随后服用泻药，若呼吸困难，应给患者输氧，丙酮一般不会引起严重的中毒
氯化烃	用自来水洗胃，然后饮服硫酸钠溶液（将30g硫酸钠溶于200mL水中），千万不要喝咖啡之类的兴奋剂
甲醛	立即服用大量牛奶，再用洗胃或催吐等方法进行处理，待吞食的甲醛排出体外，再服用泻药，如果条件允许，可服用1%的碳酸铵水溶液
二硫化碳	首先洗胃或用催吐剂进行催吐，让患者躺下，并加以保暖，保持通风良好
重金属盐	喝一杯含有几克硫酸镁的水溶液，立即就医，不要服催吐剂，以免引起危险或使病情复杂化

4.3.2 心肺复苏术和简单包扎方法

(1) 心肺复苏术

现场心肺复苏术主要分为三个步骤：打开气道、人工呼吸和人工循环。

① 患者的意识判断和打开气道 首先，要判断患者意识。大声呼叫，或者摇动患者，看是否有反应。凑近患者的鼻子、嘴边，感受是否有呼吸。摸颈动脉，看是否有搏动，切记不可同时触摸两侧动脉。其次，开放气道：将患者置于平躺的仰卧位，昏迷的人常常会因舌后坠而造成气道堵塞，这时施救人员要跪在患者身体的一侧，一手按住其额头向下压，另一手托起其下巴向上抬，标准是下颌与耳垂的连线垂直于地平线，这样就说明气道已经被打开。

② 人工呼吸 如患者无呼吸，立即进行口对口呼吸两次，然后摸动脉，如果能感觉到搏动，那么只进行人工呼吸即可。人工呼吸方法：最好能找一块干净的纱布或毛巾，盖住患者的口部，防止细菌感染。施救者一手捏住患者鼻子，大口吸气，屏住，迅速俯身，用嘴包住患者的嘴，快速将气体吹入。与此同时，施救者的眼睛需观察患者的胸廓是否因气体的灌

入而扩张。气体吹完后，松开捏着鼻子的手，让气体呼出，这样就完成了一次呼吸过程，如图 4-7(a) 所示。每分钟平均完成 12 次人工呼吸。

③ 人工循环　人工循环是通过胸外心脏按压形成胸腔内外压差，维持血液循环动力，并将人工呼吸后带有氧气的血液供给脑部及心脏以维持生命。如果患者一开始就已经没有脉搏，或者人工呼吸进行 1min 后还是没有触及脉搏，则需进行胸外心脏按压，如图 4-7(b) 所示。方法如下：首先确定正确的胸外心脏按压位置，沿着最下缘的两侧肋骨向下往身体中间摸到交接点，叫剑突；以剑突为点向上在胸骨上定出两横指的位置，也就是胸骨的中下三分之一交界线处，这里就是实施点。施救者以一手叠放于另一手背，十指交叉，将掌根部置于刚才找到的位置，依靠上半身的力量向下压，胸骨的下陷距离为 4~5cm，两只手臂必须伸直，不能打弯，压下后迅速抬起，频率控制在至少 100 次/min。胸外心脏按压与人工呼吸的次数比率为 30：2。

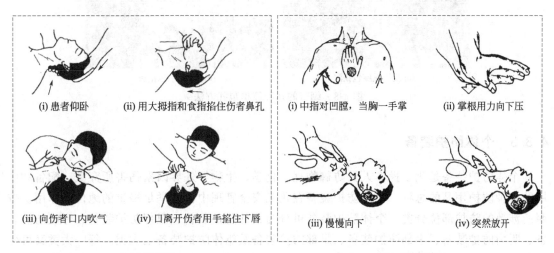

(i) 患者仰卧　　(ii) 用大拇指和食指掐住伤者鼻孔　　(i) 中指对凹膛，当胸一手掌　　(ii) 掌根用力向下压

(iii) 向伤者口内吹气　　(iv) 口离开伤者用手掐住下唇　　(iii) 慢慢向下　　(iv) 突然放开

(a) 人工呼吸　　　　　　　(b) 心肺复苏

图 4-7　人工呼吸法及心肺复苏图示

(2) 简单包扎方法

包扎有保护伤口、减少感染机会、压迫止血、固定骨折和减少伤痛的作用。包扎常用的材料有绷带和三角巾等。现场如果没有这些材料，亦可用毛巾、衣物等代替。这里介绍以绷带或类似绷带的材料的几种包扎方法，如图 4-8 所示。

① 环形包扎法　常用于肢体较小部位的包扎，或用于其他包扎法的开始和终结。包扎时打开绷带卷，把绷带斜放伤肢上，用手压住，将绷带绕肢体包扎一周后，再将带头和一个小角反折过来，然后继续绕圈包扎，第二圈盖住第一圈，包扎 4 圈即可。

② 螺旋包扎法　绷带卷斜行缠绕，每卷压着前面的一半或三分之一，此法多用于肢体粗细差别不大的部位。

③ 反折螺旋包扎法　做螺旋包扎时，用大拇指压住绷带上方，将其反折向下，压住前一圈的一半或三分之一，多用于肢体粗细相差较大的部位。

④ "8"字包扎法　多用于关节部位的包扎。在关节上方开始做环形包扎数圈，然后将绷带斜行缠绕，一圈在关节下缠绕，两圈在关节凹面交叉，反复进行，每圈压过前一圈一半或三分之一。

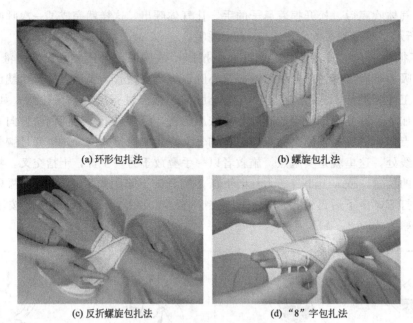

(a) 环形包扎法　　　　　　　　　　(b) 螺旋包扎法

(c) 反折螺旋包扎法　　　　　　　　(d) "8"字包扎法

图 4-8　绷带的几种简单包扎方法

4.3.3　个体防护装备

个体防护装备是化工操作人员防御物理、化学、生物等外界因素伤害所穿戴、配备和使用的各种防护用品的总称。个体防护装备在化工安全管理中占有举足轻重的地位和作用。按照所涉及的防护部位分类，个体防护装备可分为头部防护装备、眼部防护装备、呼吸防护装备、听力防护装备、手部防护装备、足部防护装备及躯体防护装备七大类。每一大类又可分为若干种类，分别具有不同的防护性能。化工场所中配备个体防护装备，主要是保护人员免受各方面的伤害及感染。任何防护装备都应符合国家有关技术标准的要求，使用和维护应有明确的书面规定、程序和使用指导；使用前应仔细检查，不使用标识不清、破损或泄漏的个体防护装备。

(1) 头部防护装备

头部防护装备是用来保护个体头部，使其免受冲击、刺穿、挤压、绞碾、擦伤和脏污等伤害的各种防护装备，包括工作帽、安全帽、安全头盔等。

(2) 眼部防护装备

为避免眼部受伤或尽可能降低眼部受伤的可能，化工从业者应佩戴防护眼镜，以防飞溅的液体、颗粒物及碎屑等对眼部造成冲击或刺激，以及有毒害性气体对眼睛的伤害。普通的视力矫正眼镜并不具备可靠的防护能力，应在矫正眼镜外另外佩戴防护眼镜。对于某些易溅、易爆等极易伤害眼部的高危险性操作，一般的防护眼镜防护能力不够，应采取佩戴面罩、在装置与操作者之间安装透明的防护板等更安全的防护措施。为防御电磁辐射、紫外线及有害光线、金属火花等，操作人员还可佩戴墨镜、安全眼镜、护目镜和面罩等。此外，操作者不宜佩戴隐形眼镜，以防突发有毒有害蒸气与隐形眼镜发生作用而损伤眼角膜。

（3）呼吸防护装备

呼吸防护装备是防御缺氧、抵御空气污染物进入人体呼吸道，从而保护呼吸系统免受伤害的防护装备。正确选择和使用呼吸防护装备是防止发生化工场所恶性事故的重要保障。根据其工作原理，呼吸防护装备可分为过滤式和隔离式两大类。过滤式呼吸防护装备是根据过滤吸收的原理，利用过滤材料滤除空气中的有毒、有害物质，将受污染的空气转变成清洁空气供人员呼吸的防护装备，如防尘口罩、防毒口罩、过滤式防毒面具等。隔离式呼吸防护装备是根据隔绝的原理，使人员呼吸器官、眼睛和面部与外界受污染物隔绝，依靠自身附带的气源或导气管引入受污染环境以外的洁净空气为气源供气，保障人员正常呼吸的呼吸防护装备，也称为隔绝式防毒面具、生氧式防毒面具等。

根据供气原理和供气方式，可将呼吸防护装备分为自吸式、自给式和动力送风式三种。自吸式呼吸防护装备是指依靠佩戴者自主呼吸克服部件阻力的呼吸防护装备，如普通的防尘口罩、防毒口罩和过滤式防毒面具。自给式呼吸防护装备是指依靠压缩气体钢瓶为气压动力，保障人员正常呼吸的防护装备，如贮气式防毒面具、贮氧式防毒面具。动力送风式呼吸防护装备依靠动力克服部件阻力，提供气源，保障人员正常呼吸，如军用过滤送风面具和送风式长管呼吸管。

按照防护部位及气源与呼吸器官连接的方式，呼吸防护装备还可分为口罩式、面具式、口具式三类。口罩式呼吸防护装备主要指通过保护口、鼻来避免有毒、有害物质吸入对人体造成伤害的呼吸防护装备，包括平面式、半立体式和立体式等多种，如普通医用口罩、防尘口罩、防毒口罩等。面具式呼吸防护装备在保护呼吸器官的同时也保护眼睛和面部，如各种过滤式和隔绝式防毒面具。口具式呼吸防护装备通常也称口部呼吸器，与前两者不同之处在于佩戴这类呼吸防护装备时，鼻子要用鼻夹夹住，必须用口呼吸，外界受污染空气经过滤后直接进入口部。

（4）听力防护装备

常见的听力防护装备有耳塞和耳罩两类。耳塞是可以插入外耳道的、有隔声作用的材料。按材料性能可分为泡棉类和预成型两类。泡棉耳塞使用发泡型材料，压扁后回弹速度比较慢，将揉搓细小的耳塞插入耳道，耳塞慢慢膨胀将外耳道封堵起到隔声目的。预成型耳塞由合成类材料（如橡胶、硅胶、聚酯等）制成，预先模压成某些形状，可直接插入耳道。耳罩的形状像普通耳机，用隔声的罩子将外耳罩住，耳罩之间用有适当夹紧力的头带或颈带将耳罩固定在头上，也可以使用插槽与安全帽配合使用。

（5）手部防护装备

化工从业人员在工作时可能受到各种有害因素的影响，如操作过程中可能接触有毒有害物质、各种化学试剂、传染源、被上述物质污染的物品或仪器设备、高温或超低温物品等都有可能带来危害。手部防护装备可以在操作人员和危险物之间形成初级保护屏障，是保护手部和前臂免受伤害的防护装备，主要包括各种防护手套和袖套等。在化工场所工作时应戴好手部防护装备，以防止化学品、微生物、放射性物质的伤害和烧伤、冻伤、烫伤、擦伤、电击等伤害的发生。必须根据实际情况选择使用合适的手套，如果手套被污染，应尽早脱下，妥善处理后丢弃。手套应按照所从事操作的性质，并符合舒适、灵活、握牢、耐磨、耐扎和耐撕的要求，能对所涉及的危险操作提供足够的防护。防护手套种类很多，以下介绍几种常用的类型。

① 防热手套　此类手套用于高温环境下以防手部烫伤，如从烘箱、马弗炉中取出灼热

的物品时，或从电炉上取下热的反应瓶时，最好佩戴隔热效果良好的防热手套。材质一般有厚皮革、特殊合成涂层、绒布等。

② 低温防护手套　此类手套用于低温环境下，以防手部冻伤。如接触液氮、干冰等制冷剂或冷冻药品时，需佩戴低温防护手套。

③ 化学防护手套　当处理危险化学品或手部可能接触到危险化学品时，应佩戴化学防护手套。化学防护手套种类较多，操作人员必须根据所需处理化学品的危险特性选择最适合的防护手套。如选择错误，则起不到防护效果。化学防护手套常见的材质有天然橡胶、腈类、氯丁橡胶、PVC、聚乙烯醇（PVA）等。

④ 手套佩戴的注意事项　工作人员需要接受手套选择、使用前和使用后的佩戴及摘除等方面的培训。手套的规范使用应注意以下几个要点：ⅰ在戴手套前，应选择合适类型和尺寸的手套。化工场所一般使用乳胶、橡胶、聚氯乙烯、丁腈类手套，可以用来防护强酸、强碱、有机溶剂和生物危害物质的伤害。ⅱ要根据具体工作内容，尽可能保持戴手套的状态。在使用手套前应仔细检查手套是否褪色、破损（穿孔）或有裂缝。ⅲ避免手套"交叉污染"，戴着手套的手避免触摸鼻子、面部、门把手、开关、电话、键盘、鼠标、仪器和眼镜等其他物品。手套破损更换新手套时应先对手部进行清洗、去污染后再戴上新的手套。ⅳ脱手套过程中，用一只手捏起另一近手腕部的手套外缘，将手套从手上脱下并将手套外表面翻转入内；用戴着手套的手拿住该手套，用脱去手套的手指插入另一手套腕部处内面，脱下该手套使其内面向外并形成一个由两个手套组成的袋状；丢弃的手套根据工作内容采取合适的方式规范处置。

（6）足部防护装备

足部防护装备是保护穿用者的小腿及脚部免受物理、化学和生物等外界因素伤害的防护装备，主要是各种防护鞋、靴或靴套。禁止在化工场所穿凉鞋、拖鞋、高跟鞋、露趾鞋和机织物鞋面的鞋。鞋应该舒适、防滑，推荐使用皮质或合成材料的不渗液体的鞋类。鞋套和靴套在使用时不得到处走动，以防交叉污染，使用完毕及时脱掉并予以规范处置。

（7）躯体防护装备

躯体防护装备是保护穿用者躯干部位免受物理、化学和生物等有害因素伤害的防护装备，主要有工作服和各种功能的防护服等。防护服包括工作服、隔离衣、连体衣、围裙以及正压防护服。在作业中，工作人员应该一直或者持续穿着防护服，以防止躯体皮肤受到各种伤害，同时保护日常着装不受污染。清洁的防护服应该放置在专用存放处，污染的工作服应该放置在有标识的防泄漏的容器中，随后予以规范处理。每隔一定的时间应更换防护服以确保清洁，当防护服已被危险物质污染后应立即更换。不可穿着已污染的工作服进入办公室、会议室、食堂等公共场所。防护服的清洗和消毒必须与其他衣物完全分开，避免其他衣物受到污染。禁止在化工场所中穿短袖衬衫、短裤或者裙装。在进行一些对身体伤害较大的危险性操作时，必须穿着专门的防护服。例如，进行 X 射线相关操作时宜穿着铅质的 X 射线防护服；涉及工业毒物的使用及搬运时穿面罩式胶布防毒衣、连衣式胶布防毒衣、橡胶工作服、防毒物渗透工作服、透气型防毒服等。

思考题与习题

1. 毒性物质会通过什么途径进入人体？进入人体后，通常会对哪些系统造成伤害？

2. 讨论职业病危害的预防控制对策。

3. 讨论粉尘对人体的危害和预防粉尘危害的技术措施。

4. 对照实物了解、熟悉各种个体防护装备的使用方法。

5. 调查本地区近年来主要职业病及防治进展情况。

参考文献

[1] 温路新，李大成，刘敏，刘军海. 化工安全与环保[M]. 北京：科学出版社，2020.

[2] 李振花，王虹，许文. 化工安全概论[M]. 北京：化学工业出版社，2017.

[3] 邵辉. 化工安全[M]. 北京：冶金工业出版社，2012.

[4] 董文庚，苏昭桂. 化工安全原理与应用[M]. 北京：中国石化出版社，2013.

第5章

环境保护概论

学习要点：掌握环境、环境科学、环境保护的概念；介绍环境及环境保护的发展过程；掌握生态、生物圈、生态平衡、环境污染的定义及相互关系；了解人口与环境的关系、环境与人体健康的关系和相互影响；了解化学行业环境污染物的特点、来源、对人体健康的危害；掌握环境保护方面的法律法规和国际环保有关公约、条约和环境保护法规定的制度；了解环境管理与环境统计的基本内容，了解废水、废气、噪声的质量标准；掌握工业企业改善环境、控制污染的途径。

5.1 概述

5.1.1 环境

环境是人类赖以生存和发展的基础，是指人群周围的境况及其中可以直接、间接地影响人类生活和发展的各种自然因素和社会因素的总和，包括自然因素的各种物质、现象和过程及人类历史的社会因素。环境是一个极其复杂的、相互影响、相互制约的辩证的自然整体。环境一般可分为自然环境和社会环境。《中华人民共和国环境保护法》中所指的环境是：影响人类生存和发展的各种天然的和经过人工改造的自然因素的总体，包括大气、水、海洋、土地、矿藏、森林、草原、野生动物、自然遗迹、自然保护区、风景名胜区、城市和乡村等。环境科学将地球环境按其组成要素分为大气环境、水环境、土壤环境和生态环境。前三种环境又可称为物化环境，有时还形象地称之为大气圈、水圈、岩石圈（土圈）和居于上述三圈交接带或界面上的生物圈。从人类的角度看，它们都是人类生存与发展所依赖的环境，其中生物圈就是通常所称的生态环境。

社会环境是指人类的社会制度、经济状况、职业分工等上层建筑和生产关系等。

5.1.2 环境保护

环境保护就是采取法律的、行政的、经济的、科学的措施，合理地利用自然资源，防止环境污染和破坏，以及保护和发展生态平衡，扩大有用自然资源的再生产，保障人类社会的可持续发展。

大气、水、土壤和生物圈都是地球长期进化形成的，具有特定的组成、结构和按一定的自然规律运行。这些性质就构成了它们的质量要素。地球上一切生物，包括人类在内，都是在特定的环境中产生和发展的。生物与其环境相互作用，相互适应，最终形成一种平衡和协调的关系。人类是环境的产物，又是环境的改造者。人类在同自然界的斗争中，用自己的智慧，通过劳动不断改造自然，创造新的生存条件。人类所做出的改变，是使自然界为自己服务，动物则是仅仅利用自然界。人类在利用和改造自然过程中，由于认识和科学技术水平的限制，会对环境造成污染和破坏。

工业革命后，生产力大发展，工矿企业排出的废弃物污染环境，污染事件不断发生。1873 年以来，英国伦敦的有毒烟雾事件，十九世纪后期日本足屋铜矿区排出的废气毁坏了大片的山林和庄稼，受害面积 4000km^2 等。第二次世界大战后，生产力突飞猛进，工业发达国家发生范围很大，更加严重的污染问题，威胁着人类的发展和生存。

1962 年，美国生物学家 R. Carson 的《寂寞的春天》描述了化学农药对生态造成的破坏；日本水俣病、骨痛病、哮喘病等震惊世界的公害事件起源都是工业污染；在荒无人烟的南极、北极有害物质含量不断增加，气温升高造成冰川融化，企鹅的生存环境遭到破坏，并且从南极企鹅的体内发现六六六，是造成企鹅死亡的因素之一；世界性的酸雨，大气 CO_2 含量不断增加，气候反常，气温升高，臭氧层破坏等公害。

20 世纪 60 年代，工业发达国家兴起"环境运动"，要求政府采取有效措施解决环境问题。70 年代，进一步认识到环境污染问题，地球上人类生存环境所必需的生态条件正在日益恶化，人口的大幅度增长，森林过度砍伐，沙漠化面积不断扩大，水土流失的加剧，许多不可更新的资源过度消耗，把人类带进一个被毒化的环境，造成危害是相当严重的。环境问题向社会和世界经济提出了严重的挑战，已经成为一个重大的社会、经济和技术问题。

1972 年，世界人类环境会议通过《联合国人类环境会议宣言》，明确环境问题是全球性问题。70 年代以来，工业发达国家对环境采取了一些重大的措施，建设环保管理机构，制定法律，调整和加强环保的科学研究，相关工作取得了进展，环境质量有所改善。

环境与发展问题已经成为中国当前及今后相当长一段时期的突出问题，也是在全球化的国际背景下中国和世界各国共同面临的重大问题。长期以来，我国一直高度重视生态建设和环境保护。1974 年我国成立了环保领导小组，1982 年成立城乡建设环境保护部，1988 年城乡建设环境保护部撤销改为建设部，环境保护部门分出成立国家环境保护局，2008 年国家环保总局升格为环境保护部。

解决环境污染与生态破坏问题、促进实现可持续发展的重要手段之一就是加强环境法治建设。我国的环境保护相关法律法规的发展经历三个阶段：第一阶段（1973～1981 年），是我国法治建设恢复阶段，环境法体系建设开始启动，1979 年我国颁布实施了第一部环境保护的法律《中华人民共和国环境保护法》（试行），这是新中国成立以来第一部综合性的环境保护基本法；第二阶段（1982～1996 年），为我国法治建设发展阶段，在此期间进行了一系列重要的制度创新，确立了我国环境法的基本原则，初步形成了我国环境法的体系；第三阶段（1997 年至今），为我国法治建设的全新时期，在此期间环保法律法规进入制定、修订的高潮，基本形成了具有中国特色的环境与资源保护法律体系。

5.2 人与自然

人与其他生物一样，通过新陈代谢与环境不断进行着物质和能量交换，从环境中摄取空气、水、食物等生命必需的物质，在体内经过分解和同化而组成细胞和组织的各种部分，并产生能量，以维持机体的正常生长和发育。另一方面，在新陈代谢过程中，机体内产生各种不需要的代谢产物，通过各种途径回到环境之中。许多种元素反复进行着环境-生物-环境的循环，互相作用互相影响着。并保持着人体与环境的平衡，称为人体与环境的生理平衡。

一旦环境中的物质组成发生了异变（包括自然的和人为的），在人体内就会引发反应，如果环境条件在数量、浓度和持续时间等方面超出了人类正常生理调节范围，就可能引起某些功能、结构发生异常反应，甚至出现病理变化，使人体产生疾病或影响寿命。

5.2.1 环境污染

生态系统是具有一定稳定性和适应外界变化能力的。一般来说，任一环境因素的变化都会导致生态平衡的破坏，外界变化较小时，生态系统能自动恢复生态动态平衡的能力称为自净能力。自净能力与进入环境的污染物的量有关，还与各种环境因素的容量有关。

环境的容量与自净能力是有一定限度的。由于人的干扰，环境因素变化超过环境自净能力，环境恢复不到原来的动态平衡，这种超出部分即构成环境污染。或者由于人类活动的干扰，使环境的组成或生态变化对人体健康或社会经济造成危害，或破坏了生态平衡称为环境污染。

（1）环境污染的分类

环境污染根据环境要素可以分为大气污染、水污染和土壤污染三种类型。

大气污染是指大气中污染物或者由其转化成的二次污染物浓度达到了有害程度的现象。大气污染物主要分为有害气体（包括氮氧化物、二氧化硫、碳氢化物、一氧化碳、卤族元素和光化学烟雾等）和颗粒物（包括酸雾、粉尘和气溶胶等），主要来源是工业生产过程和燃料的燃烧。大气污染物直接危害操作人员和环境，环境受污染又危害人类健康，破坏生态平衡形成公害。表 5-1 为部分大气污染物对人体的危害。

表 5-1 大气污染物对人体健康污染影响

污染物	性质	进入方式	容许量 /(mg/m³)	对人体危害和症状
氮氧化物	棕色、刺激臭味	吸入	5	低浓度:呼吸道黏膜受刺激、咳嗽 高浓度:头痛、强咳、胸闷、肺气肿
二氧化硫	无色刺激性气体	吸入	2	对眼、喉、肺有刺激性作用,咳嗽、声哑、呼吸困难,支气管炎、肺气肿至死亡
硝酸雾	无色、发烟有刺激性臭味	吸入	5	毒性主要是 NO_2 所致,腐蚀皮肤、黏膜、头晕、头痛、咳嗽、心悸等
铬酸雾	无色,有刺激性气味	吸入	0.1	呼吸道黏膜、过敏性哮喘,对呼吸道黏膜腐蚀,造成鼻穿孔,皮炎等

续表

污染物	性质	进入方式	容许量 /(mg/m³)	对人体危害和症状
氰化氢	无色、有特殊臭味	吸入，皮肤接触	0.3	极毒，喉痒、头痛、头晕、恶心、呕吐，严重时，心神不宁，呼吸困难，抽搐，停止呼吸
氟化氢	无色，有刺激性气味	吸入，皮肤接触	1	剧毒类，有腐蚀作用，鼻、喉、胸、骨烧灼感，呼吸困难，昏迷，呼吸循环衰竭，肝硬化，慢性支气管炎
氯化氢	无色，有刺激性气味	吸入	15	对皮肤黏膜有刺激作用，可引起呼吸道炎症
硫酸雾	无色、无臭	吸入	2	吸入高浓度时，引起呼吸道刺激症状，气管炎、肺气肿，长期接触低浓度时，使鼻黏膜萎缩，嗅觉减退，牙齿腐蚀等
苯	无色、芳香味	吸入		高浓度时，急性中毒。轻中毒有头痛、头昏、全身乏力、恶心、呕吐等，严重时，昏迷以致失去知觉，停止呼吸，慢性中毒时，出现头痛、失眠、手指麻木，以及血液系统一些病变
汽油		吸入	300	刺激中枢神经，健忘症

水污染是指排入水体的污染物数量超过了该物质在水体中的本底含量和自净能力（水体的环境容量），从而导致水体的化学、物理、生物特征发生不良变化，进而影响水的有效利用，危害人体健康或破坏水环境的生态平衡，造成水质恶化的现象。水污染的主要来源有：工业废水、农业污水、工业及矿山废渣、生活污水、大气中污染物、天然污染物等。表 5-2 为废水中部分污染物及其对人体健康影响。

表 5-2　废水中部分污染物对人体健康影响

污染物	对人体危害和症状	污染物	对人体危害和症状
氰化物	剧毒，大量吸入可造成急性中毒，抑制细胞呼吸，组织缺氧，血压下降，因呼吸障碍而死亡，误服 100～200mg 就会死亡。少量可导致慢性中毒，导致头痛、眩晕乏力、胸部及上腹部有压迫、恶心感、呕吐、心悸、血压上升、气喘等	氟化物	经消化道及呼吸道吸入后储于骨、软骨及牙齿中，小部分累积在肾、脾内，使人体骨骼受害，引起氟骨症，患者四肢麻木，关节活动受限，骨质增生变形，易产生自发性骨折
汞	强毒性，对人生命有致命危害，进入人体对神经系统有积累性毒害，在人体中通过生物的积累和转化，生成甲基汞，其毒性比汞大百倍	铅	含铅食物和水通过消化道进入人体内有累积作用，主要存在于骨骼中，还有大脑、肝、脾、肾等处，引起贫血、神经炎、肾炎等
镉	进入人体后，主要积累于肝、肾、脾脏内，引起骨节变形，腰关节受损，有时还引起心血管疾病	锌	属于人体必需微量元素，锌盐有腐蚀作用，能损伤胃肠、肾脏及血管，导致死亡
铜	铜是人体健康不可缺少的微量元素，过量的铜不仅强烈刺激胃、肠和呼吸道黏膜，还可能损伤肝、肾及神经系统	锑	对胃、肠道黏膜和皮肤有刺激作用，三价较五价毒性大
镍	镍中毒时引起皮炎、头痛、呕吐、肺出血、虚脱、鼻癌等，金属镍毒性小，镍盐毒性较大，特别是羰基镍		

　　土壤污染是指人类活动生产的环境污染物进入土壤，其数量超过土壤的容纳和同化能力而使土壤的性质、组成性状等发生变化，造成土壤的自然功能失调，土壤质量恶化的现象。土壤污染主要来源于工业废水、农药与化肥、城市生活污水和固体废物、牲畜排泄物、生物残体以及大气沉降物等。

（2）环境污染对人体健康的影响

　　污染物对人体健康影响的特征主要是：影响范围大，涉及地区广，人口多；作用时间长，接触者昼夜暴露在被污染环境中；污染物浓度、数量变化复杂，对人体健康产生不同的影响。

　　环境污染对人体健康影响与污染物的性质、浓度以及污染途径和方式有关，危害种类有三类。

　　① 急性危害　有毒物质通过空气、水、食物链进入人体，并达到一定浓度时，会导致急性或亚急性中毒，如砷中毒。

　　② 慢性危害　有毒化学物质污染痕迹，小剂量长期作用于人体时，达到一定程度，可以产生慢性中毒。如大气污染是慢性支气管炎、肺气肿及支气管哮喘等呼吸器官疾病的直接或诱发原因。

　　③ 远期危害　环境污染对人体健康的影响往往不是在短期内，而是经过一段较长的潜伏期才表现出来，例如环境致癌作用和对遗传等的影响。环境因素致癌物质包括苯并 [a] 芘、砷、铬和铬酸盐、镍和羰基镍、石棉、α-萘胺、联苯胺、4-硝基苯、氯乙烯、黄曲霉毒素、亚硝酸胺类等，我国某些地区的肝癌与有机氯农药污染有关。

　　一切生物本身都具有遗传和变异的特性，环境污染物对人体遗传所起作用为：一是诱发作用，这类遗传病的基本病因是内在基因变异，一般不发病，在外界诱发作用下，才呈现病态，平时称为"敏感个体"，如慢性支气管炎、慢性阻塞性肺病，它们的发病原因和空气中的硫氧化物、硫酸雾、氮氧化物、臭氧等污染物的诱发作用有关。二是致突变和致畸作用，引起细胞的遗传信息和遗传物质发生突然改变的作用称为致突变和致畸作用。这类污染物是烷化剂和某些高分子化合物单体（氯乙烯、苯乙烯、氯丁二烯），某些环境因素对生殖系统的作用，干扰了正常的胚胎生育过程，因而产生了异常胚胎，称为畸形胎，这种作用称为致畸作用。除此之外，电离辐射、某些化学物质（农药、医疗药物等）也会导致遗传物质改变。

5.2.2　人口压力

　　人口问题是资源、环境问题产生的根源。人口的大量增加首先加大了对可再生资源如粮食和燃料等的需求，尤其是对森林、草地、农田和海洋等的开发利用强度越来越大。森林和草地为人类提供持续的生物产品的同时，也提供适宜的生存环境。而森林和草地的人为大规模破坏不仅使生物圈生产力下降，生物多样性减少，可再生资源短缺，还致使生态环境恶化。

　　随着工业化生产和人类生活水平的提高，对不可再生资源（金属和非金属矿、化石燃料等）需求量也是日益增长，而且其增长方式和人口增长一样呈几何级数形式。大量消耗不可再生资源带来了更为严重的环境问题，例如工业化以来大量的废气、废水、废渣等排放到环境中，造成了大气、水土和土壤遭受到不同程度的污染，生态环境严重破坏。

　　经济社会与资源生态环境相协调是人类活动的基本规则与指导思想之一。在经济社会活动中，妥善处理人口、资源生态环境、经济增长三者的关系，有利于科学合理有效地解决人口问题、资源生态环境问题、经济增长问题以及消除或规避其间的多重矛盾，以利于国民经济的健康发展与可持续发展。

5.3　环保相关法律、法规

生态环境与发展问题已经成为全球化背景下世界各国面临的重大问题，解决环境污染和生态破坏问题、促进可持续发展的重要手段之一就是加强法治建设。2018 年 5 月的全国生态环境保护大会上，习近平总书记指出"用最严格制度最严密法治保护生态环境，加快制度创新，强化制度执行，让制度成为刚性的约束和不可触碰的高压线"。

5.3.1　国际环境保护法的发展

国外的现代环境法是从 20 世纪 60 年代起随着环境问题的不断加剧而迅速崛起的，尤其是发达国家在污染问题上经历了先污染、后治理，先破坏、后恢复的过程。经过几十年的发展，环境法目前已成为许多国家一个复杂的环境法律体系，并且有专门独立的法律部门。发达国家对环境的保护大致可分为四个阶段：

（1）经济发展优先

20 世纪 60 年代以前，各国对环境保护的工作并不重视。20 世纪 30～60 年代是资本主义社会工业发展的高速时期，也是环境污染的最严重时期。在这期间发生了众多污染事件，例如 1947 年 10 月，美国宾夕法尼亚州孟农加希拉河谷的工北小城镇多诺拉因地处河谷、工厂林立、大气受反气旋和逆温的影响，持续有雾，大气污染物在近地层积累，4 天内使得 5911 人患病，死亡 400 人；工业中心城市洛杉矶，由于汽车工业的迅速发展，20 世纪 40 年代开始就出现了严重的空气污染问题，1943 年和 1952 年发生了两次轰动全球的光化学烟雾事件，烟雾致患者眼睛红肿，喉咙疼痛，严重者还会导致死亡。仅 1952 年 8 月的光化学污染事件中，就造成 65 岁以上老人和 15 岁以下小孩共计约 4000 人死亡。

在日益严峻的环境污染形势下，发达国家的政府在 20 世纪 60 年代开始制定各种法律、法规进行规范生产，提出企业在发展经济的同时也要进行环境污染治理。1965 年卢森堡制定了《自然环境和自然资源保护法》，1967 年日本通过了《公害对策基本法》，1969 年美国通过了《国家环境政策法》，瑞典颁布了《环境保护法》，东京在实施《公害对策基本法》《烟尘限制法》等国家环境立法的基础上，颁布了《东京都公害控制条例》，严格执行有关控制规定，使 SO_2 等污染物排放从浓度控制转向排放总量控制。

（2）环境保护不断强化

20 世纪 70 年代起，人们的环保意识增强，观念从公害防治转变为环境保护，欧美和日本等发达国家不断强化环境法规和排放标准，其中许多国家都把环境保护写进了宪法，定为基本国策。随着环境科学研究的不断发展，污染治理技术也不断成熟。环境污染的治理也从"末端治理"向"全过程控制"和"综合治理"的方向发展。在立法上具有代表性的事件是 1972 年 6 月 5 日在瑞典首都斯德哥尔摩召开了联合国人类环境会议。会议通过了著名的《人类环境宣言》（通称《斯德哥尔摩宣言》）、《人类环境行动计划》和其他若干建议和决议。这次会议是人类历史上第一次以环境问题为主题召开的国际会议，标志着人类共同环保里程的开始，自此环境问题被列入国际议事日程。《人类环境宣言》主要包括两个部分：①宣布对与环境保护有关的 7 项原则的共同认识；②公布了 26 项指导人类环境保护的原则。为了纪念这次会议，联合国大会决定将每年的 6 月 5 日作为"世界环境日"。

(3) 环境保护可持续发展

20 世纪 80 年代，"臭氧层空洞""全球变暖"和"酸雨沉降"三大全球性的环境问题日益加剧，人们意识到这些问题对人类的生存和发展构成了严峻挑战，并开始重新审视传统思维和价值观念。世界环境与发展委员会在 1987 年发表的《我们共同的未来》的报告中提出"可持续发展是指既满足当代人的需要，又不损害后代人满足需要的能力的发展"，第一次阐述了"可持续发展"的概念和思想。1992 年 6 月，在巴西里约热内卢召开了联合国环境与发展会议即里约会议，会议通过、签署了《里约环境与发展宣言》《21 世纪议程》《气候变化框架公约》《生物多样性公约》和《关于森林问题的原则声明》5 个体现可持续发展新思想、贯彻可持续发展战略的文件。由中国等发展中国家倡导的"共同但有区别的责任"原则，成为国际环境与发展合作的基本原则。此次大会后，国际上掀起了一场可持续发展的社会变革运动，许多国际组织和国家纷纷制定、贯彻可持续发展的战略和行动计划，环境法治建设开始进入可持续发展阶段。2002 年 8 月在南非约翰内斯堡召开的可持续发展世界首脑会议，会议提出了经济增长、社会进步和环境保护是可持续发展的三大支柱，同时强调经济增长和社会进步必须同环境保护、生态平衡相协调的重要性。此次会议进一步继承和发展了由里约会议掀起的全球环境保护和可持续发展热潮。2012 年 6 月在巴西里约热内卢召开的联合国可持续发展大会。会议发起可持续发展目标讨论进程，提出绿色经济是实现可持续发展的重要手段，正式通过《我们憧憬的未来》这一成果文件，为实现可持续发展奠定了坚实基础。

(4) 环境保护全球化发展

随着经济全球化的不断深入发展，国际环境问题不断凸显，人们逐渐意识到气候变化的趋势会危及整个人类的生存。2009 年 12 月《联合国气候变化框架公约》第 15 次缔约方会议暨《京都议定书》第 5 次缔约方会议在丹麦首都哥本哈根召开（又称哥本哈根世界气候大会），大会集中商讨了《京都议定书》一期承诺到期后的后续方案，就未来应对气候变化的全球行动签署新的协议。此次会议以前所未有的方式，在前所未有的高度上，使应对气候变化这一原本纯属科学领域的问题，成为各国民众共同关注的全球性议题。环境问题也从单一的国内问题演变到国际社会关注的全球性问题，各国家之间除了传统意义上的政治、经济、文化、社会关系之外，又多了一层国际环境关系，即因保护环境、开发利用环境资源而产生的国际关系。同时，环境问题在各国的对外关系中已经成为国家着重考虑的要素，环境与资源的关系问题已经成为国际上不安定的重大因素之一，使得本来就复杂的国际关系变得更加微妙，甚至成为一个国家长期发展战略中的重要砝码。

5.3.2 中国环境保护法

5.3.2.1 中国环境保护法的发展历程

新中国成立之前，受长期自然经济的农耕社会和工业不发达等因素的影响，中国的环境保护法侧重于自然环境保护，环境污染防治方面规定较少，且没有建立理性的体系，法律知识停留在法的感性理念上。

新中国成立以后，现代的环境保护法律才逐步形成、发展。我国第一部矿藏资源保护法规是 1951 年颁布的《中华人民共和国矿业暂行条例》；1954 年修订的《宪法》规定：矿藏、水流、由法律规定为国有的森林、荒地和其他资源，都属于全民所有。第一次把重要自然资源和环境要素规定为全民所有即国家所有，从所有权方面确立了全民所有的宪法原则。1956 年颁布的《工厂安全卫生规则》，是我国第一个对防治工业污染做出规定的法规。

1972 年中国代表团参加斯德哥尔摩联合国人类环境大会，在此会议的影响下，1973 年国务院召开了第一次全国环境保护会议，会议提出 32 字方针："全面规划，合理布局，综合利用，化害为利，依靠群众，大家动手，保护环境，造福人民"。这次会议第一次把环境保护提上了国家管理的议事日程，是现代意义的环境法律的萌芽。1974 年 10 月，国务院环境保护领导小组正式成立，主要负责制定环境保护的方针、政策和规定，审定全国环境保护规划，组织协调和督促检查各地区、各部门的环境保护工作。1978 年第五届人大修订的《宪法》第十一条规定："国家保护环境和自然资源，防治污染和其他公害。"首次将环境保护列入《宪法》，奠定了我国环境法体系的基本构架和主要内容。1979 年 9 月，我国颁布了新中国成立以来第一部综合性的环境保护基本法——《中华人民共和国环境保护法（试行）》，把中国的环境保护方面的基本方针、任务和政策，用法律的形式确定下来。1983 年第二次全国环境保护会议将环境保护确立为基本国策，制定了经济建设、城乡建设和环境建设同步规划、同步实施、同步发展，实现经济效益、社会效益、环境效益相统一的指导方针。1989 年第三次全国环境保护会议提出环境保护预防为主、防治结合，谁污染谁治理，强化环境管理等"三大政策"，以及"三同时"（建设项目中防治污染和生态破坏的设施必须与主体工程同时设计、同时施工、同时投产使用）、环境影响评价、排污收费、城市环境综合整治定量考核、环境目标责任、排污申报登记和排污许可证、限期治理和污染集中控制等"八项管理制度"。1989 年 12 月，第七届全国人民代表大会常务委员会第十一次会议正式通过了《环境保护法》，之后我国环境法治建设迎来了一个快速发展的黄金期。以《环境保护法》为基本法的中国特色社会主义环境保护法律体系初步形成。

1992 年在巴西里约热内卢召开联合国环境与发展大会，提出可持续发展战略，实施清洁生产。为认真履行该大会文件的原则立场，我国将可持续发展确立为国家战略，提出环境与发展十大对策，率先制定了《中国 21 世纪议程——中国 21 世纪人口、环境与发展白皮书》。进入 21 世纪，我国生态环境保护融入经济社会发展大局。我国提出树立和落实科学发展观，建设资源节约型、环境友好型社会，要求从重经济增长轻生态环境保护转变为保护生态环境与经济增长并重，从生态环境保护滞后于经济发展转变为生态环境保护和经济发展同步，从主要用行政办法保护生态环境转变为综合运用法律、经济、技术和必要的行政办法解决生态环境问题。2011 年 2 月 25 日《中华人民共和国刑法修正案（八）》将原来规定的"造成重大环境污染事故，致使公私财产遭受重大损失或者人身伤亡的严重后果"修改为"严重环境污染"，从而将虽未造成重大污染环境事故，但长期违反国家规定，超标准排放、倾倒、处置有害物质，严重污染环境的行为规定为犯罪。

党的十八大以来，以习近平同志为核心的党中央把生态文明建设作为关系中华民族永续发展的根本大计，环境法治进入新发展时期。2012 年 8 月 31 日修正的《民事诉讼法》正式确立了我国环境民事公益诉讼制度。2012 年 11 月，党的十八大通过《中国共产党章程（修正案）》，将生态文明建设写入党章并作出阐述。2014 年 4 月 24 日第十二届全国人民代表大会常务委员会第八次会议对《中华人民共和国环境保护法》进行了修订（即新《环境保护法》），并于 2015 年 1 月 1 日起正式实施。此次修订着重解决当前环境保护领域的共性突出问题，更新了环境保护理念，完善了环境保护基本制度，强化了政府和企业的责任，明确了公民的环保责任和义务，加大了对环境违法的处罚力度。2017 年、2018 年全国人大分别通过《核安全法》、《土壤污染防治法》，国务院出台了《排污许可管理条例》等一批法规，我国基本形成了较为完整的生态环境保护法律法规体系。

2021 年 11 月 2 日《中共中央国务院关于深入打好污染防治攻坚战的意见》印发实施，明确提出"十四五"时期乃至 2035 年生态文明建设和生态环境保护的主要目标、重点任务和关键举措。这是一份坚持以习近平生态文明思想为指导、深入开展污染防治行动的纲领性文件，是推动经济社会发展全面绿色转型的任务书和施工图，也是建设人与自然和谐共生美丽中国的时间表和路线图。经过新中国成立 70 多年的变迁和发展，我国基本形成了符合国情的、较为完善的环境战略政策体系，对环境保护事业发展发挥了不可替代的支撑作用，为深入推进生态文明建设和实现"美丽中国"伟大目标提供了重要政策保障。

5.3.2.2 《环境保护法》的定义

《环境保护法》是调整因保护和改善生活环境、生态环境、防止污染和其他公害而产生的各种社会关系的法律规范的总和。

其所调整的社会关系是在环境保护和防治污染两大活动中产生的人与人之间的，包括：①国家机关与国家机关；②国家机关与企事业单位、公民之间；③企事业单位之间；④企事业单位与公民之间；⑤公民与公民之间，在环保范围内的社会关系。

5.3.2.3 立法依据

《环境保护法》的立法依据为《中华人民共和国宪法》。

1979 年 9 月 13 日，第五届全国人大会议上通过第一部《环境保护法》是根据宪法第十一条规定制定的，共七章三十三条。

1989 年 12 月 26 日，第七届全国人大常委会第十一次会议通过《环境保护法》，共六章四十四条。

2014 年 4 月 24 日，第十二届全国人民代表大会常务委员会第八次会议对《环境保护法》进行了修订，共七章七十条。

5.3.2.4 方针、基本原则及各种制度

(1) 总方针

全面规划，合理布局，综合利用，化害为利，依靠群众，大家动手，保护环境，造福人民。

(2) 基本原则

经济发展与环境保护相协调的原则；预防为主、防治结合、综合治理的原则；污染者付费、利用者补偿、开发者保护、破坏者恢复的原则；国家专门机关管理与群众参与相结合的原则。

(3) 制度

2014 新修订的《中华人民共和国环境保护法》（简称：新《环境保护法》）共分七章，包括：第一章总则、第二章监督管理、第三章保护和改善环境、第四章防止污染和其他公

害、第五章信息公开和公众参与、第六章法律责任和第七章附则。新《环境保护法》进一步明确了政府对环境保护监督管理职责，完善了生态保护红线等环境保护基本制度，强化了企业污染防治责任，加大了对环境违法行为的法律制裁，法律条文也从原来的四十四条增加到了七十条，增强了法律的可执行性和可操作性，被称为"史上最严"的环境保护法。

① 环境监测制度　新《环境保护法》第十七条规定，国家建立、健全环境监测制度：a. 建立监测数据共享机制，加强对环境监测的管理；b. 有关行业、专业等各类环境质量监测站（点）的设置应当符合法律法规规定和监测规范的要求；c. 监测机构应当使用符合国家标准的监测设备，遵守监测规范；d. 监测机构及其负责人对监测数据的真实性和准确性负责。此条制度是针对实践中环境监测缺乏规划、重复建设、规范不一致、信息发布不统一的情况提出的。

② 环境影响评价制度　环境影响评价制度首创于美国，我国 1979 年开始实行。指在某一地区进行某项开发建设活动之前，必须对该活动将会对周围地区造成的影响进行调查和预测，并提出防治污染和破坏的对策，经有关部门批准才能进行建设。

新《环境保护法》第十九条规定，编制有关开发利用规划，建设对环境有影响的项目，应当依法进行环境影响评价。未依法进行环境影响评价的开发利用规划，不得组织实施；未依法进行环境影响评价的建设项目，不得开工建设。此规定在政策环境影响评价、未批先建查处、环境影响评价机构责任追究等方面有了新的突破，赋予了环保部门更大的权力，是环保法治建设的新里程碑，也为环境影响评价管理转型提供了强大的法律武器。

③ 生态保护红线制度　新《环境保护法》第二十九条规定，国家在重点生态功能区、生态环境敏感区和脆弱区等区域划定生态保护红线，实行严格保护。将生态保护红线明确写入法律条文。另外，第十八条规定省级以上人民政府应当组织有关部门或者委托专业机构，对环境状况进行调查、评价，建立环境资源承载能力监测预警机制。

④ 跨行政区域的联合防治机制　新《环境保护法》第二十条规定，国家建立跨行政区域的重点区域、流域环境污染和生态破坏联合防治协调机制，实行统一规划、统一标准、统一监测、统一的防治措施。此制度是针对大气和水的跨区域、流域污染形势，以及近年来雾霾问题突出的现状提出。

⑤ 环境与健康监测、调查和风险评估制度　新《环境保护法》第三十九条规定，国家建立、健全环境与健康监测、调查和风险评估制度；鼓励和组织开展环境质量对公众健康影响的研究，采取措施预防和控制与环境污染有关的疾病。此制度体现了以人为本，注重环境污染对公众健康的影响。

⑥ "三同时制度"　新《环境保护法》第四十一条规定，建设项目中防治污染的设施，应当与主体工程同时设计、同时施工、同时投产使用。防治污染的设施应当符合经批准的环境影响评价文件的要求，不得擅自拆除或者闲置。"三同时制度"是加强开发建设项目环境管理的重要手段，是防治新污染源产生的根本保证，是防止我国环境质量继续恶化的有效措施。

⑦ 总量控制和区域限批制度　新《环境保护法》第四十四条规定，国家实行重点污染物排放总量控制制度。重点污染物排放总量控制指标由国务院下达，省、自治区、直辖市人民政府分解落实。企业事业单位在执行国家和地方污染物排放标准的同时，应当遵守分解落实到本单位的重点污染物排放总量控制指标。对超过国家重点污染物排放总量控制指标或者未完成国家确定的环境质量目标的地区，省级以上人民政府环境保护主管部门应当暂停审批

新增重点污染物排放总量的建设项目环境影响评价文件。

⑧ 排污许可证管理制度 新《环境保护法》第四十五条规定国家依照法律规定，实行排污许可管理制度。实行排污许可管理的企业事业单位和其他生产经营者应当按照排污许可证的要求排放污染物；未取得排污许可证的，不得排放污染物。将排污许可证管理制度作为一项基本管理制度明确下来。

⑨ 环境应急制度 新《环境保护法》第四十七条规定，各级人民政府及其有关部门和企业事业单位，应当依照《中华人民共和国突发事件应对法》的规定，做好突发环境事件的风险控制、应急准备、应急处置和事后恢复等工作：①县级以上人民政府应当建立环境污染公共监测预警机制，依法及时公布预警信息，启动应急措施；②企业事业单位应当按照国家有关规定制定突发环境事件应急预案，在发生或者可能发生突发环境事件时，立即采取措施处理并及时通报和报告；③有关人民政府应当立即组织评估事件造成的环境影响和损失，并及时将评估结果向社会公布。

5.3.2.5 环境法律责任

《环境保护法》规定违反环境保护法规应负主要法律责任有环境行政责任、环境民事责任和环境刑事责任三种。

(1) 环境行政责任

环境行政责任是指违反了环境法律、法规中有关行政义务的单位和个人所应承担的法律责任。环境行政责任的主体可以是行政相对人，也可以是环境行政主体。环境保护法主要规定了环境行政相对人的环境行政责任。

(2) 环境民事责任

环境民事责任是指公民、法人因污染和破坏环境而损害国家、集体财产或他人的财产或人身权利应当承担的民事方面的法律责任。《环境保护法》第六十四条明确规定，因污染环境和破坏生态造成损害的，应当依照《中华人民共和国侵权责任法》的有关规定承担侵权责任；第六十五条明确规定，环境影响评价机构、环境监测机构以及从事环境监测设备和防治污染设施维护、运营的机构，在有关环境服务活动中弄虚作假，对造成的环境污染和生态破坏负有责任的，除依照有关法律法规规定予以处罚外，还应当与造成环境污染和生态破坏的其他责任者承担连带责任。

(3) 环境刑事责任

刑事责任是指公民因违反环境保护法有关刑事法律，严重污染和破坏环境，造成人员伤亡或财产重大损失，构成犯罪所应当承担的刑事方面的法律责任。《环境保护法》第六十九条明确提出，违反本法规定，构成犯罪的，依法追究刑事责任。环境刑事责任的形式同一般的刑事责任的形式没有区别，主要分为主刑和附加刑。主刑的种类包括：管制、拘役、有期徒刑、无期徒刑和死刑。附加型的种类包括：罚金、剥夺政治权利、没收财产。附加刑可以独立适用。

5.4 环境管理

环境管理是 20 世纪 70 年代提出的现代管理学的一个重要分支，经过多年的发展其概念和内容都得到了不断的完善。环境管理指在环境容量的允许下，以环境科学的理论为基础，运用技术的、经济的、法律的、教育的和行政的手段，对人类的社会经济活动进行管理、协调社会经济发展与保护环境的关系，使国民经济得到长期稳定的健康发展。

环境管理的目的是解决环境问题，协调社会经济发展与保护环境的关系。环境问题的产生及其伴随社会经济迅速发展变得日益严重，根源在于人类的思想和观念上的偏差导致人类社会行为的失当，最终使自然环境受到干扰和破坏。因此，改变基本思想观念，从宏观到微观对人类自身的行为进行管理，逐步恢复被损害的环境，减少或消除新的发展活动对环境的破坏，保证人类与环境能够持久地、和谐地协同发展下去，称为环境管理的根本目的。具体来说，就是要创建一种新的生产方式、新的消费方式、新的社会行为规则和新的发展方式。

环境管理的根本任务包括转变人类社会的一系列基本观念和调整人类社会的行为两方面的内容。其中，转变观念是根本，包括伦理观、价值观、消费观、科技观和发展观直至世界观；调整人类社会行为是更具体且更直接地解决环境问题的路径。环境管理的两项任务是相辅相成、相互补充的，观念的转变对解决环境问题起根本性作用，但需要长期建设，短期内对解决环境问题效果不明显；人类社会行为的调整见效较快，同时还可以促进观念的转变。因此，环境管理工作中应同等程度重视这两方面，不可有所偏废。

环境管理的主体是指环境管理活动中的参与者或相关方。在现实生活中，人类社会的行为主体可以分为政府、企业和公众三类，这三类都是环境管理的主体。

5.4.1 环境统计

环境统计是对环境信息进行收集、加工、处理，用数据反映并计算人类活动引起的环境变化和环境变化对人类的影响。化学工业是国民经济中具有重要地位的基础工业部门，同时，在工业部门中工业"三废"的产生量及其污染程度也名列前茅。化学工业门类众多，产品种类达几万种，生产化工产品的企业遍布全国各地，众多的污染源数不胜数。化工环境统计是各项化工环保工作的依据和基础。做好化工环境统计，对促进化工环保事业的发展，加强化工产品的环境管理具有重要的意义。

环境统计是环境管理的重要内容，搞好统计工作，掌握环境状况，为制定环境保护的方法、政策、规划和加强环境管理提供科学的依据。

(1) 废水指标

① 用水量　指企业用于生产方面（包括厂区生活用水量）的新鲜水量和循环用水量之和。新鲜水量指企业从地下水源和地面水源取用的新鲜水总量。循环用水量是指企业内部循环使用、串联使用、重复使用的水量。

② 废水排放总量　指企业所有排放口排放到企业外部的全部废水总量，包括生产废水、生活废水、直接冷却水。

③ 废水处理率　指经过各种废水处理装置处理的废水水量与全厂需要处理的废水量的百分比。

④ 废水中污染物量　指全年排放的废水中汞、镉、六价铬等污染物总质量。可通过排放口测得的废水排放量和废水中所含污染物浓度相乘求得，也可通过物料衡算求得，或者用经验公式求得。

(2) 废气指标

① 废气排放量　指燃烧和生产工艺过程中排放的各种废气总量，换算成标准状况下的体积，以每年万立方米表示。

② 废气处理率　生产工艺过程中排出的废气经过各种处理装置净化、回收和综合利用的总量与生产工艺过程中的废气总量的百分比。

③ 废气中污染物排放总量　生产过程中向大气排放的所有污染物的总质量。可通过排气量和有害物的浓度相乘求得，也可以通过物料衡算求得。

④ 可回收利用的可燃废气总量　工业生产过程中产生的各种可燃废气的总量。

⑤ 可回收利用的余热总量　指燃料燃烧和生产中产生的各种高温气体、高温炉渣等可利用的总量。

(3) 废渣的体积指标

① 废渣产生量　企业排出的固体废物统称废渣。

② 废渣综合利用率　综合利用废渣量（不包括填坑和焚烧）与废渣产生量的百分比。

③ 废渣处理率　已处理的废渣与废渣产生量的百分比。

④ 年末废渣堆存量　指年末堆存的废渣累积量（不包括回收、填埋、焚烧量）。

⑤ 废渣占地面积　指年末堆积废渣的占地面积。

(4) 污染处理装置

污染处理装置是指防治污染与综合利用的设备和设施，可分为物理处理装置、化学处理装置和生物处理装置。

5.4.2　环境标准

5.4.2.1　环境标准概述

环境标准（Environmental Standard）是为了保护人群健康、社会物质财富和维持生态平衡，对大气、水、土壤等环境质量，对污染源的监测方法以及其他需要所判定的标准。环境标准是国家环境保护法律、法规体系的重要组成部分，表示了环境管理的目标和效果，是环境管理的工具之一，也是衡量环境管理工作最简单、最明了、最准确的量化标准。

环境标准的发展从国际上看是与环境立法相结合而发展的，首先从污染严重的工业密集地区制定条例、法律和排放标准开始，逐渐发展到国家规模。例如，1863 年英国制定了世界上第一个附有排放限值的法律——《碱业法》，对路布兰制碱工业及与其有关的盐酸、硫酸生产所排放的污染物做了限制规定。美国为解决污水排放问题，1887 年提出污水排放的稀释比为 1∶25。然而，把环境标准作为控制污染的有力手段还是 20 世纪 50 年代以后的事。50 年代以来，由于近代工业的大力发展，排放的污染物不断增加，环境污染加剧，一些工业发达国家先后出现了震惊世界的公害事件，各国都感到要采取立法手段控制污染的必要性，环境标准就随着环境污染控制条件和法律的发展而发展起来。标准的种类和性质经历了由少到多、由简单控制污染的排放发展到全面控制环境质量的过程、标准的形式也由单一的浓度控制发展到包括总量控制标准在内的多种形式。美国是从 20 世纪 40 年代开始制定法律控制大气污染的。首先从气象和地形皆不利于污染物的扩散而污染物排放量又最大的洛杉矶市开始，制定了地区的法律和标准。到 60 年代，美国对汽车和固定燃烧污染源由各州制定排放标准，到 1970 年建立了国家环保局，首次规定要制定全国性大气环境质量标准。日本首先是在工业密集地区制定公害防治条例和排放限制标准，例如，1949 年东京都公害防治条例、1950 年的大阪公害防治条例等。由于日本重工业和化学工业的飞跃发展，环境污染问题更大范围蔓延成为全国性公害，日本又重新制定了国家级的法律和标准，例如 1968

年首次制定了 SO_2 的大气质量标准、1970 年制定了 CO 的质量标准、1973 年完成了大气五项污染物质量标准。

我国的环境标准是与环保事业同时发展起来的。第一个环境标准是 1973 年颁布，1974 年 1 月试行的《工业"三废"排放试行标准》(GBJ 4—1973)，这一标准为我国刚起步的环保事业提供了管理和执法依据，奠定了环境标准的基础。在建立国内环境标准的同时，我国还积极参加国际上的环境标准化活动，从 1980 年起陆续加入了国际标准化组织（ISO）的水质、空气质量、土壤等技术委员会，并做了大量的国际标准草案投票验证的工作。随着 ISO14000（环境管理体系）系列标准的陆续发布，我国于 1997 年成立了中国环境管理体系认证指导委员会，为环境管理服务奠定了有力的组织保障。经过 30 多年的发展，我国基本形成了种类齐全、结构完善、协调配合、科学合理的环境标准体系。

为加强生态环境标准管理工作，依据《中华人民共和国环境保护法》《中华人民共和国标准化法》等法律法规，我国对《环境标准管理办法》（国家环境保护总局令第 3 号）和《地方环境质量标准和污染物排放标准备案管理办法》（环境保护部令第 9 号）进行整合修订，于 2020 年 11 月制定了《生态环境标准管理办法》，并于 2021 年 2 月 1 日起正式实施。

5.4.2.2　我国各类环境标准

《生态环境标准管理办法》的第二部分，涉及六类标准的作用定位及其管理要求，共 29 条，包括第二章生态环境质量标准、第三章生态环境风险管控标准、第四章污染物排放标准、第五章生态环境监测标准、第六章生态环境基础标准、第七章生态环境管理技术规范，主要规定了六大类生态环境标准的制定目的、具体类型、制定原则、基本内容、实施方式等。

(1) 生态环境质量标准

生态环境质量标准包括大气环境质量标准、水环境质量标准、海洋环境质量标准、声环境质量标准、核与辐射安全基本标准。生态环境质量标准应当包括：①功能分类，②控制项目及限值规定，③监测要求，④生态环境质量评价方法和⑤标准实施与监督等 5 项内容。实施大气、水、海洋、声环境质量标准，应当按照标准规定的生态环境功能类型划分功能区，明确适用的控制项目指标和控制要求，并采取措施达到生态环境质量标准的要求。实施核与辐射安全基本标准，应当确保核与辐射的公众暴露风险可控。

(2) 生态环境风险管控标准

生态环境风险管控标准包括土壤污染风险管控标准以及法律法规规定的其他环境风险管控标准。生态环境风险管控标准应当包括：①功能分类，②控制项目及风险管控值规定，③监测要求，④风险管控值使用规则和⑤标准实施与监督等 5 项内容。实施土壤污染风险管控标准，应当按照土地用途分类管理，管控风险，实现安全利用。

(3) 污染物排放标准

污染物排放标准包括大气污染物排放标准、水污染物排放标准、固体废物污染控制标准、环境噪声排放控制标准和放射性污染防治标准等。水和大气污染物排放标准，根据适用对象分为行业型、综合型、通用型、流域（海域）或者区域型污染物排放标准。

行业型污染物排放标准适用于特定行业或者产品污染源的排放控制；综合型污染物排放标准适用于行业型污染物排放标准适用范围以外的其他行业污染源的排放控制；通用型污染物排放标准适用于跨行业通用生产工艺、设备、操作过程或者特定污染物、特定排放方式的排放控制；流域（海域）或者区域型污染物排放标准适用于特定流域（海域）或者区域范围内的污染源排放控制。

污染物排放标准应当包括：①适用的排放控制对象、排放方式、排放去向等情形，②排放控制项目、指标、限值和监测位置等要求，以及必要的技术和管理措施要求，③适用的监测技术规范、监测分析方法、核算方法及其记录要求，④达标判定要求和⑤标准实施与监督等5项内容。

污染物排放标准按照下列顺序执行：

① 地方污染物排放标准优先于国家污染物排放标准；地方污染物排放标准未规定的项目，应当执行国家污染物排放标准的相关规定。

② 同属国家污染物排放标准的，行业型污染物排放标准优先于综合型和通用型污染物排放标准；行业型或者综合型污染物排放标准未规定的项目，应当执行通用型污染物排放标准的相关规定。

③ 同属地方污染物排放标准的，流域（海域）或者区域型污染物排放标准优先于行业型污染物排放标准，行业型污染物排放标准优先于综合型和通用型污染物排放标准。流域（海域）或者区域型污染物排放标准未规定的项目，应当执行行业型或者综合型污染物排放标准的相关规定；流域（海域）或者区域型、行业型或者综合型污染物排放标准均未规定的项目，应当执行通用型污染物排放标准的相关规定。

污染物排放标准规定的污染物排放方式、排放限值等是判定污染物排放是否超标的技术依据。排放污染物或者其他有害因素，应当符合污染物排放标准规定的各项控制要求。

(4) 生态环境监测标准

生态环境监测标准包括生态环境监测技术规范、生态环境监测分析方法标准、生态环境监测仪器及系统技术要求、生态环境标准样品等。生态环境监测技术规范应当包括监测方案制定、布点采样、监测项目与分析方法、数据分析与报告、监测质量保证与质量控制等内容；生态环境监测分析方法标准应当包括试剂材料、仪器与设备、样品、测定操作步骤、结果表示等内容；生态环境监测仪器及系统技术要求应当包括测定范围、性能要求、检验方法、操作说明及校验等内容。

制定生态环境质量标准、生态环境风险管控标准和污染物排放标准时，应当采用国务院生态环境主管部门制定的生态环境监测分析方法标准；国务院生态环境主管部门尚未制定适用的生态环境监测分析方法标准的，可以采用其他部门制定的监测分析方法标准。

对生态环境质量标准、生态环境风险管控标准和污染物排放标准实施后发布的生态环境监测分析方法标准，未明确是否适用于相关标准的，国务院生态环境主管部门可以组织开展适用性、等效性比对；通过比对的，可以用于生态环境质量标准、生态环境风险管控标准和污染物排放标准中控制项目的测定。

对地方生态环境质量标准、地方生态环境风险管控标准或者地方污染物排放标准中规定的控制项目，国务院生态环境主管部门尚未制定适用的国家生态环境监测分析方法标准的，可以在地方生态环境质量标准、地方生态环境风险管控标准或者地方污染物排放标准中规定相应的监测分析方法，或者采用地方生态环境监测分析方法标准。适用于该控制项目监测的国家生态环境监测分析方法标准实施后，地方生态环境监测分析方法不再执行。

(5) 生态环境基础标准

为统一规范生态环境标准的制订技术工作和生态环境管理工作中具有通用指导意义的技

术要求，制定生态环境基础标准，包括生态环境标准制订技术导则，生态环境通用术语、图形符号、编码和代号（代码）及其相应的编制规则等。

制定生态环境标准制订技术导则，应当明确标准的定位、基本原则、技术路线、技术方法和要求，以及对标准文本及编制说明等材料的内容和格式要求。

制定生态环境通用术语、图形符号、编码和代号（代码）编制规则等，应当借鉴国际标准和国内标准的相关规定，做到准确、通用、可辨识，力求简洁易懂。

制定生态环境标准，应当符合相应类别生态环境标准制订技术导则的要求，采用生态环境基础标准规定的通用术语、图形符号、编码和代号（代码）编制规则等，做到标准内容衔接、体系协调、格式规范。

在生态环境保护工作中使用专业用语和名词术语，设置图形标志，对档案信息进行分类、编码等，应当采用相应的术语、图形、编码技术标准。

（6）生态环境管理技术规范

制定生态环境管理技术规范，包括大气、水、海洋、土壤、固体废物、化学品、核与辐射安全、声与振动、自然生态、应对气候变化等领域的管理技术指南、导则、规程、规范等。制定生态环境管理技术规范应当有明确的生态环境管理需求，内容科学合理，针对性和可操作性强，有利于规范生态环境管理工作。生态环境管理技术规范为推荐性标准，在相关领域环境管理中实施。

5.4.3 环境管理体系

（1）环境管理体系概述

随着全球环境保护意识不断增强和可持续发展战略思想提出，要求推行清洁生产，合理利用自然资源，减少污染排放，加强环境管理。为了实施可持续发展战略，统一协调各国环境管理标准，减少贸易中的非关税贸易壁垒，国际标准化组织（ISO）制定了 ISO 环境管理系列标准。ISO 环境管理体系为生产或服务中产生的废水、废气、噪声、固体废弃物等环境因素的控制提供了有效管理的框架、环境审核、生命周期分析、环境行为评价等，当今污染预防较新技术成为 ISO 环境管理系列标准的基础，企业按照标准要求进行环境因素的识别与评价，找出关键性问题，建立控制措施和管理方案，对产品设计、原材料、能源使用、生产工艺、设备运行、产品销售等进行全过程控制，就能合理利用能源和原材料，减少废弃物和污染物的产生，降低原材料和能源消耗，减低生产成本，实现减污增效，社会责任的履行可持续发展战略目标的实现。广大企业环境行为的改善对企业自身发展、对区域、乃至对环境质量的改善至关重要。

环境管理体系（Environmental Management System，EMS）是管理体系的一部分，用来管理环境因素、履行合规义务，并应对风险和机遇。根据 ISO14001：2015 的释义，环境管理体系是用来管理环境因素、履行合规义务，并应对与其环境因素和合规义务有关的风险和机遇的管理体系，是组织管理体系的组成部分。

ISO14001：2015 标准共有术语 33 个，其中将 2004 版中的 20 个术语去掉 7 个，并对剩余 13 个术语的定义的大部分做了修改，新增 20 个术语。我国已于 2016 年 10 月 13 日正式发布 GB/T 24001—2016 标准，该标准同等采用 ISO14001：2015 标准。

（2）建立环境管理体系的目的

建立环境管理体系的目的主要有：①预防或减轻有害环境影响以保护环境；②减轻环境

状况对组织的潜在有害影响；③帮助组织履行合规义务；④提升环境绩效；⑤采用生命周期观点，控制或影响组织的产品和服务的设计、制造、交付、消费和处置等的方式，能够防止环境影响被无意地转移到生命周期的其他阶段；⑥实施环境友好的、且可巩固组织市场地位的可选方案，以获得财务和运营收益；⑦与有关的相关方沟通环境信息。

（3）环境管理体系的范围

ISO14001：2015 版标准在第 1 条范围中明确了标准的使用对象、管理对象、目标对象、适用范围、使用方法，以及声明符合本标准的前提条件等内容。①本标准规定了能够用于提升其环境绩效的环境管理体系要求。本标准可供寻求以系统的方式管理其环境责任的组织使用，可帮助组织实现其环境管理体系的预期结果，即：提升环境绩效、履行合规义务、实现环境目标。②本标准适用于任何规模、类型和性质的组织，并适用于组织基于生命周期观点确定的其能够控制或能够施加影响的活动、产品和服务的环境因素。本标准未提出具体的环境绩效准则。③本标准能够整体或部分地用于系统地改进环境管理。但是，只有本标准的所有要求都被包含在了组织的环境管理体系且全部得以满足，才能声明符合本标准。

思考题与习题

1. 环境、环境污染、环境保护的概念。
2. 环境与人体健康的相互关系？
3. 工业企业改善环境、控制污染的途径有哪些？
4. 简述我国环境保护法律发展历程以及最新法律状态。
5. 环境管理体系的范围包括哪些？

参考文献

[1] 李爱年，周圣佑. 我国环境保护法的发展：改革开放 40 年回顾与展望[J]. 环境保护，2018，46：26-30.

[2] 苏昌强，阮妙鸿. 中国环境保护法的发展历程———纪念《中国环境保护法》颁布实施 30 周年[J]. 辽宁医学院学报（社会科学版），2009，7（02）：12-14+ 23.

[3] 刘鸿亮，曹凤中，徐云. 国外环境保护发展历程说明"环保风暴"必然理性回归[J]. 黑龙江环境通报，2010，34（03）：1-3.

[4] 刘明. 哥本哈根世界气候大会改变了什么（上）[J]. 中国财经报，2019 年 12 月 19 日/第 002 版.

[5] 蔡守秋. 从斯德哥尔摩到北京：四十年环境法历程回顾[J]. 中国环境资源法学研究会，2012.

[6] 许乃丹，李卓彬. 国际环境法的发展研究[J]. 经济研究导刊，2012，05：207-209.

[7] 全国人大常委会法制工作委员会刑法室.《中华人民共和国刑法修正案（八）》条文说明、立法理由及相关规定[M]. 北京：北京大学出版社，2011. 179.

[8] 李庆瑞. 新《环境保护法》：环境领域的基础性、综合性法律———新《环境保护法》解读[J]. 环境保护，2014，42（10）：14-17.

[9] 韩奇，屈紫懿，谢伟雪. 环境管理[M]. 长春：吉林大学出版社，2018. 06.

[10] http://www. gov. cn/gongbao/content/2021/content_5588823. htm

[11] 郭庆华. 环境管理体系标准理解与应用 2015 版[M]. 北京：中国铁道出版社，2016. 12.

第6章

工业废水处理技术

学习要点：了解行业用水的现状；废水的主要来源，废水的性质及分类；了解废水处理的系统、废水处理的形式，掌握废水处理的基本原则；重点掌握废水处理的基本方法（沉淀分离技术、浮上分离技术、中和处理技术、蒸发法、氧化还原法、吸附法、离子交换法、膜分离技术）。

6.1 概述

水是地球上一切生命赖以生存不可缺少的基本物质，也是人类生产、生活和社会可持续发展的物质基础。随着经济高速发展，工业化进程加速，工业废水不断增加，带来了严重水污染环境问题。工业废水是指工业企业的各行业在生产过程中所产生和排出的废水。工业废水的一个特点是水量和水质因生产工艺和生产方式的不同而差别较大，如造纸、食品等部门的废水中有机物含量较高，而矿山、氯碱等部门废水中主要含有无机物。工业废水的另一特点是都含有多种同原材料有关的物质（间接冷却水除外），而且在废水中的存在形态往往各不相同，如氟在磷肥厂废水中以四氟化硅（SiF_4）的形态存在，而在玻璃工业废水和电镀废水中一般呈氟化氢（HF）或氟离子（F^-）形态。这些特点增加了废水净化的困难。

我国水资源较为紧张，水体污染、水资源短缺已经成为严重制约我国经济社会实现可持续发展的重要因素之一。为此，我国政府相继出台多项政策用于指导水污染防治，特别是2015年4月《水污染防治行动计划》简称"水十条"发布以来，行业相关政策密集出台为工业废水处理行业提供了良好的外部政策环境。当前，我国已出台30多项水污染物排放国家环境标准、20多项水污染物排放地方环境标准、10多项工业废水处理行业相关标准用于规范行业发展。根据《中国环境统计年鉴》数据，近年来我国工业废水排放量呈下降趋势。数据显示，2010年我国工业废水排放量237.5亿吨；到2015年下降为199.5亿吨；2017年全国废水排放量约771亿吨，其中工业废水排放量约为181.6亿吨；2020年工业废水排放量进一步下降为177.2亿吨。

根据生态环境部发布的《2019中国生态环境状况公报》，2019年度我国地表水水质Ⅳ类及以下占比为25.1%，地下水水质Ⅳ类及以下占比为85.7%。2020年水质虽有所改善，但水污染问题依然严重，水污染防治仍旧任重而道远。

6.1.1 工业废水种类和水质指标

(1) 工业废水种类

工业废水 (Industrial Wastewater) 是指工艺生产过程中排出的废水和废液，其中含有随水流失的工业生产原料、中间产物、副产品以及生产过程中产生的污染物。

根据来源，工业废水可分为生产废水、生产污水和生活污水三类。其中生产废水是指生产过程中形成的，未直接参与生产工艺、只起辅助作用，未被污染或受轻微污染的排水，如热排水、冷却水等；生产污水是指生产过程中被无机或有机生产废料污染的废水，包括温度过高而造成热污染的工业废水。根据主要污染物性质，废水可分为无机废水、有机废水和混合废水；按照行业产品加工对象，可以分为造纸废水、电镀废水、炼焦废水、冶金废水、纺织印染废水、农药废水、化纤废水、皮革废水等；根据废水中污染物的主要成分，可以分为酸性、碱性、含镉废水、含酚废水等；另外还可以依据废水的危害性和处理难易程度，分为危害性较小的废水、易生物降解且无明显生态毒性的废水、难生物降解又有生态毒性的废水等。在进行废水处理时应先了解废水的性质、种类、浓度才能制定合理的处理方案，从而进行有效的废水处理。

(2) 废水的水质主要指标

废水中污染物种类较多，为了表征废水水质，规定了许多水质指标。主要有化学需氧量、生化需氧量、总需氧量、氨氮、总有机碳、细菌总数、有毒物质、悬浮物、pH 值、色度、磷等。

化学需氧量 (Chemical Oxygen Demand，COD) 是指在一定条件下，水中的还原性物质在外加的强氧化剂的作用下，被氧化分解时所消耗氧化剂的数量，以氧的 mg/L 或 ppm 表示。COD 的测定可用重铬酸钾法，也可用高锰酸盐法。按照国家标准方法，氧化时间为 2h，若采用高锰酸钾为氧化剂则表示为 COD_{Mn}，若以重铬酸钾为氧化剂则表示为 COD_{Cr}。

生化需氧量 (Biochemical Oxygen Demand，BOD) 是指在一定条件下，微生物分解存在于水中的某些可被氧化物质，特别是有机物所进行的生物化学过程中消耗溶解氧的量，单位用 mg/L 或 ppm 表示。BOD 是一个表示水中有机物等需氧污染物含量的综合指标，标准测定方法为：20℃条件下，微生物生化作用 5 天后测定溶解氧消耗量，以 BOD_5 表示，也称为 5 日生化需氧量。

总需氧量 (Total Oxygen Demand，TOD) 是指水中能被氧化的物质，主要是有机物质在燃烧中变成稳定的氧化物时所需要的氧量，用 TOD 测定仪测定 TOD 的原理是将一定量水样注入装有铂催化剂的石英燃烧管中，通入含已知氧浓度的载气 (氮气) 作为原料气，则水样中的还原性物质在 900℃下被瞬间燃烧氧化。测定燃烧前后原料气中氧浓度的减少量，便可求得水样的总需氧量值，结果以氧的 mg/L 表示。

总有机碳 (Total Organic Carbon，TOC) 是以碳的含量表示水体中有机物总量的综合指标，结果以碳 (C) 的质量浓度 (mg/L) 表示。它比 BOD 或 COD 更能直接反映有机物的总量。

氨氮是指水中以游离氨 (NH_3) 和氨离子 (NH_4^+) 形式存在的氮。在亚硝酸菌、硝酸菌作用下氨氮会发生亚硝化、硝化反应，生成亚硝酸盐和硝酸盐，该生化过程可大量消耗水中的溶解氧，造成水体中溶氧量的急剧减少；另外氨氮也是导致江河湖泊水体富营养化的主要因素，引起某些藻类恶性繁殖，导致"水华"现象。

悬浮物（Suspended Solids，SS）是指悬浮在水中的固体物质，包括不溶于水的无机物、有机物、微生物、泥沙、黏土等。水中悬浮物含量是衡量水污染程度的指标之一，一般单位为 mg/L。悬浮物是造成水浑浊的主要原因。水体中的有机悬浮物沉淀后易厌氧发酵，使水质恶化。中国污水综合排放标准分 3 级，规定了污水和废水中悬浮物的最高允许排放浓度，中国地下水质量标准和生活饮用水卫生标准对水中悬浮物以浑浊度为指标做了规定。

6.1.2　工业废水的相关法律和排放标准

《中华人民共和国水污染防治法》是为了保护和改善环境，防治水污染，保护水生态，保障饮用水安全，维护公众健康，推进生态文明建设，促进经济社会可持续发展而制定的法律，适用于中华人民共和国领域内的江河、湖泊、运河、渠道、水库等地表水体以及地下水体的污染防治。该法共 8 章 103 条，现行版本于 2017 年 6 月 27 日第十二届全国人民代表大会常务委员会第二十八次会议修正，自 2018 年 1 月 1 日起施行。为了切实加大水污染防治力度，保障国家水安全，2015 年 4 月国务院发布了《水污染防治行动计划》（简称"水十条"），这是继《大气污染防治行动计划》之后，我国污染防治领域又一项重大的纲领性文件。《水污染防治行动计划》为当前和今后较长一段时期内水生态文明建设勾勒了一幅清晰明了的路线图，将对我国推进整个生态文明建设和美丽中国建设，乃至经济社会发展方式和生活方式的转变产生重要而深远的影响。

水污染物排放标准通常称为污水排放标准，它是根据受纳水体的水质要求，结合环境特点和经济、社会、技术条件，对排入环境的废水中的污染物和产生的有害因子所作的控制标准，也就是水污染物或有害因子的允许排放量（浓度）或限值，是判定排污活动是否违法的依据。污水排放标准可以分为：国家排放标准、地方排放标准和行业标准。

国家排放标准是国家环境保护行政主管部门制定并在全国范围内或特定区域内适用的标准。为贯彻《中华人民共和国环境保护法》《中华人民共和国水污染防治法》和《中华人民共和国海洋环境保护法》，控制水污染，保护江河、湖泊、运河、渠道、水库和海洋等地面水以及地下水质的良好状态，保障人体健康，维护生态平衡，促进国民经济和城乡建设的发展，我国特制定了《中华人民共和国污水综合排放标准》（GB 8978—1996）适用于全国范围，是目前广泛使用的现行国家标准。该国家标准适用于现有单位水污染物的排放管理，以及建设项目的环境影响评价、建设项目环境保护设施设计、竣工验收及其投产后的排放管理。

地方排放标准是由省、自治区、直辖市人民政府批准颁布的，在特定行政区适用。如北京《水污染物综合排放标准》（DB 11/307—2013）适用于北京市范围内。

目前我国允许造纸工业、船舶工业、海洋石油开发工业、纺织染整工业、肉类加工工业、钢铁工业、合成氨工业、航天推进剂、兵器工业、磷肥工业、烧碱、聚氯乙烯工业 12 个工业门类，执行相应的行业标准，不执行国家污水综合排放标准。《中华人民共和国环境保护法》第 10 条规定："省、自治区、直辖市人民政府对国家污染物排放标准中未作规定的项目，可以制定地方污染物排放标准；对国家污染物排放标准中已作规定的项目，可以制定严于国家污染物排放标准的地方污染物排放标准。地方污染物排放标准须报国务院环境保护行政主管部门备案"。

按照国家综合排放标准与国家行业排放标准不交叉执行的原则，造纸工业执行《制浆造纸工业水污染物排放标准》（GB 3544—2008），船舶执行《船舶水污染物排放控制标准（GB 3552—2018）》，海洋石油开发工业执行《海洋石油勘探开发污染物排放浓度限值》（GB 4914—2008），纺织染整工业执行《纺织染整工业水污染物排放标准》（GB 4287—2012），肉类加工工业执行《肉类加工工业水污染物排放标准》（GB 13457—1992），合成氨工业执行《合成氨工业水污染物排放标准》（GB 13458—2013），钢铁工业执行《钢铁工业水污染物排放标准》（GB 13456—2012），航天推进剂使用执行《航天推进剂水污染物排放标准》（GB 14374—1993），兵器工业执行《兵器工业水污染物排放标准》（GB 14470.1～14470.2—2002），磷肥工业执行《磷肥工业水污染物排放标准（GB 15580—2011）》，烧碱、聚氯乙烯工业执行《烧碱、聚氯乙烯工业污染物排放标准》（GB 15581—2016），其他水污染物排放均执行国家标准。

6.2 工业废水处理基本方法

废水处理就是采用一定的方法将废水中所含有的污染物质分离出来，或将其转化为无害和稳定的物质，从而将废水净化，使其达到符合规定的排放标准或者再利用要求。工业废水处理方法很多，根据所使用方法的性质可以分为物理法、化学法、物理化学法和生物处理法。物理法是利用物理作用分离废水中的悬浮物或乳浊物的方法，包括筛滤、格栅、离心、澄清、过滤等；化学法是利用化学反应的作用去除水中的溶解物质或胶体物质的方法，包括焚烧、中和、沉淀、氧化还原、催化氧化、光催化氧化、微电解、电解絮凝等；物理化学法是利用相转移或物质的表面作用力等方法进行分离或回收废水中污染物的方法，包括混凝、浮选、萃取、汽提、吹脱、吸附、离子交换、膜分离、电渗析等；生物法是通过微生物的代谢作用分解废水中的污染物，使其转化为稳定、无害物质的方法，包括厌氧生物消化法、生物膜法、活性污泥法、稳定塘法、湿地处理法等。根据作用微生物的不同，生物法还可分为厌氧处理和好氧处理两大类。在进行废水处理时采用的技术往往是多种处理方法综合利用。

(1) 沉降分离技术

沉降分离技术包括自然沉淀分离和化学沉淀分离技术。自然沉淀分离是利用重力作用使相对密度大于 1 的粗颗粒悬浮物沉淀分离。这种污染物包括泥、砂、金属屑、煤矸石等。化学沉淀分离法是根据溶度积原理，利用沉淀反应进行分离的方法，具体操作为向废水中投加沉淀剂，使溶质转变为溶度积小的难溶化合物，然后予以分离除去。沉淀剂主要包括氢氧化物、硫化物、碳酸盐、卤盐和有机试剂等。下面主要讲解氢氧化物沉淀法和硫化物沉淀法。

① 氢氧化物沉淀法　除碱金属和部分碱土金属外，其余大部分金属的氢氧化物为难溶物，可利用氢氧化物法去除（尤其是重金属去除效果更好）。具体的操作为：向含金属离子的废水中投加碱性沉淀剂（氢氧化钠、石灰乳、石灰石、电石渣、碳酸钠等），使金属离子与氢氧根反应，生成难溶的氢氧化物沉淀，从而予以分离。氢氧化物沉淀法是调整、控制 pH 值的方法。常见氢氧化物溶度积及析出 pH 值见表 6-1。

表 6-1　常见氢氧化物溶度积与析出 pH 值

金属离子	金属氢氧化物	溶度积常数	析出 pH 值	排放浓度/(mg/L)
Mn^{2+}	$Mn(OH)_2$	4.0×10^{-14}	9.2	10.0
Cd^{2+}	$Cd(OH)_2$	2.5×10^{-15}	10.2	0.1
Ni^{2+}	$Ni(OH)_2$	2.0×10^{-16}	9.0	0.1
Co^{2+}	$Co(OH)_2$	2.0×10^{-16}	8.5	1.0
Zn^{2+}	$Zn(OH)_2$	5.0×10^{-17}	7.9	5.0
Cu^{2+}	$Cu(OH)_2$	5.6×10^{-20}	6.8	1.0
Cr^{3+}	$Cr(OH)_3$	6.3×10^{-30}	5.7	0.5
Fe^{3+}	$Fe(OH)_3$	3.2×10^{-38}	3.0	

对于重金属离子废水，基本上均可通过调节 pH 值，使沉淀分离。而对于重金属离子以络合物形式出现时，需要先破络然后调节 pH 值进行沉淀。

氢氧化物沉淀法以石灰应用最广，它可以同时起到中和与混凝的作用，其价格便宜，来源广，生成的沉淀物沉降性好，污泥脱水性好。因此它是国内外处理重金属废水的主要中和剂。美国在 1980 年评选重金属废水处理方法中，首先推荐的就是石灰中和法。

中和沉淀工艺一般有一次中和沉淀和分段中和沉淀两种。一次中和沉淀是指一次投加碱剂提高 pH 值，使各种金属离子共同沉淀，工艺流程简单，操作方便，但沉淀物含有多种金属，不利于金属回收。分段中和是根据不同金属氢氧化物在不同 pH 值下沉淀的特性，分段投加碱剂，控制不同的 pH 值，使各种重金属分别沉淀，工艺较复杂，pH 值控制要求严格，但有利于金属的回收。

采用中和沉淀法的关键是要控制好 pH 值，表 6-2 为部分金属氢氧化物析出 pH 值，在实际操作中要根据处理水质和需要除去的重金属种类，选择好中和沉淀工艺。

表 6-2　金属氢氧化物析出 pH 值

金属	开始沉淀 pH	沉淀终结 pH	金属	开始沉淀 pH	沉淀终结 pH
Fe^{3+}	2.93	3.93	Zn^{2+}	6.93	8.43
Al^{3+}	3.91	4.91	Ni^{2+}	8.72	10.22
Cr^{3+}	4.85	5.85	Fe^{2+}	8.48	9.88
Cu^{2+}	5.78	7.28	Cd^{2+}	8.30	

② 硫化物沉淀法　大多数的过渡金属硫化物为难溶物，可利用硫化物沉淀法将其从废水中去除。具体是向废水中投加 Na_2S、H_2S 等硫化剂，使金属离子与硫离子反应，生成难溶的金属硫化物沉淀，予以分离除去。金属硫化物沉淀析出顺序为：$Hg^{2+}\rightarrow Ag^{+}\rightarrow As^{3+}\rightarrow Bi^{3+}\rightarrow Cu^{2+}\rightarrow Pb^{2+}\rightarrow Cd^{2+}\rightarrow Sn^{2+}\rightarrow Zn^{2+}\rightarrow Co^{2+}\rightarrow Ni^{2+}\rightarrow Fe^{2+}\rightarrow Mn^{2+}$，位置越靠前的金属硫化物，其溶解度越小，处理也越容易，表 6-3 为常见金属硫化物溶度积常数（18～25℃）和生成沉淀的颜色。

表 6-3　主要金属硫化物的溶度积（18～25℃）

硫化物	溶度积常数	颜色	硫化物	溶度积常数	颜色
MnS	2.5×10^{-13}	肉色	PbS	8.0×10^{-28}	黑色
FeS	3.2×10^{-18}	黑色	CuS	6.3×10^{-36}	红色
NiS	3.2×10^{-20}	黑色	HgS	4.0×10^{-53}	红色

硫化物	溶度积常数	颜色	硫化物	溶度积常数	颜色
ZnS	1.6×10^{-24}	白色	Hg_2S	1.0×10^{-45}	黑色
SnS	1.0×10^{-25}	灰色	Cu_2S	2.6×10^{-49}	黑色
CdS	7.9×10^{-27}	白色	Ag_2S	6.3×10^{-50}	黑色

硫化物沉淀法处理效果好，但泥渣的回用存在问题。

(2) 浮上分离技术

浮上分离技术是利用气泡和固体粒子黏附从而净化工业废水的方法。浮上分离分为自然浮上分离、气泡浮上分离和加药浮上分离。主要用于废水的初级处理。

① 自然浮上分离　借助重力作用使相对密度小于 1 的悬浮物浮于水面，如含油废水中可浮油的分离。

② 气泡浮上分离　向废水中通入空气，使污染物黏附于气泡上而浮于水面，用于废水中浮化油及其污染物的分离。气泡来源主要有加压溶气、电解水产生氢气、氧气等。

③ 加药浮上分离　向废水中投加浮选剂，选择性地使废水中的一种或两种污染物附于气泡上，其他污染物沉下，达到分离目的。

(3) 过滤法

过滤法指通过格栅、滤网或滤料截留废水中的悬浮物、沉淀物，包括颗粒材料过滤、纤维滤料过滤和多孔材料过滤。过滤法一般不单独使用，常和其他方法联合使用。

(4) 吸附

吸附指利用多孔固体吸附剂，使废水中的溶质吸附在固体表面。吸附分静态吸附和动态吸附，废水处理常用动态吸附。吸附工艺包括吸附和再生。再生是指吸附剂吸附饱和后，应进行再生以恢复吸附剂的吸附性能。再生法有加热再生、溶剂再生和化学再生。

废水处理常用的吸附剂有活性炭、沸石、树脂、焦炭、硅藻土、木炭、木屑、活性白土等。工程中应用得较多的吸附剂是活性炭。活性炭由煤或木材等原材料经高温炭化和活化制成的，具有多孔结构。用于废水处理的活性炭需满足以下要求：有良好的吸附性能，活性稳定，有足够的机械强度，能反复再生，粒径尺寸为 0.8～0.9mm。

(5) 蒸发法

蒸发法是利用加热使废水中水汽化，不挥发性的污染物得以浓缩，以便进一步回收污染物，同时汽化的水蒸气经冷凝又可以获得纯水。该处理方法主要用于废水处理的辅助处理和回收，可直接回收原材料。

对废水进行蒸发处理常用的有自然蒸发器（常压）、减压蒸发器及薄膜蒸发器。自然蒸发器由加热室和蒸发室两部分组成，蒸发室通大气。减压蒸发器是在减压（680～690mmHg 真空度）情况下进行蒸发，可以降低废水沸点，提高蒸发效率。薄膜蒸发器是废水仅通过加热时一次，不作循环，废水在加热管壁上形成一层很薄的水膜，具有传热效率高、蒸发速率快等特点。薄膜蒸发按照蒸发技术可分为多效蒸发（multiple effect distillation，MED）和机械蒸汽再压缩（mechanical vapor recompression，MVR）技术等。

(6) 中和法

中和法是利用酸碱中和调节废水 pH 值，达到排放或为而后的处理做准备的废水处理方法。对于高酸性废水（酸含量大于 5%～10%）和高碱性废水（碱含量大于 3%）应首先进行回收和中和利用，而对于低浓度酸、碱废水常用中和法进行处理。中和处理时可以采用的方式有酸、碱废水互中和、投药中和和过滤中和。其中酸、碱废水互中和即用酸性废水中和碱性废水，可实现以废制废；投药中和为分别向酸性和碱性废水中加入碱性和酸性药剂以达到中和的目的，常用的碱性药剂有石灰、石灰石、电石渣、苏打、苛性钠等，常用的酸性药剂有硫酸、硝酸、盐酸、烟道气（CO_2、SO_2）等；过滤中和是以难溶性中和药剂（粒状石灰石、大理石、白云石等）为滤料，进行中和过滤的方法，例如中和含 H_2SO_4 的废水时，选用白云石（主要成分 $CaCO_3$、$MgCO_3$）为滤料。

（7）氧化、还原法

氧化、还原法是通过向废水中加入氧化剂或还原剂，利用化学氧化还原反应的原理处理废水中污染物的方法，是治理废水的途径之一。

① 化学氧化　化学氧化利用电极电位代数值大的氧化态物质，可以氧化电极电位代数值小的还原物的原理进行废水处理，例如 O_3、NiO_2、$HClO$、Cl_2、$Cr_2O_7^{2-}$、O_2 等都是很好的氧化剂，在废水处理上广泛应用氯气、次氯酸钠、漂白粉、双氧水和空气等处理废水。

② 化学还原　化学还原法主要用于无机离子，尤其是重金属离子的还原，一般不用于有机物，常用的还原剂有铁屑、锌粒、硫酸亚铁、水合肼等。例如，可用还原剂亚铁盐、铁屑、铁粉和二氧化硫、水合肼、亚硫酸盐来处理 Cr^{6+}、Hg^{2+} 等重金属离子。

（8）电解法

利用电解原理处理废水的方法称为电解法。电解法实质是氧化还原反应的一种，是电流通过电解溶液而引起的氧化还原过程。电解时，在外加电流的作用下，废水中的某些污染物在阳极和阴极分别被直接氧化和还原，同时，也可被阳极的反应产物 ClO^-、新生态氧、Cl_2 等间接氧化或阴极产物 H_2、Fe^{2+} 等间接还原，以达到去除污染物的目的。有时直接氧化、还原和间接氧化、还原并存，例如往废水中加入少量 $NaCl$ 进行电解，阳极同时进行直接氧化和间接氧化。

电解时若采用不溶性阳极，对含重金属离子的废水进行处理时，阳极上发生氧化反应是 OH^- 在阳极上放电生成氧气，阴极上（通常是金属离子在阴极上）析出，可处理 Zn、Sn、Pb、Cu、Ag、Au 等。电解析出回收金属资源在废水处理中应用较多。

电解时若采用的是可溶性的阳极，例如铝、铁等，在电极表面直接生成金属阳离子（Al^{3+}、Fe^{2+} 等），这些阳离子进入废水中经过水解、聚合作用生成氢氧化物和多核羟基络合物胶体，可吸附凝聚废水中的胶体及细小悬浮物。这种电解法也称为电解凝聚法或电絮凝法。

电解时由于水或污染物的分解，在阳极、阴极上会产生 Cl_2、O_2 和 H_2 等气体的微小气泡。这些微小气泡具有优异的俘获、浮载和黏附能力，可吸附电解凝聚过程中产生的凝絮和水中悬浮物等颗粒，使其浮于水面，达到分离污染物的目的，这种方法也称为电解气浮。

除了上述电解法外，还有隔膜电解法。隔膜电解法是利用离子迁移与电极反应相结合来处理废水或废液的方法。隔膜电解是在电解槽中间用膜分开，隔成阳极室和阴极室两个区域，使两个电极反应的产物互不相混，从而达到调节 pH 值、回收酸、提高氧化还原效率的目的。

（9）离子交换法

离子交换法是利用离子交换剂（带离子型表面官能团的吸附剂）等当量地交换离子的作用，处理、回收废水中的离子，是处理含重金属和贵重、稀有金属废水的主要方法，尤其是对于含重金属离子的电镀废水处理应用较广泛，是一种深度处理方法。

离子交换剂的种类较多，按材料本质可分为无机离子交换剂（如天然沸石、合成沸石、磺化煤等）和有机离子交换剂（离子交换树脂和离子交换膜）两大类。电镀废水处理中常用的是离子交换树脂。按活性基团，离子交换树脂分为强酸、弱酸性阳离子交换树脂，强碱、弱碱性阴离子交换树脂和螯合树脂等。如吸附的是无机阳离子或有机酸，用阳离子交换树脂；如吸附的是无机阴离子（包括金属离子形成的带负电的络离子）和无机酸根，宜用阴离子交换树脂。

在选择阴、阳离子交换树脂时应考虑以下原则：树脂交换量大，树脂的再生性能好，易洗脱，树脂的温度性好，抗氧化性好，使用寿命长，树脂膨胀性好，使用中体型变化小和树脂的选择性好。

对于交换基的选择需要注意：在吸附强的离子交换吸附中，用弱酸性或弱碱性树脂，而在吸附弱的离子交换吸附中，进行相反的选择；在构成盐的离子交换吸附中，用盐型树脂进行碱酸的吸附时，分别用酸型或碱型树脂；在要求完全除盐时，可将强酸与强碱树脂同时使用；以分离为目的，可先用弱吸附性树脂，然后用强吸附性的树脂。

离子交换法的工艺为：树脂的预处理→活化→交换→再生。

（10）膜分离技术

膜分离技术是利用高分子膜具有的选择性来进行物质分离的一种分离技术总称，包括电渗析、扩散渗析、隔膜电解、反渗透和超滤等，表6-4列出了部分膜分离的技术种类、特点。

表 6-4 部分膜分离技术的种类和特点

方法	作用和驱动力	膜的种类	特点
扩散渗析	膜的透过性选择浓度差	渗析膜 离子交换膜	高浓度一侧通过膜向低浓度一侧扩散
电解渗析	膜的选择透过性电位差	离子交换膜	电解质溶液的脱盐浓缩
隔膜电解	膜的选择透过性电位差	离子交换膜 陶瓷膜	隔离两电极反应物，顺利完成电极反应
反渗透	水透过选择性膜压力差（20～100kgf/cm²）	反渗透膜	水透过，溶质得到浓缩
超滤	靠膜的孔径大小压力差（1～10kgf/cm²）	超滤膜	按溶质分子的大小来区分

膜分离技术具有以下优点：物质在分离过程中无相变，因此分离所需的能量消耗低，是省能源技术，以连续进行，操作简便，过程容易实现自动化。膜分离技术中，膜的适应性强，能浓缩溶液，浓缩液和透过液能直接用于镀槽，是电镀废水实现闭路循环的重要技术。

但是膜分离技术也存在以下缺点：应用受膜的物理化学性质影响大，受膜的限制大。膜容易堵孔或污染，要求对废液进行不同程度的预处理，透过速率受膜与溶液界面处的浓差化影响。

（11）生物法

生物法处理废水自19世纪起被运用，经过一百多年的发展已经成为废水处理常用方法。该方法借助生物、微生物代谢产物使废水中的有毒物质吸收或转化为无毒成分，再利用其他工艺联合处理,从而使废水达标排放。根据需氧量生物法分为好氧生物法和厌氧生物法。好氧生物法是利用耗氧微生物将废水中的有机污染物分解,从而实现废水无害化的方法。好氧生物法主要包括活性污泥法和生物膜法,活性污泥法是使好氧微生物形成污泥状絮凝物吸附并降解废水中的污染物,生物膜法是将高密集度真菌或藻类吸附在载体上,将其与废水接触,吸附或氧化废水中的有机物。厌氧生物法是利用产甲烷细菌、产乙酸细菌、产酸细菌等厌氧生物的水解作用,使废水中的有机物分解并转化成甲烷、二氧化碳等,从而达净化废水的处理目标,厌氧处理工艺的反应器类型较多,主要有厌氧滤池(Anaerobic bio-Filter,AF)、升流式厌氧污泥床反应器(Up-flow Anaerobic Sludge Bed,UASB)、复合式厌氧折流板反应器(Hybrid Anaerobic Baffled Reactor,HABR)、膨胀颗粒污泥床反应器(expended granular sludge bed,EGSB)、内循环厌氧反应器(Internal Circulation Anaerobic Reactor,IC)等。厌氧与好氧法结合的工艺处理方法(A/O)可以实现生物脱氮除磷,是含汞废水最常见的生化工艺,处理效果良好。

6.3　电化学工程废水处理

6.3.1　电化学工程废水现状

电化学是研究化学能与电能的相互转化以及这个转化过程中有关现象和规律的科学,而以电化学的理论研究为基础的电化学工程涉及内容非常广泛,包括化学电源、电镀、氯碱工业、无(有)机电合成、电化学冶金、电解加工、电渗析等在国民经济和生活中发挥重要作用的工业部门。这些电化学工业部门在生产过程中不可避免地会产生大量废水,尤其是电镀,其排放的废水、废气和污泥中含有大量的重金属离子、酸性气体和其他有毒有害成分,如果不经过恰当处理,将会对环境造成严重污染,被列为全球三大污染工业之一。国务院 2015 年发布的"水十条"中,明确要求对电镀行业要狠抓工业污染防治和进行专项整治。

采用各种处理工艺预防及治理电镀工业废水,争取使电镀行业的发展符合当代绿色、循环经济、可持续的理念要求。随着中国政府对环境保护制度要求持续提升,国家也出台了众多政策,提高了对电镀行业废水处理的要求,并推动了电镀废水处理行业的发展。表 6-5 为 2014～2019 年中国电镀行业废水排放主要相关政策汇总。

表 6-5　2014～2019 年中国电镀行业废水排放主要相关政策汇总

发布时间	发布部门	政策	主要内容
2014 年 9 月	国务院	《重金属污染综合防治"十二五"规划》	重点防控的重金属污染物是:铅(Pb)、汞(Hg)、镉(Cd)、铬(Cr)和类金属砷(As)等,兼顾镍(Ni)、铜(Cu)、锌(Zn)、银(Ag)、钒(V)、锰(Mn)、钴(Co)、铊(Tl)、锑(Sb)等其他重金属污染物。依据重金属污染物的产生量和排放量,确定重金属污染防控的重点行业是:重有色金属矿(含伴生矿)采选业(铜矿采选、铅锌矿采选、镍钴矿采选、锡矿采选、锑矿采选和汞矿采选业等)、重有色金属冶炼业(铜冶炼、铅锌冶炼、镍钴冶炼、锡冶炼、锑冶炼和汞冶炼等)、铅蓄电池制造业、皮革及其制品业(皮革鞣制加工等)、化学原料及化学制品制造业(基础化学原料制造和涂料、油墨、颜料及类似产品制造等)

续表

发布时间	发布部门	政策	主要内容
2015 年 10 月	工信部	《电镀行业规范条件》	企业各类污染物(废气、废水、固体废弃物、厂界噪声)排放标准与处理措施均符合国家和地方环保标准的规定(已于 2019 年 9 月 24 日废止)
2016 年 9 月		《绿色制造工程实施指南(2016~2020)》	积极推动有色金属、化工、皮革、铅酸蓄电池、电镀等行业重金属、挥发性有机物、持久性有机物等非常规污染物削减,加快重点行业有毒有害原料(产品)替代品的推广应用,完成汞、铅、高毒农药等高风险污染物削减目标。进一步淘汰落后产能
2016 年 12 月	国务院	《"十三五"生态环境保护规划》	依据区域资源环境承载能力,确定各地区造纸、制革、印染、焦化、炼硫、炼砷、炼油、电镀、农药等行业规模限值。实行新(改、扩)建项目重点污染物排放等量或减量置换。制定电镀、制革、铅蓄电池等行业工业园区综合整治方案,推动园区清洁、规范发展
2017 年 4 月		《"十三五"节能减排综合工作方案》	强化节能环保标准约束,严格行业规范、准入管理和节能审查,对电力、钢铁、建材、有色、化工、石油石化、船舶、煤炭、印染、造纸、制革、染料、焦化、电镀等行业中,环保、能耗、安全等不达标或生产、使用淘汰类产品的企业和产能,要依法依规有序退出。分区域、分流域制定实施上述重点行业、领域限期整治方案,升级改造环保设施,确保稳定达标
2017 年 7 月	环保部、工业和信息化部、发展改革委、科技部	《五部委关于加强长江经济带工业绿色发展的指导意见》	推动制革、电镀、印染等企业集中入园管理,建设专业化、清洁化绿色园区。推动沿江城市建成区内现有钢铁、有色金属、造纸、印染、电镀、化学原料药制造、化工等污染较大的企业有序搬迁改造或依法关闭。对造纸、焦化、氮肥、有色金属、印染、化学原料药制造、制革、农药、电镀等产业的跨区域转移进行严格监督,对承接项目的备案或核准,实施最严格的环保、能耗、水耗、安全、用地等标准
2019 年 1 月	国务院	《"无废城市"建设试点工作方案》	筑牢危险废物源头防线。新建涉危险废物建设项目,严格落实建设项目危险废物环境影响评价指南等管理要求,明确管理对象和源头,预防二次污染,防控环境风险。以有色金属冶炼、石油开采、石油加工、化工、焦化、电镀等行业为重点,实施强制性清洁生产审核
2019 年 7 月	国家发改委、生态环境部	《关于深入推进园区环境污染第三方治理的通知》	为提升园区污染治理水平,培育壮大节能环保产业,推动美丽中国建设,经研究,决定选择一批园区(含经济技术开发区)深入推进环境污染第三方治理,京津冀及周边地区重点在钢铁、冶金、建材、电镀等园区开展第三方治理,长江经济带重点在化工、印染等园区开展第三方治理,粤港澳大湾区重点在电镀、印染等园区开展第三方治理。给予符合条件的从事污染防治的第三方企业按减 15%的税率征收企业所得税;对符合条件的园区和第三方治理企业给予中央预算内投资支持

  电镀污水的治理在国内外普遍受到重视,已研制出多种治理技术,通过将有毒治理为无毒、有害转化为无害、回收贵重金属、水循环使用等措施消除和减少污染物的排放量。随着电镀工业的快速发展和环保要求的日益提高,目前电镀污水治理已开始进入清洁生产工艺、总量控制和循环经济整合阶段,资源回收利用和闭路循环是发展的主流方向。

6.3.2 电化学工程废水来源

(1) 电镀废水

① 电镀废水的来源

电镀行业废水主要来自清洗水、废电镀液的排放、工艺操作和设备、工艺流程中产生的废液、其他排放。

ⅰ 清洗水

清洗是电镀工艺中必不可少的重要工序，清洗镀件所产生的漂洗水，是电镀废水的主要来源。一般浓度较低，数量较大，经常性排放。排放量为：小型车间几十立方米/昼夜，中型车间几百立方米/昼夜，大型车间上千立方米/昼夜。

ⅱ 废电镀液的排放

主要包括工艺所需倒槽、过滤镀液的废弃液和由于操作、调整、维护不当导致电解液失效而产生的废弃液，这部分数量不多，但浓度高，污染大，回收利用价值高。

ⅲ 工艺操作和设备、工艺流程中产生的废液

工艺流程中造成的"跑、冒、滴、漏"液。

ⅳ 其他排放

打扫卫生，冲洗地面，冲洗设备等所产生的一部分废水，其中既有漂洗水同样性质的污染物，同时还夹有无机和有机杂物。

电镀车间用水量较大，尤其在中、小型厂中，往往占全厂用水量的相当大比例，并且伴随着工艺不同，水中含有不同成分的污染物质。日本电镀协会对 2700 家电镀车间统计，一个车间每天用水量约为 $41m^3$。日本通产省对 339 家电镀厂调查结果，按人均计算，其指标为：最高 $16.2m^3/(日·人)$，最低 $13m^3/(日·人)$，平均 $14.5m^3/(日·人)$。美国对 7 个大电镀车间（用金属量超过 5 万 kg/年），每沉积 1kg 镀层耗水量为 $1.9m^3$，十个小电镀车间（小于 5 万 kg/年），每沉积 1kg 镀层耗水量为 $6.5m^3$。

根据工艺不同，生产线设备先进程度不同，手工操作占比例不同，耗水量及废水中污染物有很大差别。我国目前小电镀厂较多，工艺设备落后，耗水量大，污染较严重，是我国重点防治的行业之一。因此，节约用水非常重要。节约用水，不仅可降低成本，还可减少排污量，减少污水处理费用，有利于环境保护。在生产实际中，许多工厂采取了不少节约用水的有效措施，如改进清洗方式，增设回收槽，采用逆流清洗、喷淋清洗，污水经处理后重复使用，改手工操作为自动生产线等，在管理上也加强治理"跑、冒、滴、漏"现象，改进工艺，消除严重污染物，减少资源和能源耗费。

② 电镀废水的分类

根据电镀工艺，电镀废水可分为以下几种。

ⅰ 含铬废水

主要来源于镀铬、钝化、铝阳极氧化工艺等的清洗水。一般镀铬，其六价铬浓度为 20～150mg/L，钝化废水中含有六价铬浓度变化较大，有时高达 200～300mg/L。此外还含有三价铬、铜、镍、锌和铁等重金属离子以及硫酸、硝酸、氟化物等，一般 pH 值为 4～6。

ⅱ 含氰废水

主要来源于氰化电镀，如 Zn、Cu、Cd、Au、Ag、合金等工艺过程中清洗水，一般含氰浓度在 100mg/L 以下，pH 在 8～11 之间，废水中除含有相应的各种重金属离子 Zn、

Cd、Au、Ag 外，还含有附加盐 NaOH、Na_2S 和少量有机添加剂。

ⅲ 无氰废水

主要来源于各种无氰电镀，包括镀 Zn、Cd、Cu 等工艺过程中的清洗水、此废水除了存在相应重金属离子污染外，还有诸如三乙醇胺、氨三乙酸、六亚甲基四胺等有机、无机络合剂、添加剂等。目前对此废水研究较少。

ⅳ 重金属废水

一般不单独存在，和其他废水共存，容易被忽略。

ⅴ 酸性废水

主要来源于镀件表面酸洗弱腐蚀、活化以及部分氧化、钝化等工艺过程的清洗水（不含酸性电镀），除了普通三酸污染物外，还有氢氟酸、磷酸等，以及重金属和添加剂、缓蚀剂等。

ⅵ 碱性废水

主要来源于镀件除油、碱洗、碱性氧化和化学铣切过程中的清洗水，主要以 NaOH、Na_2CO_3、Na_3PO_4、Na_2SiO_3 等为主，还含有部分肥皂粉、洗涤剂、有机溶剂、汽油等。

废水不单独存在，依各工厂和操作条件的不同，排放方式不同，使废水分类和性质更复杂。一般都是混合废水。

(2) 氯碱工业废水

氯碱工业属于高耗能、高耗水的行业。氯碱工业废水来源于不同的车间和工段，水质成分复杂，主要有生产废水和生活污水两大类。生产废水主要来源于各个工序的酸碱废水、电解盐水准备和制备阶段的废水、螯合树脂再生废水、电石法生产乙炔的废水、清洗乙炔的废水、PVC 合成的废水等。电解盐水准备废水即洗盐泥废水，悬浮物较高，主要含有 NaCl、$Mg(OH)_2$、$CaCO_3$ 等，经过沉降处理后，浑浊度仍较大，一般 SS 为 $200 \sim 300mg/L$；电解过程中的废水主要成分为 NaOH、NaCl 和少量的 NaClO，pH 值一般大于 12。

(3) 电池行业废水

电池生产中的废水重要来源有电池生产线洗涤浆料的废水、调配浆料中洒漏的药剂、洗涤生产地面的废水。电池生产中的废水含有大量的 Zn^{2+}、Mn^{2+}、Hg^{2+} 等重金属离子，不加处理排放，将对环境造成污染。

6.3.3 电镀废水处理系统

电镀废水处理系统一般分为含铬、含氰、含镉、含贵金属和含酸、含碱以及含其他重金属离子的混合废水处理系统。

有些工厂对含 Cu、Ni 废水分流排放，单独处理；有些工厂实行混合排放，混合处理。分流排放和处理有利于废水的处理及回用。许多老的电镀工厂和多数技术力量弱、镀种又多的小型电镀工厂，实行混合排放和综合处理，既简单又经济。两种系统各有所长，要在实践中得以发展和完善。

电镀行业废水处理的形式包括工厂式处理和社会化处理。

(1) 工厂式处理

工厂式处理包括以下三种形式：

① 槽边处理　将小型化的处理装置布置在镀槽边上，进行就地处理，如小型离子交换、活性炭处理装置、反渗透装置等，废水经处理后排出水可直接回漂洗槽用。也可设化学处理槽，废水经处理后排放。

② 线上处理　将处理设施布置在电镀工艺流水线上，电镀工艺和废水处理同时进行。如亚硫酸盐还原法、水合肼还原法、表面活性剂法处理镀铬废水；氯氧化法处理氰化物电镀废水；碳酸钠中和沉淀法处理镀镍废水等均可在线上使用。线上处理除具有槽边处理优点外，还有电镀工艺操作与处理一人施行，以利于提高电镀工人的环保责任。这种形式国外运用较多，国内近几年也有发展。

③ 专门处理　将废水通过管道引入专门地方，使用专门的处理装置，施行有关处理。这种形式有利于废水处理操作专一处理，提高处理水平，确保有效的处理。此形式适合大型电镀工厂。

(2) 社会化处理

一些中小型电镀厂、车间、点的废水处理，可采用地区组织起来，实行社会化、专业化处理。具体形式如下。

① 流动处理　废水处理装置布置在专用运输工具上，由专门机构管理，实行上门处理。车间、点仅需设回收、漂洗等工艺措施，适当分类收集，贮存后待处理。

② 集中处理　采用专用管道或运输车辆将分散的废水分类集中后统一处理。

社会化处理有利于节约人力、物力和财力，有一定生命力，但目前存在着管理和经济效益等问题，影响其发展。

6.3.4　电化学工程废水处理系统

电化学工程废水处理应符合我国的环保法规和方针政策，在废水处理规划设计中，必须把生产观点和生态观点结合起来考虑。通过系统分析，综合比较，寻求先进、可靠和经济合理的处理方案。其基本原则包括：改进工艺，减少污染甚至清除污染；改进清洗方法，减少用水量，减少废水排放量，提高水的循环利用率；回收利用综合治理，废水中的污染物排放会造成污染，若加以回收便可变废为宝，化害为利，或以废治废，综合治理；选好方法和形式，力求经济合理；因地制宜，结合实际。

6.3.4.1　含铬废水的处理及利用

含铬废水是电镀厂的主要污染源，以六价铬的毒性最强，三价铬次之。含铬废水的处理方法很多，主要有化学法、电解法、离子交换法、活性炭吸附法、蒸发浓缩法等。此外，采用逆流漂洗、闭路循环、多级回收等措施，亦可减少含铬废水的污染。

(1) 强制循环法

在电镀清洗后，把大量的清洗水经过浓缩装置进行浓缩之后，实现强制循环。在生产实践中，常用的方法有薄膜蒸发法和反渗透法。

① 逆流漂洗-薄膜蒸发法　逆流漂洗-钛质薄膜蒸发法处理含铬废水系统，可以实现废水的闭路循环。镀件漂洗水量愈大则废水处理设备愈庞大，改进漂洗方法以减少污染物带出，节约用水，同时减少废水处理投资。因此，逆流漂洗工艺在镀铬生产线上得到大量的推广应用。在镀槽后面设置 4～5 级逆流漂洗槽，仅在终端槽连续进水漂洗，其余各级漂洗槽的补

给水都是从后面一级漂洗槽利用液位差连续逆流提供（$C_4 \to C_3$、$C_3 \to C_2$、$C_2 \to C_1$），最后一个漂洗槽中的六价铬含量应控制在 $10 \sim 20 \, mg/L$。理论计算可节水 90% 左右。第一漂洗槽中的清洗水采用常压薄膜蒸发器进行浓缩，全部返回镀槽；冷凝水返回漂洗槽，实现闭路循环，不排废水。其工艺流程见图 6-1。

利用此法，浓缩倍数可以达到 $10 \sim 20$ 倍，铬的去除率为 99.9%。目前使用钛质薄膜蒸发器较多，国内已有定型产品出售，设备投资可在 $1 \sim 2$ 年内得到偿还。在生产实践中，还有采用"逆流漂洗-蒸发浓缩-离子交换"组合方法，据资料报道，此法可提高回收铬酸的纯度。

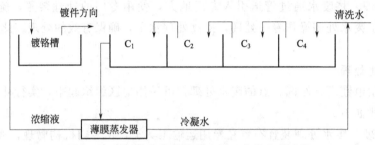

图 6-1 逆流漂洗-蒸发浓缩法处理含铬废水流程

② 反渗透法 利用聚砜酰胺反渗透系统可以直接处理镀铬漂洗废水。该膜具有良好的化学稳定性和机械强度，而且热稳定性也较理想。适用于含六价铬浓度较低的废水，要求废水进入膜装置之前进行彻底的预处理，去除悬浮物和胶状物，经常对膜进行化学清洗，维持膜表面干净。反渗透法处理工艺流程见图 6-2。铬的去除率 93% ~ 97%，硫酸根的去除率 94% ~ 95%，出水可以直接回用到漂洗槽。设备简单，资源利用率高，不消耗能量，无二次污染，设备占地小，操作方便。不足之处是膜的透水量不够高，使用寿命较短，设备一次性投资较大。

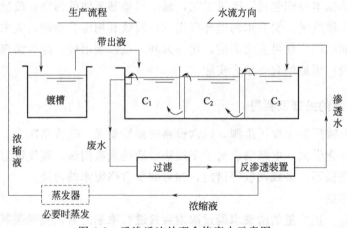

图 6-2 反渗透法处理含铬废水示意图

(2) 化学法

化学法就是向废水中投加化学药品，与废水中的有害物质发生化学反应，变为无害的物质，或是变成易于分离的沉淀物，再将沉淀物分离除去，以达到废水处理的目的。处理含六价铬废水常用的是化学还原-沉淀法。

第一步，在酸性条件下，利用焦亚硫酸钠、亚硫酸钠、亚硫酸氢钠、硫酸亚铁、二氧化硫、水合肼（$H_2N-NH_2 \cdot H_2O$）、铁屑等还原剂把六价铬（$Cr_2O_7^{2-}$）还原为三价铬（Cr^{3+}）。

$$Cr_2O_7^{2-} + 14H^+ + 6e^- \longrightarrow 2Cr^{3+} + 7H_2O$$

第二步，加入碱性沉淀剂碳酸钠（Na_2CO_3）、氢氧化钠（NaOH）、生石灰（CaO）等，提高废水的 pH 值，使三价铬成为氢氧化铬沉淀，然后除去。

$$Cr^{3+} + 3OH^- \longrightarrow Cr(OH)_3 \downarrow$$

还原反应要求在 pH<4 的酸性条件下进行，而沉淀反应的最佳条件是 pH 值为 8~10 之间。还原剂的用量与废水的 pH 值有关，在最佳还原 pH 值时，还原剂的用量最小，pH 值升高，反应速率很慢，且还原剂的用量多。不同的还原剂其还原能力不同，污泥的性质也不同。选择还原方法时，不仅要考虑哪种方法效率高，还原剂的来源广，成本低，而且要考虑处理后污泥的回收和利用问题。

① 亚硫酸氢钠法　亚硫酸氢钠法是利用亚硫酸氢钠（$NaHSO_3$）或者亚硫酸钠（Na_2SO_3）、硫代硫酸钠（$Na_2S_2O_3$）、焦亚硫酸钠（$Na_2S_2O_5$）等加入废水水解生成的亚硫酸氢钠，与六价铬进行氧化还原反应将其还原为三价铬。以焦亚硫酸钠为例，其反应如下：

$$Na_2S_2O_5 + H_2O \Longrightarrow 2NaHSO_3$$

$$2H_2Cr_2O_7 + 6NaHSO_3 + 3H_2SO_4 \Longrightarrow 2Cr_2(SO_4)_3 + 3Na_2SO_4 + 8H_2O$$

反应完成后生成的 Cr^{3+}，在加入沉淀剂后，提高 pH 值至 6.5~7，生成氢氧化铬沉淀，过滤后回收污泥。

投料比为：亚硫酸氢钠∶六价铬＝4∶1，焦亚硫酸钠∶六价铬＝4∶1，亚硫酸钠∶六价铬＝4∶1。

亚硫酸氢钠法处理含六价铬废水时，pH 值的控制要求较严格，还原时 pH 值必须在酸性条件下进行，还原反应速率随 pH 值降低而加快。当 pH≤2 时，反应很快完成；pH>4 时，反应很慢，一般 pH 值控制在 2.5~3 范围内。沉淀时的 pH 值，由于氢氧化铬呈两性，当 pH>9 或 pH<5.6 时，生成的氢氧化铬沉淀会再度溶解，难以生成稳定的沉淀物，一般沉淀时的 pH 值控制在 6.5~7 范围内。

沉淀剂用生石灰，其价格便宜，原料易得，但反应慢，生成的泥渣多，泥渣难以回收利用；采用碳酸钠，反应时会产生二氧化碳气体，有效成分损失较多；采用氢氧化钠，成本较高，但量较小，泥渣的纯度高，容易回收利用。因此，多采用 20% 氢氧化钠溶液作沉淀剂。

还原反应终点的判断是采用目测比色法，利用六价铬与二苯偕肼反应，生成红色化合物来进行判断。

目前，亚硫酸氢钠法处理含六价铬废水方法主要有两种形式：一种是线外集中处理；另一种是线上处理。线外集中处理是指将含铬废水集中到生产线外的废水储水池，达到一定的量时，间歇地用泵抽入反应池，进行化学还原-沉淀处理。其工艺流程为：

ⅰ 当储水池达一定量后，在不断搅拌下，用硫酸调节 pH 值小于 3；

ⅱ 取样分析六价铬含量；

ⅲ 根据六价铬的浓度，按比例投放还原剂，用压缩空气搅拌 15min；

ⅳ 静置数小时后，分析溶液中六价铬含量，是否达到处理要求；

ⅴ 六价铬降到排放标准时，用泵将废水抽到沉淀池，不断搅拌下，加入 20％氢氧化钠调节 pH 值至 6.5～7.0，再搅拌 15min；

ⅵ 静置数小时后，将上层清水排放或作回用水；

ⅶ 从沉淀池底放出沉渣，过滤收集，回收处理。

该方法的特点是能处理多种含铬废水，可将多种含铬废水集中在一起进行处理，采用间歇处理，易于调节 pH 值，控制投药量和控制反应条件。

线上处理方法（又称为兰西法），由英国废水处理公司发明，是一种废水的全面循环处理方法。具有如下特点：表面处理清洗工艺和废水处理工艺融为一体，避免两者相互脱节；投药量少，污泥量少，且较为纯净；适应性强，管理简单；节约用水；占地面积小、投资较少等。生成的氢氧化铬沉淀经过清洗 2～3 次，洗净硫酸根，浓缩脱水后，烘干，在 1200℃下灼烧，得到 Cr_2O_3，可以加以利用。其工艺流程见图 6-3。

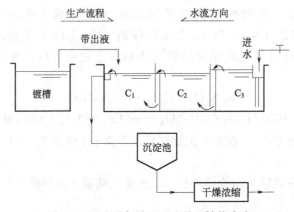

图 6-3　亚硫酸氢钠兰西法处理镀铬废水

② 硫酸亚铁-生石灰法　硫酸亚铁-生石灰法是一种处理含铬废水的最早使用较广的方法，它适用于浓度变化较大的含铬废水。

调节含铬废水 pH 值在 3 左右，废水中铬以 $Cr_2O_7^{2-}$ 形式存在，加入硫酸亚铁，Fe^{2+} 把六价铬还原为三价铬，然后加入生石灰，使 pH 值为 7～9，Cr^{3+}、Fe^{3+} 生成相应的氢氧化物沉淀。

处理时反应：
$$H_2Cr_2O_7 + 6FeSO_4 + 6H_2SO_4 \Longrightarrow Cr_2(SO_4)_3 + 3Fe_2(SO_4)_3 + 7H_2O$$

加入生石灰后反应：
$$CaO + H_2O \Longrightarrow Ca(OH)_2 \downarrow$$
$$Cr^{3+} + 3OH^- \Longrightarrow Cr(OH)_3 \downarrow$$
$$Fe^{3+} + 3OH^- \Longrightarrow Fe(OH)_3 \downarrow$$

本法的优点是原料来源广，价格便宜，还原能力强，操作简单，在生产中得到广泛应用。缺点是用药量大，沉渣量大，污泥的回收利用最现实的出路是制造煤渣砖。

(3) 电解法

我国于 1964 年就开始采用电解法处理含铬废水，该方法的处理操作工艺便于电镀工人掌握，处理后水质稳定，设备成熟，以能供应还原、沉淀、过滤三位一体的成套设备。

电解法处理含铬废水，以铁板为电极，向废水中加入氯化钠（增加溶液导电和防止阳极钝化），并用压缩空气搅拌。电极反应如下。

阴极反应：主要是氢离子放电析出氢气：

$$2H^+ + 2e^- \Longrightarrow H_2\uparrow$$

其次，还有少量六价铬在阴极上直接还原：

$$Cr_2O_7^{2-} + 14H^+ + 6e^- \longrightarrow 2Cr^{3+} + 7H_2O$$

$$CrO_4^{2-} + 8H^+ + 3e^- \longrightarrow Cr^{3+} + 4H_2O$$

阳极反应：

$$Fe - 2e^- \longrightarrow Fe^{2+}$$

溶解下来的 Fe^{2+} 将六价铬还原成三价铬：

$$Cr_2O_7^{2-} + 14H^+ + 6Fe^{2+} \longrightarrow 2Cr^{3+} + 6Fe^{3+} + 7H_2O$$

$$CrO_4^{2-} + 8H^+ + 3Fe^{2+} \longrightarrow Cr^{3+} + 3Fe^{3+} + 4H_2O$$

当阳极发生局部钝化时，也会发生 OH^- 放电析出氧气，即：

$$4OH^- - 4e^- \longrightarrow O_2 + 2H_2O$$

实践证明，六价铬在阴极上还原是微量的，若用非铁质材料的不溶性阳极，电解处理含铬废水，除铬效率很低。因此，电解法处理含铬废水主要是靠亚铁离子的还原作用。随着电解反应的进行，废水中的氢离子不断被消耗，因此 pH 值不断升高，当达到氢氧化铬和氢氧化铁沉淀出的 pH 值时，两者便沉淀析出。反应为：

$$Cr^{3+} + 3OH^- \Longrightarrow Cr(OH)_3\downarrow$$

$$Fe^{3+} + 3OH^- \Longrightarrow Fe(OH)_3\downarrow$$

由此可看出，电解法需消耗大量电能和钢材，如何解决污泥问题也是一个难题，较可靠的出路是制造煤渣砖或青砖。

电解法处理含铬废水的工艺流程见图 6-4。

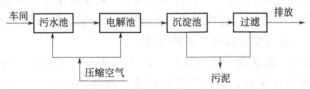

图 6-4　电解法处理含铬废水工艺流程

（4）铁氧体法

铁氧体是由铁离子、氧离子及其他金属离子所组成的氧化物晶体，是一种陶瓷性半导体，具有铁磁性。含铬废水中的铬离子在形成铁氧体后，被镶嵌在铁氧体中，从而不再被水溶液及酸、碱性溶液浸泡出来。铁氧体法处理含铬废水不会造成二次污染。

铁氧体法处理含铬废水需要往废水中加入过量的硫酸亚铁，把六价铬还原为三价铬，然后调节 pH 值至 7～8，形成氢氧化物沉淀，再通入空气并进行加热，即可使各种金属离子全部形成铬铁氧体。

采用铁氧体法处理含铬废水，当废水量较小，六价铬离子浓度变化幅度较大时，宜采用间歇式处理；当废水量较大，六价铬离子浓度变化不大时，宜采用连续式处理。

铁氧体法的特点是：除铬较彻底，处理后的水低于国家允许的排放标准；沉渣性能稳定，不产生二次污染；沉渣粒度大，沉淀快，便于分离；铁氧体的综合利用价值高；设备简单，投资省，操作简便；要消耗能量和大量的化学药品。

（5）活性炭吸附法

据报道，在活性炭的表面上存在大量的含氧基团，如羟基、甲氧基等，活性炭不单纯是游离碳，而是含碳量多、分子量大的有机分子凝聚体。当 pH＝3～4 时，由于含氧基团的存在，使微晶分子结构产生电子云，使羟基上的氢具有较大的静电引力（正电引力），因而能吸附 $Cr_2O_7^{2-}$ 等负离子，形成一个稳定的结构，即：

$$RC—OH+Cr_2O_7^{2-}\longrightarrow RC+O\cdots H^+\cdots Cr_2O_7^{2-}$$

可见，活性炭对六价铬具有明显的吸附效应。随着 pH 值的升高，水中的 OH^- 浓度增大，而活性炭的含氧基团对 OH^- 的吸附较强，由于含氧基与 OH^- 的亲和力大于与 $Cr_2O_7^{2-}$ 的亲和力，因此，当 pH＞6 时，活性炭表面的吸附位置被 OH^- 夺取，活性炭对 Cr^{6+} 的吸附明显下降，甚至不吸附。利用此原理，用碱处理可达到再生活性炭的目的，即当 pH 值降低后，再次恢复其吸附 Cr^{6+} 的性能。

活性炭对铬除具有吸附作用之外，还有还原作用。因此，活性炭在净化含铬废水中既作为吸附剂，又可作为一种化学物质。在酸性条件下（pH＜3），活性炭可将吸附在表面的 Cr^{6+} 还原为 Cr^{3+}，其反应式可能是：

$$3C+2Cr_2O_7^{2-}+16H^+\longrightarrow 3CO_2\uparrow+4Cr^{3+}+8H_2O$$

在生产运行中亦发现，当 pH＜4 时，含铬废水经活性炭处理后，其出水中含 Cr^{3+}，说明在较低的 pH 值条件下，活性炭主要起还原作用，氢离子浓度越高，还原能力越强。利用此原理，当活性炭吸附铬达到饱和后，通入酸液，将其吸附的铬以三价铬形式解吸下来，以达到再生的目的。

活性炭吸附法处理含铬废水的设备国内已有成套设备出售，可根据生产条件选用。

活性炭吸附法处理含铬废水的主要工艺条件，一般控制在 pH＝3.5～4.5。当 pH＜2 时，活性炭将 Cr^{6+} 全部还原为 Cr^{3+}，活性炭对 Cr^{3+} 无吸附作用。当 pH＝8～12 时，活性炭对 Cr^{6+} 几乎不吸附。一般选用活性炭的粒径在 20～40 目，机械强度大于 70％。

活性炭的再生，有酸再生和碱再生两种方法。

碱再生采用 NaOH，浓度为 8％～15％，再生剂用量和活性炭的体积相同，接触时间 30～60min。活性炭经碱再生后，需用酸进行活化，硫酸浓度为 5％～10％，用量为活性炭体积的一半，碱再生的出液为铬酸钠，可经脱钠后回收铬酸。

酸再生采用硫酸，浓度为 10％～20％，用量为活性炭体积的一半，浸泡时间为 4～6h，酸再生的出液为硫酸铬，可以用作鞣革剂，或用来制造抛光膏。生产中常采用两柱或三柱活性炭吸附床工艺。两柱活性炭吸附床工艺流程见图 6-5。

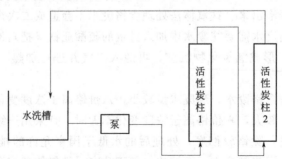

图 6-5　两柱活性炭吸附床工艺流程

　　该方法活性炭预处理、再生恢复吸附性能的工艺比较简单，容易实现，装备造价低，操作简单，维修方便，近年来获得了广泛的应用。

(6) 离子交换法

　　离子交换法是利用高分子合成树脂进行离子交换的方法。树脂中含有一种具有离子交换能力的活性基团，它不溶于水、酸、碱溶液及其他有机溶剂，对含离子的物质进行选择性交换或吸附，然后将被交换的物质用其他的试剂从树脂上洗脱下来，达到除去或回收的目的。

　　离子交换作用是离子交换树脂活性基团上的相反离子与溶液中同性离子发生位置交换的过程。利用离子交换树脂的选择性交换作用，可以除去废水中的有害物质，如铬、铜、镍、氰化物等，一般处理浓度低、水量大的电镀废水，可以回收利用金属，需用大量的清洗水。

　　常用的离子交换树脂有磺酸型离子交换树脂 $R-SO_3^- H^+$（R 为母体，$SO_3^- H^+$ 为活性基团，H^+ 为相反离子）：$R-SO_3^- H^+ + M^+ \rightleftharpoons R-SO_3^- \cdot M^+ + H^+$；强碱性离子交换树脂 $2R \equiv N^+ OH^-$，OH^- 与溶液中的同性离子发生位置的交换：$R \equiv N^+ OH^- + H^+ \rightleftharpoons R \equiv N^+ + H_2O$。

　　离子交换法的缺点为：操作管理较复杂，设备投资费用较大。优点为：处理过程不产生废渣，没有二次污染，占地面积小。一般条件好的工厂可采用此法。

　　电镀车间排放的含铬废水中，除了含有毒物质重铬酸根 $Cr_2O_7^{2-}$ 和铬酸根 CrO_4^{2-} 外，还含有 SO_4^{2-}、Cl^-、Cr^{3+}、Fe^{3+} 等。采用阳离子交换树脂除去废水中的阳离子（Cr^{3+}、Fe^{3+}），阴离子交换树脂与废水中的阴离子（$Cr_2O_7^{2-}$、CrO_4^{2-}、SO_4^{2-}、Cl^-）进行交换，这种反应一般是可逆的。

　　离子交换法处理含铬废水的流程为：废水过滤→阳离子交换→阴离子交换→树脂再生→脱钠→蒸发浓缩，回收铬酸。

　　① 废水过滤　含铬废水在进入阳柱之前，将废水过滤，除去机械杂质及悬浮物，避免污染树脂。过滤方法有砂滤、聚氯乙烯微孔塑料过滤、氯纶棉毯过滤等。

　　② 阳离子交换　为提高回收铬酸的纯度，消除其他金属离子，先进行阳离子交换。一般采用 732 号强酸型阳离子交换树脂。

　　反应式如下：

$$3R-SO_3^- H^+ + Fe^{3+} \rightleftharpoons (R-SO_3^-)_3 \cdot Fe^{3+} + 3H^+$$

$$3R-SO_3^- H^+ + Cr^{3+} \rightleftharpoons (R-SO_3^-)_3 \cdot Cr^{3+} + 3H^+$$

　　经上述反应后，从阳柱出来的废水，H^+ 浓度升高，使 pH 值下降，废水中的六价铬主要以 $Cr_2O_7^{2-}$ 形式存在。

　　③ 阴离子交换　含铬废水经阳柱交换后，进入阴柱处理，废水中的 $Cr_2O_7^{2-}$ 与 CrO_4^{2-} 被阴离子交换树脂吸附，树脂上的 OH^- 转入溶液。一般选用 710 号弱碱型阴离子交换树脂，其对含铬废水中主要阴离子的交换选择性如下：

$$OH^- > Cr_2O_7^{2-} > SO_4^{2-} > CrO_4^{2-} > Cl^-$$

　　其反应如下：

$$2R \equiv N^+ OH^- + H_2Cr_2O_7 \rightleftharpoons (R \equiv N)_2 \cdot Cr_2O_7 + 2H_2O$$

$$2R \equiv N^+ OH^- + H_2CrO_4 \rightleftharpoons (R \equiv N)_2 \cdot CrO_4 + 2H_2O$$

　　④ 树脂再生　选用适当的化学药品，将吸附在树脂上的物质洗脱下来，同时使树脂恢

复到具有再吸附能力。

阴离子交换树脂再生：一般采用氢氧化钠作为再生剂，用氢氧化钠中的氢氧根（OH⁻）将吸附在树脂上的 $Cr_2O_7^{2-}$ 和 CrO_4^{2-} 交换下来，反应为：

$$(R\equiv N)_2Cr_2O_7 + 2NaOH \Longrightarrow 2R\equiv N^+OH^- + Na_2Cr_2O_7$$

$$(R\equiv N)_2CrO_4 + 2NaOH \Longrightarrow 2R\equiv N^+OH^- + Na_2CrO_4$$

再生剂一般使用氢氧化钠的浓度为 4%～10%。

阳离子交换树脂再生：利用酸中的氢离子取代吸附在阳离子交换树脂上的金属阳离子，使之转化为 H 型树脂。其反应如下：

$$(R\text{-}SO_3^-)_3\cdot Fe^{3+} + 3H^+ \Longrightarrow 3R\text{-}SO_3^-H^+ + Fe^{3+}$$

$$(R\text{-}SO_3^-)_3\cdot Cr^{3+} + 3H^+ \Longrightarrow 3R\text{-}SO_3^-H^+ + Cr^{3+}$$

再生剂一般可用 3%～5% 的硫酸或 1～3mol/L 盐酸溶液，再生剂用量为树脂体积的 3 倍。

⑤ 酸的回收　将再生所得的重铬酸钠或铬酸钠溶液，通过 732 号强酸型阳离子交换树脂进行脱钠。其反应如下：

$$2R\text{-}SO_3^-H^+ + Na_2Cr_2O_7 \Longrightarrow 2R\text{-}SO_3^-Na^+ + H_2Cr_2O_7$$

$$2R\text{-}SO_3^-H^+ + Na_2CrO_4 \Longrightarrow 2R\text{-}SO_3^-Na^+ + H_2CrO_4$$

由于最初脱钠是在 pH 值较低情况下进行的，所以出水中的六价铬主要以重铬酸形式存在，颜色为橙红色。当脱钠接近终点时，pH 值上升，出水以铬酸为主，颜色为黄色，可判断达到脱钠的终点。脱钠后，铬酸的浓度太低，同时含有氯离子，必须经过浓缩和除氯才能使用。

蒸发浓缩：当用 H 型强酸性离子交换树脂脱钠时，可先将洗脱液中的氯化钠转化为HCl，HCl 在蒸发浓缩过程中绝大部分挥发，氯的去除率可达 70% 以上，同时蒸发掉 75% 的水分。温度高于 230℃，生成 CrO_3：$H_2Cr_2O_7 \longrightarrow 2CrO_3 + H_2O$。

⑥ 离子交换法处理含铬废水的方式　在生产实践中一般采用双阴柱全饱和流程，由 H 型阳离子交换树脂柱、OH 型双阴柱和 Na 型阳柱组成，其工艺流程见图 6-6。

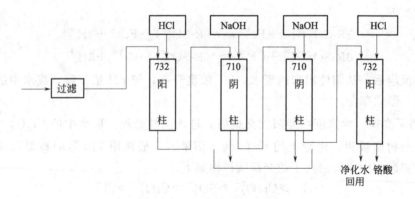

图 6-6　双阴柱全饱和流程

(7) 含铬废水方法评价

含铬废水处理的方法评价如表 6-6 所示。

表 6-6　含铬废水处理的方法评价

方法	主要优点	存在问题	适用性
化学法	工艺简单,可以回收部分药品	沉淀的处理和利用问题,劳动强度大	1. 初级处理 2. 小型电镀厂
离子交换法	处理效果好,可靠,可以回用水,可以回收利用药剂	运行管理要求高,投资大,铬酸不能直接回用于镀槽	1. 深度处理 2. 大型工厂
活性炭法	处理效果稳定,处理出水可循环使用,可回收利用铬酸	再生效率存在问题,出水需再处理后排放	中小型电镀厂
电解法	处理水质稳定,操作简单,易实现自动化	投资大,耗铁、耗电量大	大型企业
反渗透法	处理效果好,直接回收铬酸	膜质量尚存在问题,成本较高	小型工厂

6.3.4.2　含氰废水处理

含氰废水是电镀废水处理的重点对象,常采用的方法有碱性氯化法、硫酸亚铁盐法、电解法、臭氧法、离子交换法、化学回收法等。

(1) 碱性氯化法

本法是国内外应用最普遍的治理手段,主要是利用活性氯的氧化作用,使氰化物氧化成氰酸盐,氰酸盐的毒性是氰离子的 1%。氰酸盐进一步氧化,生成二氧化碳和氮气,以达到消除氰化物的目的。

含有活性氯的物质有:漂白粉 [主要成分为 $Ca(ClO)_2$]、次氯酸钠 $(NaClO)$、液氯等,其中漂白粉的用量最多。高效次氯酸钙 (HTH) 中有效氯的含量是漂白粉的两倍多。

漂白粉除氰的化学反应是:

$$2NaCN+Ca(ClO)_2 =\!=\!= 2NaCNO+CaCl_2$$
$$4NaCNO+3Ca(ClO)_2+2H_2O =\!=\!= 2N_2\uparrow+4CO_2\uparrow+CaCl_2+2Ca(OH)_2+4NaCl$$

与络合氰反应,以 $NaCu(CN)_2$ 为例:

$$4NaCu(CN)_2+5Ca(ClO)_2+2H_2O+4NaOH =\!=\!= 8NaCNO+5CaCl_2+4Cu(OH)_2$$
$$4NaCNO+3Ca(ClO)_2+2H_2O =\!=\!= 2N_2\uparrow+4CO_2\uparrow+CaCl_2+2Ca(OH)_2+4NaCl$$

漂白粉处理含氰废水的方式可以采用间歇处理法和连续处理法。间歇处理法适用于废水流量小,废水中含氰浓度高、浓度变化又大,要求严格处理的场合;连续处理法适用于废水量较大、含氰浓度变化较小的场合。一般多采用间歇处理法,其工艺流程见图 6-7。

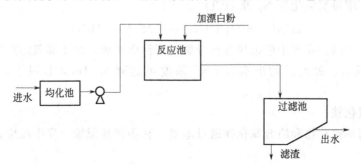

图 6-7　间歇法处理含氰废水流程

漂白粉可以干投，也可以湿投。湿投使用 $5\% \sim 10\%$ 的漂白粉溶液，用压缩空气搅拌 1h 左右，反应完全后，排入过滤沉淀池进行分离。处理后应保持余氯不低于 $3 \sim 5mg/L$，以保证氰离子完全氧化。

漂白粉作氧化剂的碱性氯化法除氰效果好，设备简单，操作方便，费用低。缺点是漂白粉中的有效氯在存放过程中会逐渐降低，存储困难，在反应时，要控制 pH 值在 $8.5 \sim 11$ 之间，不能在酸性范围，否则，会产生剧毒的氢氰酸气体，处理后会产生一定量的泥渣。

常用氧化剂的适用范围及优缺点比较见表 6-7。

表 6-7　氧化剂特性比较

氧化剂	优点	缺点	适用性
漂白粉	货源供应较液氯和次氯酸钠充足	产生的泥渣量较多。操作劳动强度大	浓度变化较大的废水
次氯酸钠	泥渣少，设备简单，操作较方便	货源供应有时较困难	低浓度，小水量
液氯	泥渣少，处理费用低	货源供应困难，操作时有刺激性气体逸出，操作要求严格	高浓度或低浓度大水量

(2) 硫酸亚铁法

将硫酸亚铁溶于水，解离出亚铁离子，与废水中的游离氰根结合为亚铁氰根离子：

$$Fe^{2+} + 6CN^- = [Fe(CN)_6]^{4-}$$

亚铁络离子进一步与 Fe^{2+} 反应，生成难溶的亚铁氰化亚铁：

$$2Fe^{2+} + [Fe(CN)_6]^{4-} = Fe_2[Fe(CN)_6] \downarrow$$

亚铁氰化亚铁在空气中可被氧化为亚铁氰化铁 $Fe_4[Fe(CN)_6]_3$，即蓝色染料——普鲁士蓝。

硫酸亚铁法设备简单，成本低，污泥量大，出水色度高，出水仍含有 $5 \sim 10mg/L$ 的氰离子，该法一般作为应急处理措施。

硫酸亚铁法的应用场合：①含氰废水的初级处理，先在亚铁离子中漂洗，再在清水中漂洗，漂洗水中氰化物浓度不会太高；②作为应急处理措施，采用其他方法一时不能上马，用硫酸亚铁法处理，可以减少污泥。

(3) 臭氧法

用臭氧处理含氰废水，反应分为二级。第一级 CN^- 迅速氧化成氰酸根离子：

$$CN^- + O_3 \longrightarrow CNO^- + O_2 \uparrow$$

然后氰酸根缓慢被氧化为 N_2 及 HCO_3^-：

$$2CNO^- + O_3 + H_2O \longrightarrow N_2 \uparrow + 2HCO_3^-$$

臭氧氧化能力强，在水中能很快自行分解，不污染水源，由于臭氧的产生耗电，只适用于水量较小的场合。处理后的出水含 CN^- 浓度可达到 $0.01mol/L$ 以下，可作为清洗水回用。

(4) 电解氧化法

废水中的简单氰化物和络合氰化物通过电解，在阴极和阳极上发生反应，把氰电解氧化为 N_2 和 CO_2。

目前使用的有间接电解法和直接电解法两种。

① 直接电解法　在阳极上产生的化学反应，对简单氰化物，第一阶段反应是：

$$CN^- + 2OH^- - 2e^- \longrightarrow CNO^- + H_2O$$

反应进行得很剧烈，接着发生第二阶段的两个反应：

$$2CNO^- + 4OH^- - 6e^- \longrightarrow N_2 \uparrow + 2CO_2 + 2H_2O$$

$$CNO^- + 2H_2O \longrightarrow NH_3 + CO_3^{2-} + H^+$$

对络合氰化物，反应过程如下：

$$Cu(CN)_3^{2-} + 6OH^- \longrightarrow Cu^+ + 3CNO^- + 3H_2O$$

$$Cu(CN)_3^{2-} \longrightarrow Cu^+ + 3CN^-$$

在阴极产生的化学反应：

$$2H^+ + 2e^- \longrightarrow H_2 \uparrow$$

$$Cu^{2+} + 2e^- \longrightarrow Cu$$

$$Cu^{2+} + 2OH^- \longrightarrow Cu(OH)_2 \downarrow$$

阳极采用石墨，极板厚 25～50mm；阴极采用钢板，极板厚 2～3mm；阴、阳极间距为 15～30mm，槽压为 6～8.5V。经处理后，出水含氰量为 0～0.5mg/L，同时在阴极可回收金属，但在生产过程中会产生少量的 CNCl 气体，需采取保护措施。

② 间接电解法　即先电解氯化钠水溶液，产生次氯酸钠，把氰氧化生成 N_2 和 CO_2，其反应发生在阳极，具体反应为：

$$2NaCl + 2H_2O \longrightarrow 2NaOH + Cl_2 \uparrow + H_2 \uparrow$$

$$2NaOH + Cl_2 \longrightarrow NaClO + H_2O + NaCl$$

$$NaCN + NaClO \longrightarrow NaCNO + NaCl$$

$$2NaCNO + 3NaClO + H_2O \longrightarrow N_2 \uparrow + 2CO_2 \uparrow + 2NaOH + 3NaCl$$

间接电解法可以实现线上处理，处理速度快，药品消耗少，设备简单，适用于含氰浓度高的含氰废水处理。

电解法处理含氰废水效果稳定可靠，管理方便，操作简单，无泥渣，易于实现自动控制，设备可成套。基建投资较大，生产过程要消耗电能，处理费用较高。

(5) 化学回收法

利用酸与含氰废水中的氰根发生化学反应，生成氰化氢气体，再用碱回收，其工艺流程如图 6-8 所示。含氰废水加热至 51℃，在 pH 值为 2～4 范围内，通入硫酸真空反应池，往反应池中通入空气和水蒸气，使温度上升到 98～99℃，形成 HCN 和 H_2O 热混合气体，通过热交换器后，通入 NaOH 吸收塔，生成 NaCN。这种方法在美国使用较多。

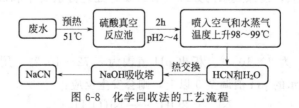

图 6-8　化学回收法的工艺流程

(6) 活性炭吸附法（渗铜催化）

废水中连续加入铜，铜离子的存在加速氰的氧化，与铜离子络合成 CuCO_3、碳酸铜铵和 Cu(OH)_2 等混合物：

$$CN^- + \frac{1}{2}O_2 \xrightarrow{\text{活性炭}} CNO^-$$

$$CNO^- + 2H_2O \xrightarrow{\text{铜}} HCO_3^- + NH_3$$

$$HCO_3^- + OH^- \longrightarrow CO_3^{2-} + H_2O$$

$$2Cu^{2+} + 2OH^- + CO_3^{2-} \longrightarrow CuCO_3 \cdot Cu(OH)_2(\text{孔雀石})$$

该方法可用酸溶解回收。

(7) 旋转多级冲击法

利用冲击使含氰废水分离出氰化氢,并加以回收。旋转多级冲击法处理含氰废水如图 6-9 所示,设备由分离塔和吸收塔组成,分离塔内有高速旋转的多级圆板和冲击板。废水流到高速旋转的最上层圆板上,从圆板的光端高速飞溅出来,猛力碰敲冲击板,废水中部分氰被气化成 HCN 分离出来,并被输送到吸收塔去。同样经过几块圆板就进行了几次处理,再排放到塔外。气体 HCN 在吸收塔内被 NaOH 吸收,以备利用。这种方法在日本使用较多。

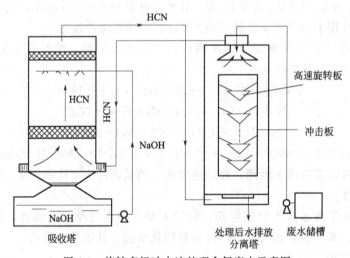

图 6-9　旋转多级冲击法处理含氰废水示意图

6.3.4.3　含镍废水处理及利用

镍是重要的战略资源,在冶炼、仪表和国防工业中大量应用。我国镍的矿藏不丰富,同时镍也是一种致癌物质,镀镍废水的处理很有必要,处理方法有中和沉淀法、离子交换法、反渗透法等。

(1) 中和沉淀法

$Ni(OH)_2$ 的 K_{sp} 为 2×10^{-15},析出 pH 范围为 8.72～10.22。用石灰或碳酸钠溶液,将第一清洗槽含镍废水的 pH 值调至 9 以上,则会发生反应:

$$Ni^{2+} + 2OH^- \longrightarrow Ni(OH)_2$$

为了便于沉淀分离,常加 $FeCl_3$ 凝聚剂,沉淀中掺杂了大量的 Fe,不能回用,只能送冶炼厂、化工厂综合利用。

(2) 反渗透处理镀镍废水

反渗透法在 20 世纪 70 年代初被引入处理电镀镍废水,取得完全成功并被迅速推广应用，我国反渗透法处理含镍废水，最先于 1979 年在北京广播器材厂的生产线上应用，后来在许多厂家应用，运转正常。

反渗透技术处理废水具有以下特点：①可以实现电镀废水按照电镀槽槽液成分进行"原样"浓缩，使被浓缩的电镀废水即可回到电镀槽中重新使用。透过水中含镀液成分的量很少，可以用作清洗水。这样，可以形成闭路循环处理；②与其他电镀废水的处理方法不同，反渗透处理一般不加任何化学物质。因此不产生污泥和残渣，不造成二次污染；③与蒸发法或其他有"相"变的处理方法相比，膜法对电镀废水的处理过程没有"相"变，因而耗能低；④反渗透法处理设备占地面积小，设备紧凑，易控制，可连续操作。

反渗透是一种膜分离技术，是净化废水和富集溶解金属的有效方法。在反渗透过程中，是使废水在一定的机械压力下，通过离子交换树脂半透膜（如醋酸纤维素膜），该膜只允许水分子通过，阻止溶解金属和杂质通过。使通过的水得到净化，并可循环使用，而被阻止的金属化合物可直接回用。反渗透方法其溶液流动平行于半透膜，水能渗透过去呈去离子水，而滞留在膜表面上的杂质很快被溶液冲刷流走，不会积聚在表面上，故能使膜保持良好的渗透性，不需要频繁更换膜。

图 6-10 是微观反渗透膜作用的示意图。当含有 $NiSO_4$、$NiCl_2$、H_3BO_3 等的废水（图中用非圆点形状表示）的溶液从顶部输入底部时，纯水（渗透剂，图中用圆点表示）能透过膜，$NiSO_4$、$NiCl_2$、H_3BO_3 等无法透过而被浓缩，从底部流出，这样通过反透膜即达到了分离的效果。

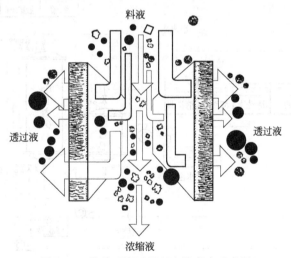

图 6-10　微观反渗透处理含镍废水示意图

利用反渗透方法处理含镍废水，可以实现闭路循环，逆流漂洗槽的浓液用高压泵打入反渗透器，浓缩液返回镀槽重新使用，处理水可补充到漂洗槽，作为清洗水，其工艺流程见图 6-11。

用单反渗透器处理含 Ni^{2+} 电镀废水，去除率分别是：Ni^{2+} 95%～99%，SO_4^{2-} 98%，Cl^- 80%～90%，H_3BO_3 30%，正常使用三年可收回投资。利用反渗透方法还可处理含铬、含铜、含锌等金属废水。

(3) 离子交换法

含镍废水中，镍是以 Ni^{2+} 阳离子形式存在的，废水 pH 值一般在 6 左右，由于 Ni^{2+} 的

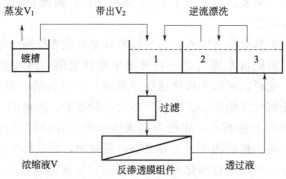

图 6-11　反渗透法处理含镍废水工艺流程示意图

交换势比 Cu^{2+}、Fe^{2+} 低，要求废水中的 Ni^{2+} 含量不低于 $200\sim400mg/L$，需采取静态回收槽收集含镍废水，才能达到要求。由于羧酸型弱酸性离子交换树脂的选择性较强，树脂一般选用 DK-110、DK-116、强酸 732 型树脂，应先转为 Na 型后使用。在生产实际中，常常采用固定二床法处理镀镍废水，其工艺流程见图 6-12。其交换再生反应如下。

交换：$\qquad 2RCOONa+Ni^{2+} \Longleftrightarrow (RCOO)_2Ni+2Na^+$

再生：$\qquad (RCOO)_2Ni+2H^+ \Longleftrightarrow 2RCOOH+Ni^{2+}$

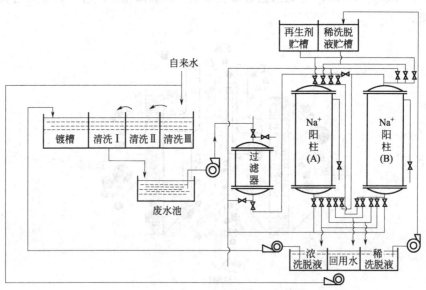

图 6-12　固定二床离子交换法处理含镍废水

交换操作：将废水过滤后流入 A 交换柱，进行离子交换；当 A 柱出水含有 Ni^{2+} 泄漏时（用丁二酮肟检验显红色），将 B 柱与 A 柱串联，上 A 柱吸附至全饱和后，切断入水，进行再生。B 柱单独工作，至有 Ni^{2+} 泄漏时，再串联再生完毕的 A 柱，上 B 柱吸附至饱和，再生 B 柱，A 柱单独运行。如此周而复始，连续工作。

再生操作：先用自来水反洗，除去树脂中的悬浮物。用 12% 的 Na_2SO_4 作再生剂，用量为树脂体积的 $1.3\sim1.4$ 倍。反洗与正洗至出水中用丁二酮肟检验不显红色为止。

目前，含镍废水处理使用较多的是单独反渗透法、反渗透与离子交换法联合处理以及蒸发法与离子交换法联合使用。

6.3.4.4 含铜废水处理及利用

含铜废水的处理方法有化学沉淀法、蒸发浓缩法、离子交换法、活性炭吸附法、膜分离技术和电解法。这里主要介绍离子交换法、化学沉淀-隔膜电解法。

(1) 离子交换法

① 离子交换法处理焦磷酸盐镀铜废水 焦磷酸盐镀铜废水中主要含有 $[Cu(P_2O_7)_2]^{6-}$、$P_2O_7^{4-}$、HPO_4^{2-} 等阴离子，可以用碱性阴离子交换树脂去除。采用硫酸盐型 731 号树脂时发生的反应如下：

$$3(R\text{-}N)_2SO_4 + Cu(P_2O_7)_2^{6-} \rightleftharpoons (R\text{-}N)_6 \cdot Cu(P_2O_7)_2 + 3SO_4^{2-}$$

$$2(R\text{-}N)_2SO_4 + P_2O_7^{4-} \rightleftharpoons (R\text{-}N)_4 \cdot P_2O_7 + 2SO_4^{2-}$$

采用 15%硫酸铵与 3%氢氧化钾混合液作再生剂，可以取得满意的树脂再生效果。

② 离子交换法处理硫酸盐镀铜废水 用强酸性阳离子树脂（732 号）交换吸附废水中的 Cu^{2+}，其反应如下：

$$2RCOONa + CuSO_4 \rightleftharpoons (RCOO)_2Cu + Na_2SO_4$$

树脂吸附饱和后，可用酸再生，再用 Na_2SO_4 转型，其反应如下：

$$(RCOO)_2Cu + H_2SO_4 \rightleftharpoons 2RCOOH + CuSO_4$$

$$2RCOOH + Na_2SO_4 \rightleftharpoons 2RCOONa + H_2SO_4$$

③ 离子交换法处理氰化镀铜废水 离子交换法处理氰化镀铜废水首先将废水经阴离子交换柱除氰化物，一般采用苯乙烯强碱阴离子交换树脂（711 号）吸附交换 $[Cu(CN)_3]^{2-}$，其反应为：

$$2RCl + [Cu(CN)_3]^{2-} \rightleftharpoons R_2Cu(CN)_3 + 2Cl^-$$

用强酸再生，其再生反应为：

$$R_2Cu(CN)_3 + 3HCl \rightleftharpoons 2RCl + CuCl + 3HCN$$

再生反应时，产生剧毒的氰化氢 HCN 气体，采用一套密封的负压吸收装置吸收（用 NaOH 溶液），这样不但解决了 HCN 的污染，而且可以回收氰化钠。然后，将除去氰化物的含铜废水，通过阳离子交换柱除铜。其反应为：

$$RNa + Cu^+ \rightleftharpoons RCu + Na^+$$

$$2RNa + Cu^{2+} \rightleftharpoons R_2Cu + 2Na^+$$

再生用含氰化钠溶液，反应为：

$$RCu + 3NaCN \rightleftharpoons RNa + Na_2Cu(CN)_3$$

生成物可直接回用于镀槽，作为镀液成分。通过上述处理，其废水含铜量降至 1mg/L 以下。

本方法的优点是处理后的废水能达到国家排放标准，并可回收氰化铜，能综合利用，化害为利，处理费用较低，适用于大中型电镀厂。缺点是酸再生液需用化学法处理回收，再生系统操作复杂。

(2) 化学沉淀-隔膜电解法

化学沉淀-隔膜电解法基本原理是先将废水中的铜等变成污泥，再经过电解，把污泥转化为金属。

① 化学沉淀 废水中的铜在中性或弱碱性条件下生成氢氧化物沉淀：

$$Cu^{2+} + 2OH^- = Cu(OH)_2 \downarrow$$

② 隔膜电解 将氢氧化铜沉淀放入隔膜电解槽的阳极室内，阴极室内放入铜离子溶液，阴、阳极室用隔膜分开。阳极使用铅板，阴极采用能使析出的金属易于剥离下来的材料。阴、阳极室发生下列反应：

阴极反应： $$Cu^{2+} + 2e^- \longrightarrow Cu \tag{1}$$

阳极反应： $$2H_2O - 4e^- \longrightarrow O_2 + 4H^+ \tag{2}$$

沉淀溶解反应： $$Cu(OH)_2 + 2H^+ \longrightarrow Cu^{2+} + 2H_2O \tag{3}$$

上述 3 个反应中，式（1）是析出铜的反应，只要保证溶液中铜离子的浓度、pH 值及溶液的温度，在一定的电流密度下，就能得到良好的金属析出物；式（2）是水的放电反应，产生的 H^+ 补充了式（3）所消耗的 H^+，维持了氢氧化铜沉淀溶解所需的 pH 值，保证阳极区氢氧化铜污泥正常溶解。式（3）是氢氧化铜沉淀溶解成铜离子的反应，生成的铜离子通过隔膜向阴极移动，提供阴极上析出的铜离子。通过电解将氢氧化铜转化为金属铜。

回收铜所采用的溶液及工艺条件如下：

阴极室放入 $CuSO_4$，其浓度为 200～250g/L；

pH 值在 1.2 以下；

温度为 30～40℃；

阴极材料为精铜板；

阳极室放入含铜污泥，加入 10 倍水，放入阳极室；

阳极采用铅板或钛上镀金；

阴极电流密度为 1～3A/dm²；

隔膜采用毛巾毡。

隔膜电解法处理含铜废水示意图见图 6-13。利用此法，还可以处理含镍和含锌废水。

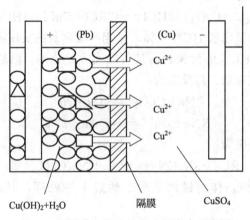

图 6-13 隔膜电解法处理含铜废水示意图

6.3.4.5 含镉废水处理

镉有潜在毒性，在人体软组织中积聚，导致贫血，代谢不正常，神经系统疾病，高血压，损坏肝、肾等。镉在电化学行业大量运用，海洋性环境零件，高温水中工作零件用到 Cd 镀层、Cd-Ni 电池等，污染较严重。目前处理含镉废水国内多采用化学法。国外除化学法外还有电解法、电解浮上法等。

(1) 化学法

化学法处理含镉废水常用的有碱沉淀法（石灰法）和硫化钠法。

① 碱沉淀法（石灰法）　向含镉的废水中投加碱性沉淀剂（氢氧化钠、石灰乳等），使镉离子与 OH^- 反应，生成难溶的氢氧化物沉淀，从而予以分离：

$$Cd^{2+} + 2OH^- \Longrightarrow Cd(OH)_2 \downarrow$$
$$CdY + Ca(OH)_2 \longrightarrow Cd(OH)_2 \downarrow + CaY$$

其中，Y 为络合基团。该法不足之处是出水碱度较高，pH 值在 12 以上，镉渣无妥善处置方法。

② 硫化钠法　向含镉废水加入硫化钠等，使镉离子以硫化镉的形式形成沉淀：

$$Cd^{2+} + Na_2S \longrightarrow CdS + 2Na^+$$

具体的工艺流程如图 6-14 所示。

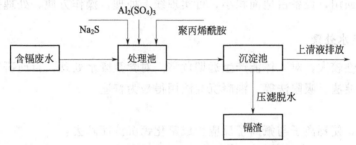

图 6-14　硫化钠法处理含镉废水的工艺流程

首先是分析 Cd 含量，根据分析加入 Na_2S（每升废水含 Cd 1mg，投加 10mg Na_2S）、混凝剂 $Al_2(SO_4)_3$（200mg/L）和助凝剂聚丙烯酰胺（5mg/L）之后通压缩空气搅拌 10～15min 生成 CdS，最后用泵打入沉淀池进行沉淀、脱水。

(2) 电解法

电解法是将含氰化镉废水直接送入电解槽，同时投加氯化钠和苛性钠，在直流电场作用下，氯化钠电解并与氰离子反应生成氰酸盐并迅速分解为 CO_2 和 N_2，同时，Cd^{2+} 与 OH^- 作用生成 $Cd(OH)_2$ 沉淀。

(3) 碱性氯化与铁粉法

该法是日本研究的一种处理方法，主要用来处理含 $Cd(CN)_2$ 废水。采用此法氰除去率达到 99% 以上，镉除去率达到 99.7%。

6.3.4.6　含锌废水

含锌废水的处理方法主要有化学法和超滤法。

(1) 化学法

锌是一种两性元素，它的氢氧化物既溶于强酸，又溶于强碱。在锌盐溶液中加入适量的碱可析出 $Zn(OH)_2$ 白色沉淀，再加过量的碱沉淀又复溶解：

$$Zn^{2+} + 2OH^- \Longrightarrow Zn(OH)_2 \downarrow$$
$$Zn(OH)_2 + 2OH^- \Longrightarrow ZnO_2^{2-} + 2H_2O$$

在锌盐溶液中加入适量的酸也可析出 $Zn(OH)_2$ 白色沉淀，再加过量的酸沉淀又复溶解：

$$ZnO_2^{2-} + 2H^+ === Zn(OH)_2 \downarrow$$
$$Zn(OH)_2 + 2H^+ === Zn^{2+} + 2H_2O$$

利用上述原理处理含锌废水，在碱性镀锌废水中用酸调 pH 值至 8.5～9，氢氧化锌很快沉淀下来，沉淀物加碱溶解，回收氧化锌返回镀槽使用。在酸性镀锌废水中加入碱调 pH 值至 8.5～9，氢氧化锌沉淀下来，沉淀物加酸溶解生成硫酸锌或氯化锌返回镀槽使用。

为提高回收化学物质的纯度，清洗水应采用蒸馏水或去离子水，反应沉淀时间为 20min 左右，废水含锌浓度不受限制，处理后出水循环使用可作为镀前清洗水或达标排放。

(2) 超滤法

金属锌离子在 pH8～10 时生成较稳定的氢氧化锌沉淀，在超滤器中氢氧化锌被滤膜阻挡而达到滤除的目的，滤液可回到清洗槽循环使用。

用超滤法超滤含锌废水，滤出水水量不变，出水水质较好，含锌量在 0.5mg/L 以下。废水经处理后可回用，设备占地面积小，可实现线上处理，操作方便，处理费用低。

6.3.4.7 含氟废水处理

含氟废水毒性较大，对人体能产生远期危害。对含氟废水处理，目前研究和常用的处理方法有：混凝沉淀法、吸附法等。混凝沉淀法用得最为普遍。

(1) 石灰法

投加石灰乳，使钙离子与氟离子反应生成氟化钙沉淀而除去：

$$Ca^{2+} + 2F^- \longrightarrow CaF_2 \downarrow$$

目前生产中应用的有用电石渣代替石灰乳，处理成本低，沉渣易于沉淀和脱水。

(2) 石灰-铝盐法

用石灰乳调节 pH 值至 6～7.5 之间，Ca^{2+} 与 F^- 生成 CaF_2 沉淀，投加 $Al_2(SO_4)_3$ 絮凝剂，吸附废水中的 CaF_2 结晶，沉淀后除去，其除氟效率与加铝盐量成正比。

(3) 石灰-镁盐法

用石灰乳调节 pH 值至 10～11 之间，投加镁盐，生成 $Mg(OH)_2$ 絮凝剂，吸附水中的 MgF_2 和 CaF_2，除去沉淀，投加量 F：Mg=1：(12～18)。

(4) 电解凝聚法

用 Al 做阳极，采用小极距电解槽，直流电流为 25A/dm^2，电解凝聚处理含氟废水效果好。

(5) 活性氧化铝吸附法

废水先用泡沸石进行预处理，先除去 H_2CO_3 后，再用活性氧化铝进行吸附处理。出水含氟量为 1～5μg/L 以下。

6.3.4.8 酸碱废水处理

电化学的酸碱废水，与各个工厂的生产情况、材料，以及工艺方法、配方和排放方式有着很大的关系。有的以酸性方式为主，有的以碱性为主，有的有酸有碱或时酸时碱，情况复杂，在选择处理方案、方法时，应具体问题具体解决。

(1) 自然中和法

将含酸、含碱废水集中到一个中和池内自然中和，可以使酸、碱废水同时得到处理。在酸、碱的水量达到平衡的条件下，可以达到排放标准。但由于酸、碱废水在排放时，在数量和浓度上波动较大，难以达到平衡，自然中和后往往达不到排放标准。因此，这种方法还需辅以投加药剂或其他措施，以保证获得稳定的处理效果。

（2）药剂中和法

向含有酸、碱废水中投加中和剂，使之相互发生中和反应，达到处理排放目的。

常用碱性中和剂有：碱性矿物质包括石灰石（$CaCO_3$）、大理石（主要成分 $CaCO_3$）、白云石（主要成分 $CaCO_3$、$MgCO_3$）、石灰（CaO）、电石渣等；碱性废渣包括炉灰渣（CaO、MgO）、耐火泥（SiO_2、MgO）等；其他碱性药剂包括氢氧化钠、碳酸钠、氨水等。

酸性中和剂有：化工厂的尾气（SO_2 等）、烟道气（CO_2、CO 等）、工业废酸等。

投药中和法，根据酸碱废水的水质水量变化，可采用连续式中和或间歇式中和。一般当废水量大时应采用连续处理，由 pH 计自动控制投药量；废水量较小时，可采用间歇式处理。

（3）过滤中和法

含酸废水流过装有石灰石、白云石或大理石等滤料的中和过滤柱后，酸性废水即得到中和，其反应如下：

$$CaCO_3 + H_2SO_4 \longrightarrow CaSO_4 + H_2O + CO_2 \uparrow$$

$$CaCO_3 + 2HNO_3 \longrightarrow Ca(NO_3)_2 + H_2O + CO_2 \uparrow$$

$$CaCO_3 + 2HCl \longrightarrow CaCl_2 + H_2O + CO_2 \uparrow$$

中和过滤装置主要有中和滤池、升流式膨胀中和滤塔和滚筒式中和装置三种。

（4）扩散渗析法回收硫酸

扩散渗析是一种利用溶液的浓差作用和离子交换膜的选择透过性进行膜分离的技术，它的工作原理如图 6-15 所示。

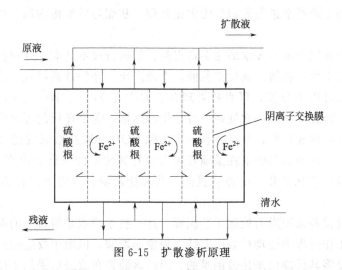

图 6-15　扩散渗析原理

在扩散渗析器中隔有几张阴离子交换膜，膜的两侧分别为水相和废酸相，在浓差作用和膜的选择透过性作用下，使废酸中的硫酸不断进入水相，出水即扩散液成为所要回收的硫酸。其残液中含有大量的硫酸亚铁和少量未扩散渗析过去的剩余硫酸。将残液经隔膜电解槽再处理，可进一步回收硫酸并回收纯铁粉。

隔膜电解槽是在电解槽内置离子交换膜（阴离子交换膜或阳离子交换膜），这样将电解槽分为阴极室和阳极室。在直流电场和离子交换膜的选择透过性作用下，使残液中的 Fe^{2+} 和 SO_4^{2-} 分开，在阴极室铁离子还原成纯铁，在阳极室硫酸根与氢离子结合生产硫酸，进而回收了硫酸和纯铁。

6.3.4.9 电镀混合废水处理

我国电镀厂（点）生产规模小，多而分散。近年来电镀工业的发展趋于集约化生产，很少有单个镀种的车间，基本上都是多镀种的生产方式，尤其是中小型电镀厂电镀件清洗设备简单，镀种多，批量小，经常是间歇操作，这类工厂的废水量不大，组成变化随生产过程而变化，如将废水按水质分流进行处理回收，会造成车间内管路复杂，废水处理系统和设备繁多，利用率低，操作管理困难，有时废水处理系统的投资、占用面积会超过电镀工业部分，这类厂（点）适合采用混合废水处理系统。这类厂（点）产生的废水多数呈酸性，含有多种重金属离子及其他污染物。必须指出，含氰废水不能直接排入混合废水系统，须除氰后才能排入。

近年来，电镀工业的发展趋向于集约化生产，即很少再有单个镀种的车间，基本上都是多镀种的电镀车间或专业电镀厂（点）。这些单位除对贵金属设单个回收工艺外，其余重金属一般不设单个处理工艺。目前研究电镀废水综合处理的方法较多而且较成熟。

(1) 铁屑电解法处理电镀废水新工艺

采用经活化后的工业废铁屑为原料，利用微电池原理所引起的电化学和化学反应及物理作用，包括催化、氧化、还原、置换、絮凝、吸附、共沉淀等多种处理原理的综合效果，将废水中的重金属等有害离子除掉；达到净化废水，达标排放或回用的目的。铁屑电解法是基于电子游动而产生的一种电化学及物理反应，它可以通过化学环境实现特定材料的氧化还原、置换、催化处理，提升材料的某些特性。还能通过絮凝、吸附、共沉淀等物理变化，将含有重金属离子的工业污水进行妥善的无害化处理，从而巧妙地将物理、化学等多学科机理相结合。

铁屑电解法处理混合电镀废水的主要特点是：①运行成本低廉，处理使所使用的阳极铁多采用各产业废料中的铸铁屑，其价格低廉，来源广泛，经济效益可观；②操作工艺和流程简单，对几种废水可以不分流，可直接处理含有 Cr^{6+}、Zn^{2+}、Ni^{2+}、Cu^{2+} 等成分较为复杂的复合型工业电镀废水，并一次处理使各项指标达标；③处理后的废水中不但各种金属离子浓度远远低于国家排放标准，并且还有一定去除 COD 和脱盐效果的能力；④操作管理方便、材料利用率高，这种原料的消耗量随着废水中有害物质的浓度而改变，不用人工调整，它会自动调节，而且催化氧化、还原、置换、共沉淀絮凝、吸附等过程集于一个反应池内进行。

新一代的处理设备采用逆向处理工艺流程，这一技术特点是将过去的顺流处理改为逆向处理，克服原来工作过程中处理柱表层有结块现象而堵塞，但由于反应生成的沉积物首先在底部形成，所以要将其反冲出来是较困难的，因此该装置在改进后采用了压缩空气间歇脉冲式反冲的办法，流程如图 6-16 所示。废水用泵逆向打入装有活化铁屑的处理柱，发生一系列反应，将废水中各种重金属离子除去，废水再经沉淀或其他脱水设备进行渣水分离，清水排放或回用。

在处理过程中自动通气反冲，使反应生成的沉淀物能及时而有效地被冲走，消除了产生铁屑结块的因素和隐患。不仅如此，由于铁屑表面沉积物随时被冲走，使表面与废水保持良

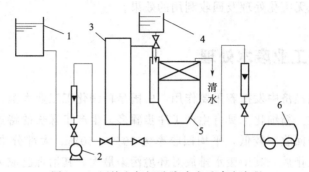

图 6-16　压缩空气间歇脉冲式反冲法流程

1—废水池；2—泵；3—处理柱；4—碱槽；5—沉淀槽；6—空压机

好的接触，极大地改善了电极反应。所以改进后的处理效果更加理想。

（2）综合废水处理系统

多元组合技术可取长补短，相互促进，能够达到较好的处理效果和经济效益。在多元组合技术处理电镀废水时，常用的有：物化-生物膜法组合工艺、微电解-A/O 工艺、臭氧氧化-曝气生物滤池（BAF）工艺、电化学法和石灰沉淀组合工艺等。

图 6-17 为一种采用预处理＋水解酸化＋AO＋生物炭法（PACT）＋臭氧氧化＋生物滤池相结合的工艺处理电镀废水工艺流程图。经该工艺处理后出水水质达到《电镀污染物排放标准》（GB 21900—2008）中表 3 标准、《地表水环境质量标准》（GB 3838—2002）Ⅴ 类标

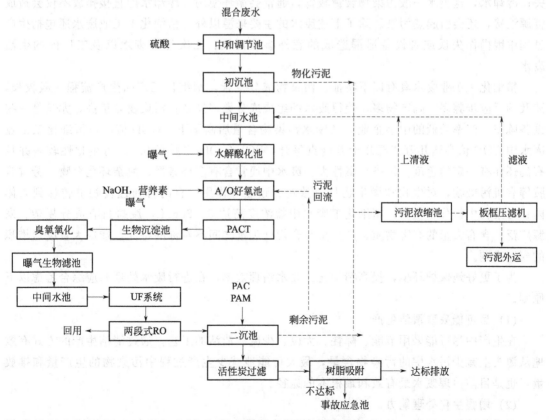

图 6-17　混合废水处理工艺流程图

准。实现了电镀废水无害化处理及回收利用的效果。

6.4 精细化工工业废水处理

精细化工在国民经济中发挥着重要作用，中国是精细化工工业大国，产销量、出口量目前已处于世界第一位。精细化工具有生产工序步骤多、生产步骤长的特点，致使其工艺中具有资源化价值的成分回收率较低，平均回收率为 30%～50%。大部分中间体、原料和副产物都以"三废"形式排放，其中废水排放对环境污染最大，其治理已成为制约精细化工行业可持续发展的瓶颈。国务院发布《水污染防治行动计划》（简称"水十条"），明确要求对印染、农药及染料等精细化工行业进行专项整治。新时期精细化工行业企业亟须开展废水治理，走上绿色可持续发展的环保之路。

6.4.1 精细化工工业废水的特征和治理原则

精细化工工业废水主要来自工艺废水，即生产过程（例如结晶母液、过滤母液和蒸馏残液等）中产生的废水。这类废水中盐和有机物含量较高、不易降解，有些还有毒性，对水体污染较重；洗涤废水，即产品或中间产物制备过程中洗涤水以及反应设备清洗用水。这类废水虽然污染物浓度不高，但是其用水量大，总的污染物排放量也大；地面冲洗水，这些水中往往含有散落在地面上的产品、原料、溶剂和中间体等，其质量与企业的生产管理水平有关；冷却水，这类水一般污染物含量较低，通常会循环使用，冷却水的直接排放不仅会造成资源浪费，还会引起热污染。除了上述废水的主要来源以外，精细化工工业废水还包括生产过程中因操作失误或者设备泄漏造成的意外事故污染、二次污染废水以及工厂内的生活废水。

精细化工工业废水具有以下特征：污染物成分复杂，精细化工产品生产流程一般较长，涉及的反应步骤多、副产物多，使得废水的组成成分繁多复杂；污染物含量高，尤其是一些设备陈旧、产率较低的中小企业，其废水污染物含量居高不下；COD 值高，精细化工工业废水中 COD 值高达几万甚至几十万毫克每升，BOD/COD 比低于 0.2，可生化性较差并且有的还伴有一定的色度；污染物毒性大，废水中通常含有多环芳烃、氮杂环化合物、芳香族胺等有机污染物，对生物和微生物具有致畸、致癌等作用，有的可通过食物链转移到人体内；污染物中盐分含量高，精细化工废水中盐浓度高达 5～20g/L，废盐具有成分复杂、来源广泛、含有大量的有害物质、产生量与合规处理量之间不对称的特征，造成大量废盐堆积的现实难题。

为了更好地保护环境，提高精细化工废水治理效率，在进行废水处理时应综合考虑以下原则。

(1) 尽可能采取清洁生产

在生产中尽可能采用节能、降耗、无废、少废、清洁的工艺，通过清洁生产的方式有效地从源头上减少污水中的污染物含量，最大可能地减少生产过程中污染物的生产量和排放量，也是目前治理废水最有效和最根本的途径。

(2) 增强生化处理能力

在进行精细化工废水处理时，生化处理是关键，有必要对其进行不断的技术改进和提升：首先需要加大调节池的容量，这样能够真正实现对于水质以及水量的控制；若废水中盐分含量较高，则可以通过加入少量的生活污水进行稀释，并且根据实际情况对工艺参数进行调整，提高工作效率；若工作过程中出现生化处理率低的情况，则需要投加适量的外加剂进行处理，达到增强生化处理的目的；进行厌氧处理之前则需要进行兼性处理，工作人员可以在调节池之后增设更多的填料，由于废水中有较多的有毒物质，因此，需要通过混合式的装置对废水进行适当处理；生化处理的过程中水中可能出现混凝沉淀，则需要去除 COD，并且通过新型的菌种来进行废水处理。

(3) 重视废水预处理工作

发展先进实用的废水预处理技术，在进行生化处理之前消除对其的不利因素，为提高集中深度处理装置的规模效益创造良好的条件。其中预处理包括溶剂回收、去除或转化有毒、有害物质，降低 COD 负荷等。

6.4.2　精细化工工业废水处理应用

6.4.2.1　含酚废水处理

酚是一种重要的化工原料，广泛应用于化工、制药、农药（杀虫剂、杀菌剂）、合成纤维等行业。酚类化合物具有难降解、高毒性、持久性等特点，是重要的有机污染物之一。含酚废水的种类与排放量与日俱增，不仅造成严重的环境污染，破坏生态环境平衡，还对人体健康造成危害，人体慢性酚中毒会导致诸如头痛、呕吐、吞咽困难、肝脏受损、昏迷等症状。因此，防治含酚废水的污染引起各国的普遍重视。酚类物质是美国国家环境保护总署（EPA）列出的 129 种优先控制的污染物之一，我国 GB 8978—1996 对苯酚、间甲酚等酚类各级排放含量制定了严格的标准，排放质量浓度为 0.1~2.0mg/L。

含酚废水处理方法主要包括溶剂萃取法、生化法、氧化法、蒸汽脱酚法、吸附法等，目前处理高浓度含酚废水一般采用一级处理和二级处理的综合处理方法，例如萃取-生化法、萃取-氧化法、吸附-氧化法和吸附-生化法等。含酚废水首先通过一级处理回收酚，然后经过二级处理使水质达到排放标准。

(1) 萃取法

酚类化合物是有机物，在有机相和水相中的溶解度差异较大，可以利用有机萃取剂与水不互溶的特点使废水中的酚类从水相转移至有机萃取剂中，以实现酚与水的分离。转移至萃取剂中的酚类通过碱洗反萃或精馏等从萃取剂中分离，实现萃取剂的重复循环使用。溶剂萃取法一般作为酚含量高废水的预处理阶段，为二次处理提供基础，是最常见的工业处理方法。

目前国内外已开发了多种萃取剂，主要有酯类萃取剂，如乙酸丁酯、乙酸乙酯、磷酸三丁酯（TBP）和磷酸二甲酯等；醇类萃取剂，如乙二醇、正丁醇和正辛醇等；酮类萃取剂，如甲基正丁基甲酮（MBK）、甲基丙基甲酮（MPK）和甲基异丁基甲酮（MIBK）等；醚类萃取剂，如甲基叔丁基醚、二异丙醚（DIPE）等；离子液体萃取剂，如 [C4mim][PF6]、[C4mim][NTf2] 等离子液体萃取剂；络合萃取剂，如 TBP＋煤油。

根据使用的萃取剂和技术不同，萃取法可以分为物理萃取法、络合萃取法、液膜萃取法和离子液体萃取法等。

① 物理萃取法　物质传递无化学反应发生，依靠的是分子间作用力。萃取剂对酚类的

分配系数（K）和在水中的溶解度（w）是衡量萃取剂性能的主要参数，表 6-8 是几种常见萃取剂对苯酚的分配系数和在水中的溶解度。华南理工大学的研究团队对 2t/h 排放量的含酚工业废水分别采用 MIBK、二异丙醚和乙酸乙酯 3 种萃取剂进行现场处理，其中 MIBK 的萃取脱酚率达到了 93%，COD 降低 80%，显示出了最佳的效果，工艺的运行成本与苯酚的回收效益基本持平。MIBK 对苯酚萃取平衡分配系数较高，但是在水中的溶解度也偏高。为了减少 MIBK 的溶剂损失，Liao 等人将 MIBK 与其他有机溶剂进行混合，研究结果发现丙酮是最好的稀释剂，当 MIBK、丙酮质量比为 50：95 时能取得最好的经济效益。研究者以 MPK 为萃取剂经 3 级萃取，废水中酚浓度从大于 5000mg/L 降低到了低于 100mg/L，酚的脱除率达到了 99.6%；也有研究以乙酸丙酯为萃取剂处理含酚废水，采用 3 级萃取，当萃取相比为 1：6 时，废水中总酚的浓度从 5085mg/L 下降至 126mg/L，总酚的脱除率可达 97.5%。研究表明混合萃取剂萃后废水可生化性好于单一萃取剂，因为混合溶剂与溶质的分子间相互作用使溶质在萃取相中更加稳定，同时混合溶剂降低了溶剂分子间的缔合，促进了混合溶剂间的协同效应。

表 6-8 不同萃取剂对苯酚的分配系数和在水中的溶解度（20℃）

萃取剂	分配系数 K	溶解度 $w/\%$	萃取剂	分配系数 K	溶解度 $w/\%$
MIBK	77.2	2	苯	2.3	0.178
乙酸乙酯	71.0	0.78	甲苯	1.97	0.05
DIPE	24.8	0.90	正癸醇	25.40	3.70

② 络合萃取法　络合萃取法是利用萃取剂与酚类物质发生络合反应，使酚类转移至萃取相内，然后通过逆向反应使酚类得到回收，萃取剂循环使用的方法。具体为络合剂与酚类的 Lewis 酸性官能团结合形成络合物：

$$酚 + n \text{ 络合剂} \Longleftrightarrow 络合物$$

其萃取平衡常数 $K_c = \dfrac{[络合物]}{[酚] \cdot [络合剂]^n}$

利用通常的萃取平衡分配系数为参数进行比较，在低溶质浓度下络合萃取法可以提供较高的分配系数，因此对含有机物浓度低的稀溶液，络合萃取法较为占优势。此外，络合萃取法还具有高选择性的特点。

络合萃取剂基本组成包括络合剂和稀释剂，其中对酚的络合剂分为中性磷氧类和胺类络合剂，中性磷氧类络合剂包括三烷基氧膦（TRPO）、TBP 和三辛基氧膦（TOPO）等。胺类络合剂包括伯胺、叔胺等。稀释剂本身是良好的溶剂，具有调节萃取体系密度、黏度和表面张力等作用，有利于萃取过程的实施。常用的稀释剂是煤油。

③ 膜萃取技术　膜萃取是将膜过程与液液萃取过程相结合的一种新型分离技术，又称膜基萃取或固定界面层膜萃取。膜萃取时萃取相和料液被膜材料分隔在膜两侧流动，这样既能有效解决传统液液萃取过程产生的溶剂夹带、乳化产生的二次污染问题，又可以放宽对萃取剂物性的要求。在膜萃取时还可通过膜串联同时进行萃取和反萃取，提高整体运行效率。此外，膜萃取还具有操作流程简单、易于实现规模化等优点。但是在液膜萃取时有机溶剂对膜材料的浸润性能及溶胀使膜的结构发生很大变化，影响膜萃取的稳定操作和传质；同时，膜污染也是影响膜萃取工业化应用的一个重要因素。

④ 液膜萃取法　液膜萃取法主要包括乳化液膜萃取法和支撑液膜萃取法，其中乳化液

膜由表面活性剂、膜溶剂和添加剂组成，萃取是在三个液相形成的两相界面上的传质分离过程。以 Span-80 为表面活性剂，煤油为膜溶剂，氢氧化钠水溶液为膜试剂，液膜萃取原理如图 6-18 所示：萃取时，废水中的酚类化合物先转移至煤油膜中，然后迅速转移到氢氧化钠溶液构成的内水相，并进行滴内化学反应生成酚钠；由于酚钠呈离子型态不溶于油膜，不能通过煤油膜逆扩散回到被处理的废水中，因此酚就可以不断地通过煤油膜进入内水封闭相，实现废水脱除酚的目的。具体工艺流程如图 6-19 所示。

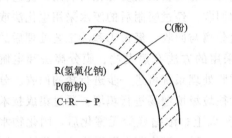

图 6-18 液膜萃取法原理示意图

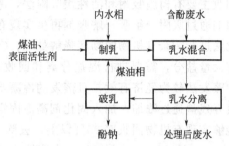

图 6-19 液膜萃取法工艺流程图

支撑液膜萃取技术以多孔膜材料为分离界面，将料液相和反萃相分隔在膜两侧，膜溶剂和萃取剂通过表面张力附着在膜微孔内，液膜两侧同时流动料液相和反萃相，可以实现萃取与反萃的同时进行。支撑液膜萃取是膜分离技术与传统液液萃取技术的结合，具有传质速度快、试剂消耗小、能耗低、易于操作和规模化应用等特点，但是同时也存在长期运行稳定性不足的问题。

⑤ 离子液体萃取法 离子液体是指在室温或接近室温下呈液态，完全由阴、阳离子组成的盐，也称低温熔盐，具有不易燃、难挥发、热稳定性高和溶解能力强等特点，在处理含酚废水萃取分离领域具有良好的应用前景。

(2) 生化法

生化法是利用微生物的代谢过程降解废水中有机污染物的技术。生化法对于含酚浓度高的废水处理效果不佳，通常用于低浓度的含酚废水处理，具体的处理方法主要包括厌氧生物法和活性污泥法：厌氧生物法是利用厌氧生物在缺氧条件下的代谢实现有机物降解的方法。由于厌氧生物法对 COD 的去除效果较差，在实际处理含酚废水时常与其他方法联合使用；活性污泥法是利用污泥中好氧细菌和原生动物分解废水中的有机物，实现废水处理的方法。活性污泥法可以有效地降低废水中酚类物质和 COD，具有技术成熟和操作简单等优势，但是对预处理条件要求较为苛刻，并且只适合处理含酚浓度低的废水。

(3) 高级氧化法

高级氧化法是在高温高压、催化剂、光辐射、电（超）声波等条件下，利用强氧化性的羟基自由基（·OH）将难降解的有机分子氧化为低毒或无毒的小分子物质过程，又称为深度氧化法。高级氧化法包括光催化氧化法、催化湿式氧化法、芬顿氧化法、臭氧催化氧化法以及电化学氧化法等。

6.4.2.2 高盐、高浓度有机废水资源化处理

精细化工工业高盐、高浓度有机废水主要来源于农药、中间体、染料和无机精细化学品的生产等。这些废水中通常含有较多的原料和中间体，如卤化物、苯胺类、硝基物和无机盐

等，具有含盐高、毒性大、浓度高、色度深、排放量大和难降解等特点。在进行高盐、高浓度有机废水处理时不采用单一的处理方式，需要根据废水特征进行集成技术的筛选及优化，主要包括金属离子的分离与回收，有机物的降解和回收以及废盐的分离与回收三大部分。图 6-20 为集成技术处理高盐、高浓度有机废水的工艺流程图：①采用金属萃取法，即利用金属在不同溶剂中溶解度的差异，使金属从一种溶剂转移到另一种溶剂中的方法，对金属进行回收。常用的金属萃取有铵盐、磷盐等有机高分子化合物；②有机物的回收与降解，有机物的回收主要有树脂吸附和活性炭吸附法，考虑到部分有机物回收资源化再利用，优选树脂为吸附剂通过吸附→解吸→解吸剂再生实现有机物回收。经过吸附后的废水采用生化法或高级氧化法进行剩余有机物的彻底降解处理；③混盐分离与回收，经过①和②工艺处理后的废水含有大量盐分，需要进行混盐分离和回收，可采用的方法有蒸发法、膜分离法和电解法，其中蒸发法较为经济有效，且蒸发的冷凝水经过膜处理系统可进一步进行盐的回收。分离后的废弃残盐通过浓缩、加入固化剂高温固定，运往垃圾填埋场进行填埋。通过集成技术处理后能够实现有机物回收率 95% 以上，去除率 99% 以上；浓缩残盐无害化后，固化物水浸液（1：10）中 TOC＜0.5mg/L，水溶性盐固化率≥99%，与传统水泥固化技术相比，固化物总量降低 30% 以上。

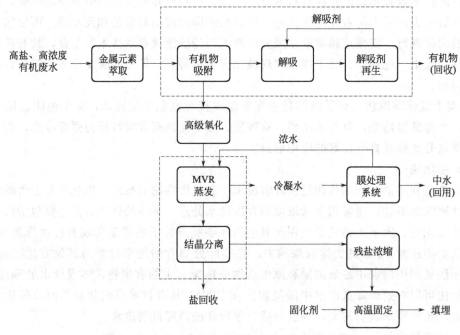

图 6-20 高盐、高浓度有机废水处理集成技术流程

高盐、高浓度有机废水是精细化工工业废水处理的瓶颈，各企业在寻求适用于行业废水处理的集成技术的同时，应完善清洁生产制度，做到精准化运行管理；同时，行业废水资源化利用的法规、制度仍需完善。

思考题与习题

1. 废水的性质及分类；废水处理的基本原则。

2. 简述化学还原-沉淀法处理含铬废水的方法原理和工艺过程。

3. 简述离子交换法处理含铬废水的方法原理和工艺过程。

4. 简述碱性化学氧化法处理含氰废水的处理原理和工艺技术。

5. 简述反渗透法处理含镍废水和回收硫酸镍的基本原理和方法，并绘制原理图。

6. 简述化学沉淀法-隔膜电解法处理含铜废水和回收物质的基本原理和方法，并绘制原理图。

7. 简述扩散渗析-隔膜电解法处理含硫酸废水的基本原理，并绘制原理图。

参考文献

[1] 赵庆良，李伟光. 特种废水处理技术[M]. 哈尔滨：哈尔滨工业大学出版社，2008.

[2] 王勇辰. 探讨铁屑内电解法处理电镀含铬废水的研究[J]. 科学技术创新，2017，27：47-48.

[3] 郝晓娟，臧慧慧，李敏. 分质处理+生化组合工艺处理电镀废水[J]. 江西化工，2020，36（06）：127-133.

[4] 石泰山. 电镀废水治理方案浅谈[J]. 电镀与精饰，2014，36（12）：41-46.

[5] Benvenuti T, Krapf R S, Rodrigues M A S, et al. Recovery of nickel and water from nickel electroplating wastewater by electrodialysis[J]. Separation & Purification Technology, 2014, 129:106-112.

[6] Guan W, Tian S, Cao D, et al. Electrooxidation of nickel-ammonia complexes and simultaneous electrodeposition recovery of nickel from a practical nickel-electroplating rinse wastewater[J]. Electrochimica Acta, 2017, 1230-1236.

[7] Li H D, Wan L, Chu G Q, et al. （Liquid+ liquid）extraction of phenols from aqueous solutions with cineole[J]. Journal of Chemical Thermodynamics, 2017,107: 95-103.

[8] 乔鑫龙，方梦祥，岑建孟. 萃取法处理含酚废水的研究进展[J]. 水处理技术，2016，42：7-11+ 16.

[9] Guo C, Tan Y T, Yang, S Y. Development of phenols recovery process with novel solvent methyl propyl ketone for extracting dihydric phenols from coal gasification wastewater[J]. Journal of Cleaner Production, 2018, 198: 1632-1640.

[10] 徐胜利，刘阳，孙玉佶，等. 乙酸异丙酯萃取酚水中酚的研究[J]. 化学工程，2017，45（7）：27-31.

[11] 黄辉华，盖恒军. 不同脱酚萃取剂对汽提后废水可生化性的影响[J]. 广东化工，2014，42（4）：103-104.

[12] 戴猷元，徐丽莲，杨义. 基于可逆络合反应的萃取技术——极性有机物稀溶液的分离[J]. 化工进展，1991，01：30-34.

[13] 盖恒军，王祥远，吴文颖. 乳状液膜法处理鲁奇气化含酚废水的研究[J]. 煤化工，2011，39：54-56+ 60.

[14] 齐亚兵，杨清翠. 煤化工废水脱酚技术研究进展[J]. 应用化工，2021，50：1414-1419.

[15] 袁婧. 精细化工行业高盐、高浓度有机废水无害化处理现状及发展趋势[J]. 科技导报，2021，39：24-31.

[16] 罗莉涛. 精细化工行业高盐、高浓度有机废水资源化处理集成技术. 科技导报，2021，39：17-23.

第7章

工业废气处理技术

本章要点：化工废气基本组成与特征；挥发性有机物废气（VOCs）的治理技术。

7.1 概述

现阶段，我国许多地区经历过持续的雾霾、沙尘、暴雨，大气污染防治形势十分严峻，工业废气的大量排放是造成环境污染的原因之一。因此，工业废气处理是保护环境的重中之重，国家颁布了一系列法律规章制度。严重环境污染的治理面临着许多挑战和机遇，废气处理与净化技术与西方发达国家有很大的差距，效率和技术与规模不是很高，需要提高研发能力。因此，需要分析工业废气处理的技术效率及其影响因素，提高我国工业废气处理技术，把新工艺、新设备、新技术用于实际，使我们的空气质量提升到一个新的高度。

7.1.1 工业废气的种类

（1）固体颗粒粉尘污染物

污染大气的颗粒物质为悬浮在大气中的固体或液体物质，或称微粒物质或颗粒物。固体颗粒粉尘污染物大多来自火力发电厂、钢铁厂、金属冶炼厂、化工厂、水泥厂及工业和民用锅炉的排放。当前对于人民生活影响较大的雾霾，其固体颗粒物质远远超标，对人民的身体健康造成了非常大的威胁。

描述大气颗粒物污染状况有以下一些术语。大气中飘浮污染物的粒径范围如图 7-1 所示。

① 粉尘　固态分散性气溶胶，通常是指固体物质在粉碎、研磨、混合和包装等机械生产过程中，或土壤、岩石风化等自然过程中产生的悬浮于空气中的形状不规则的固体粒子，粒径一般为 $1 \sim 200 \mu m$。

② 降尘　指粒径 $> 10 \mu m$ 的粒子。它们在重力的作用下能在较短的时间内沉降到地面。常用作评价大气污染程度的一个指标。

③ 飘尘　指粒径 $0.1 \sim 10 \mu m$ 的较小粒子。因其粒径小且轻，有的能飘浮几天、几个月，甚至几年，漂浮的范围也很大，也有达几千米，甚至几十千米。而且它们在大气中能不断蓄积，使污染程度不断加重。

④ 总悬浮颗粒物（TSP） 指大气中粒径小于 $100\mu m$ 的固体粒子的总质量。这是为适应我国目前普遍采用的低容量（$10m^3/h$）滤膜采样（质量）法而规定的指标。

⑤ 飞灰 指燃料燃烧产生的烟气带走的灰分中分散得较细的粒子，灰分是指含碳物质燃烧后残留的固体渣。

⑥ 烟 指燃煤或其他可燃烧物质的不完全燃烧所产生的煤烟或烟气，属于固态凝集性气溶胶。常温下为固体，高温下由于蒸发或升华而成蒸气，逸散到大气中，遇冷后又以空气中原有的粒子为核心凝集成微小的固体颗粒。

⑦ 霾 表示空气中因悬浮着大量的烟、尘等微粒而形成的浑浊现象。它常与大气的能见度降低相联系。

⑧ 烟雾 一种固液混合态的气溶胶，具有烟和雾的两重性。当烟和雾同时存在时，就构成了烟雾。

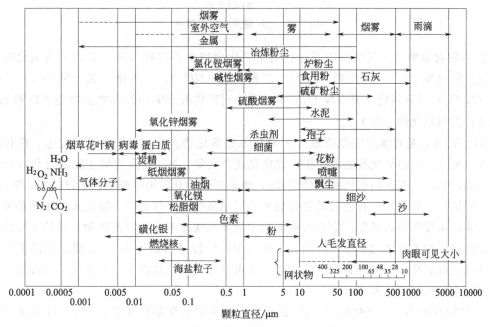

图 7-1 空气中飘浮污染物的粒径（Hatch 等，1964）

(2) 气态污染物

由于现代工业的高速发展，各种各样的气态污染物也日见增多，成为大气污染的罪魁祸首。主要包括含氮气体污染物、含硫气体污染物、碳的氧化物以及碳氢有机气体污染物。气态污染物会破坏臭氧层，带来酸雨等，严重损害人民的生命财产安全。

气态污染物种类很多，主要有五大类：以 SO_2 为主的含硫化合物、以 NO 和 NO_2 为主的含氮化合物、碳的氧化物、烃类化合物及含卤素化合物。

① 含硫化合物 大气污染物中的含硫化合物包括硫化氢（H_2S）、二氧化硫（SO_2）、三氧化硫（SO_3）、硫酸（H_2SO_4）、亚硫酸盐（SO_3^{2-}）、硫酸盐（SO_4^{2-}）和有机硫气溶胶。其中最主要的污染物为 SO_2、H_2S、H_2SO_4 和硫酸盐，SO_2 和 SO_3 总称为硫的氧化物，以 SO_x 表示，其主要来自燃料的燃烧（图 7-2）。

SO_2 的主要天然源是微生物活动产生的 H_2S，进入大气的 H_2S 都会迅速转变为 SO_2，反应式为：

$$2H_2S+3O_2 \longrightarrow 2SO_2+2H_2O$$

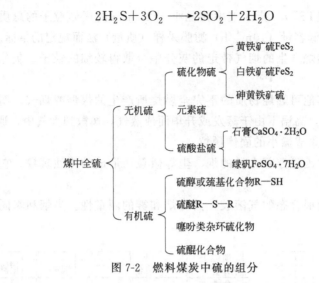

图 7-2 燃料煤炭中硫的组分

② 含氮化合物　大气中以气态存在的含氮化合物主要有氨（NH_3）及氮的氧化物，包括氧化亚氮（N_2O）、一氧化氮（NO）、二氧化氮（NO_2）、四氧化二氮（N_2O_4）、三氧化二氮（N_2O_3）及五氧化二氮（N_2O_5）等。其中对环境有影响的污染物主要是 NO 和 NO_2，通常统称为氮氧化物（NO_x）。

NO 和 NO_2 是对流层中危害最大的两种氮的氧化物。NO 的天然源有闪电、森林或草原火灾、大气中氨的氧化及土壤中微生物的硝化作用等。NO 的人为源主要来自化石燃料的燃烧（如汽车、飞机及内燃机的燃烧过程），也来自硝酸及使用硝酸等的生产过程，氮肥厂、有机中间体厂、炸药厂、有色及黑色金属冶炼厂的某些生产过程等。氨在大气中不是重要的污染气体，主要来自天然源，它是有机废物中的氨基酸被细菌分解的产物。氨的人为源主要是煤的燃烧和化工生产过程中产生的，在大气中的停留时间估计为 1~2 周。在许多气体污染物的反应和转化中，氨起着重要的作用。它可以和硫酸、硝酸及盐酸作用生成铵盐，在大气气溶胶中占据一定比例。

③ 碳的氧化物　一氧化碳（CO）是低层大气中最重要的污染物之一。CO 的来源有天然源和人为源。理论上，来自天然源的 CO 排放量约为人为源的 25 倍。CO 可能天然源有：火山爆发、天然气、森林火灾、森林中放出的萜烯的氧化物、海洋生物的作用、叶绿素的分解、上层大气中甲烷（CH_4）的光化学氧化和 CO_2 的光解等。CO 的主要人为源是化石燃料的燃烧以及炼铁厂、石灰窑、砖瓦厂、化肥厂的生产过程。在城市地区人为排放的 CO 大大超过天然源，而汽车尾气则是其主要来源。大气中 CO 的浓度直接和汽车密度有关，在大城市工作日的早晨和傍晚交通最繁忙，CO 的峰值也在此时出现。汽车排放 CO 的数量还取决于车速，车速越高，CO 排放量越低，因此，在车辆繁忙的十字路口，CO 浓度常常更高。CO 在大气中的滞留时间平均为 2~3 年，它可以扩散到平流层。

大气中 CO_2 和水蒸气能允许太阳辐射（近紫外和可见光区）通过而被地球吸收，但是它们却能强烈吸收从地面向大气再辐射的红外线能量，使能量不能向太空逸散，而保持地球表面空气有较高的温度，造成"温室效应"。温室效应的结果，使南北两极的冰将加快融化，海平面升高，风、云层、降雨、海洋潮流的混合形式都可能发生变化，这一切将带来严重环境问题。现除已知 CO_2 外，N_2O、CH_4、氯氟烃等 30 种气体都具有温室效应的性质。

④ **烃类化合物**　碳氢化合物统称为烃类，是指由碳和氢两种原子组成的各种化合物，碳氢化合物主要来自天然源。在大气污染中较重要的碳氢化合物有四类：烷烃、烯烃、芳香烃、含氧烃。

⑤ **卤素化合物**　存在于大气中的含卤素化合物很多，在废气治理中接触较多的主要有氟化氢（HF）、氯化氢（HCl）等，它们能破坏大气中臭氧的形成，使紫外线更多辐射到人体，导致人更有可能患癌症、皮肤病等。

近年来，在大气污染问题中，特别引起关注的是含氯氟烃类或称氟利昂类（CFCs）化合物，其中最重要的是一氟三氯甲烷（CFC-11 或 F-11）和二氟二氯甲烷（CFC-12 或 F-12）。它们目前正广泛用作制冷剂、气溶胶喷雾剂、电子工业的溶剂、制造塑料的泡沫发生剂和消防灭火剂等。

这些污染物能透过波长大于 290nm 的辐射，故在对流层中不发生光解反应，但是氟氯烃类与 ·OH 自由基的反应为强吸热反应，故在对流层难以被 ·OH 氧化。由人类活动排入对流层的氟利昂类化合物不易在对流层去除，它们唯一的去除途径是扩散至平流层并在平流层进行光分解。

例如：
$$CFCl_3 + h\nu \ (\nu=175\sim220nm) \longrightarrow CFCl_2 + Cl$$

CFCs 的浓度增加具有破坏平流层臭氧和影响对流层气候的双重效应。

7.1.2　废气污染的危害

(1) 危害人体健康

大气污染作为人类面临的危害最大的环境问题之一，对每个人的身心健康都有着较大的影响，会使大多数人感到不适，由于大气污染原因而患病甚至死亡的人数也越来越多。首先，大气污染会危害皮肤健康，尤其是碳氢化合物等物质，空气颗粒上附着的有毒物质，会导致皮肤病甚至皮肤癌的出现；其次，大气污染物中的有毒成分，对于农作物也存在污染的危害，如果被动植物吸收，就会影响到食物的健康，在被人类食用后，就会引起消化系统的不良反应，轻者会出现恶心和呕吐的现象，严重的话会影响到人体消化系统的正常运行，对人体造成多重伤害。

大气颗粒污染物（大气气溶胶）含有大量有害的无机物及有机物，它还能吸附病原微生物，传播多种疾病。总悬浮颗粒物（TSP）中粒径$<5\mu m$ 的可进入呼吸道深处和肺部，危害人体呼吸道，引发支气管炎、肺炎、肺气肿、肺癌等，侵入肺组织或淋巴结，可引起肺尘埃沉着病。肺尘埃沉着病因所积的粉尘种类不同，有煤肺、硅肺、石棉肺等。TSP 还能减少太阳紫外线，严重污染地区的幼儿易患软骨病。

SO_2 存在于大气中对眼睛和呼吸系统都有危害，不仅会增加呼吸道阻力，还能刺激黏液分泌。低浓度 SO_2 长期作用于呼吸道和肺部，可引起气管炎、支气管哮喘、肺气肿等。呼吸衰竭的人对高浓度的 SO_2 特别敏感。SO_2 进入血液，可引起全身毒性作用，破坏酶的活性，影响酶及蛋白质代谢。

NO_2 是有刺激性的气体，毒性很强，为 NO 的 $4\sim5$ 倍，对呼吸器官有强烈的刺激作用，进入人体支气管和肺部，可生成腐蚀性很强的硝酸及亚硝酸或硝酸盐，从而引起气管炎、肺炎甚至肺气肿。亚硝酸盐还能与人体血液中的血红蛋白结合，形成铁血红蛋白，引起组织缺氧。大气中的 NO_x 和烃类在太阳辐射下反应，可形成多种光化学反应产物，即二次污染物，主要是光化学氧化剂，如 O_3、H_2O_2、醛类等。光化学烟雾能刺激人的眼睛，出现红肿、流泪现象，还会使人恶心、头痛、呼吸困难和疲倦等。

CO 是在环境中普遍存在的、在空气中比较稳定的、积累性很强的大气污染物。CO 毒性较大，主要对血液和神经有害。CO 吸入人体后，通过肺泡进入血液循环，它与血红蛋白的结合力比氧与血红蛋白的结合力大 200～300 倍。CO 与人体血液中的血红蛋白（Hb）结合后，生成碳氧血红蛋白（COHb），影响氧的输送，引起缺氧症状。CO 中毒最初可见的影响是失去意识，连续更多地接触会引起中枢神经系统功能损伤、心肺功能变异、恍惚昏迷、呼吸衰竭和死亡。

铅的化合物中毒性最大的是有机铅，如汽车废气中的四乙基铅，比无机铅的毒性大 100 倍，而且致癌。四乙基铅的慢性中毒症状为贫血、铅绞痛和铅中毒性肝炎。在神经系统方面的症状是易受刺激、失眠等神经衰弱和多发性神经炎。急性中毒往往可以由于神经麻痹而死亡。四乙基铅的毒性作用是因为它在肝脏中转化为三乙基铅，然后抑制了葡萄糖的氧化过程，由于代谢功能受到影响，导致脑组织缺氧，引起脑血管能力改变等病变。

(2) 臭氧空洞出现

大气污染是对生态自然造成严重破坏的现象，其危害之一是会导致臭氧空洞出现，该问题主要是由于氟利昂气体的排放，在使用冰箱或空调时会排放到空气中，使得全球气候变暖、紫外线加重等问题。一方面，臭氧空洞的出现会危害生态系统，破坏地球的天然屏障，形成热岛效应，使得海平面持续升高，不利于生物的生存；另一方面，强紫外线会影响人体健康，出现皮肤类疾病，温度的持续升高会为人们的生产生活带来不便，在气候的变化中，不利于保持正常生活生产秩序，如果不加以重视，会最终导致地球不利于人类生存和居住。

(3) 对天气造成的影响

大气污染会导致极端恶劣的天气，例如导致的雾霾天气也在逐年加重，已经影响到我国很多大中型城市，严重污染城市的比例也在不断提升。会在很大程度上影响到人类的死亡率以及慢性疾病发病率，对于交通行业也会产生不利的影响，也不利于社会经济的健康可持续发展。大气污染也会使得酸雨出现的频率加大，这不仅会破坏环境的酸碱平衡，危害到湖泊中生物的生长，还会增加土壤酸性，对于混凝土会产生类碳化作用，减少土壤的肥力，出现植被死亡的现象，也缩短了现代建筑物的使用寿命，对于文物古迹的保护也会产生不良的影响。

当前的社会总体耗能量和排放量中，工业耗能量和排放量巨大，随着城市现代化建设的不断加快，大气污染问题经常出现，只有进一步开展大气污染治理工作，才能改善空气环境质量，减少对环境的破坏，促进绿色城市的建设和发展向前推进。

7.1.3 我国空气质量标准的历史与发展

1950 年，我国翻译和介绍了苏联的《苏联工厂设计卫生标准》，并以此为基础于 1956 年制订了《工业企业设计暂行卫生标准》（101—56）。该标准是我国第一部涉及大气环境质量的国家标准，规定了居住区大气中有害物质最高容许浓度 19 项。经试用、修改后于 1962 年正式颁布《工业企业设计卫生标准》（GBJ 1—2012），对当时国家重点工程建设项目和城市预防性卫生监督起到了重要的保证作用。

进入 20 世纪 70 年代，我国政府对工业生产所致的大气污染更加重视。原卫生部于 1971 年发出《关于开展工业"三废"对水源、大气污染的调查的通知》。国务院于 1973 年召开了第一次全国环境保护会议，会上审议通过了我国第一份环境保护文件《关于保护和改善环境的若干规定》，提出"全面规划、合理布局、化害为利、依靠群众、大家动手、造福人民"的 24 字环境保护方针。同年，我国颁布了第一个国家环境保护标准《工业"三废"排放标准》，对一些大气污染物规定了排放限值。

1979 年，我国对《工业企业设计卫生标准》进行了修订，将居住区大气中有害物质最高容许浓度项目增加到了 34 项。这个标准是当时制定我国环境保护规划，落实工业"三废"治理项目和指导"三同时"设计的依据，同时也是各级环保部门评价环境质量和检查环境工程设施效果的依据。同一年，我国参加了联合国环境规划署和世界卫生组织主持的全球环境监测系统，在北京、上海、沈阳、西安和广州 5 个城市设立环境卫生监测站。按照世界卫生组织的统一要求，这些城市开始进行大气中悬浮颗粒物和二氧化硫两项指标的监测。

1980 年，原卫生部颁发了《全国环境卫生监测站暂行工作条例》，在全国 19 个省、市防疫站环境卫生科或职业病防治院（所）的基础上，建立起环境卫生监测站，专门从事环境监测工作，为大气质量监测基础条件和技术队伍建设打下了坚实的基础。1982 年，我国首次发布《大气环境质量标准》（GB 3095—82）。该标准对总悬浮颗粒物、飘尘、二氧化硫、氮氧化物、一氧化碳、光化学氧化剂（臭氧）制订了浓度限值，且每个污染物的标准均分为三级。1987 年，我国颁布了主要针对工业和燃煤污染的《大气污染防治法》，对大气质量标准工作起到了重要的推动作用。1987 年和 1989 年，我国又分别修订了《工业企业设计卫生标准》中大气中铅和飘尘的卫生标准。铅的日平均最高容许浓度修订为 $0.0015mg/m^3$，飘尘改为可吸入颗粒物（PM10），大气中的日平均最高容许浓度修订为 $0.15mg/m^3$。

1996 年对《大气环境质量标准》进行了第一次修订。修订后的标准改称《环境空气质量标准》（GB 3095—96）。在原有 6 种污染物限值的基础上，增加了二氧化氮、铅、苯并芘、氟化物的浓度限值，并将飘尘改为可吸入颗粒物，光化学氧化剂改为臭氧。2000 年，对《环境空气质量标准》（GB 3095—96）进行了修订，取消氮氧化物指标，同时对二氧化氮和臭氧的浓度限值进行了修改。2002 年，根据《职业病防治法》第十三条规定，我国修订了《工业企业设计卫生标准》，修订后分为两个标准：即工业企业设计卫生标准和工作场所有害因素职业接触限值，原标准中涉及的环境卫生标准部分不再进行规定。

2012 年，为推进我国大气质量的改善，满足公众日益增长的美好生活需求，我国对《环境空气质量标准》再次修订。新的《环境空气质量标准》（GB 3095—2012）中，调整了环境空气功能区分类，将三类区并入二类区；增设了细颗粒物（PM2.5）浓度限值和臭氧 8 小时平均浓度限值；调整了 PM10、二氧化氮、铅和苯并芘等的浓度限值；调整了数据统计的有效性规定。为使大气质量标准更加反映我国的实际情况，满足我国大气污染控制的需求，生态环境部于 2018 年又发布了《环境空气质量标准》（GB 3095—2012）修改单，调整了标准中不同污染物的监测状态。

2016 年，全国卫生与健康大会召开并发布了《"健康中国 2030"规划纲要》。其中，提出了全面实施城市空气质量达标管理，促进全国城市空气质量明显改善，进一步说明空气质量标准的重要性。2018 年，全国生态保护大会召开，正式确立习近平生态文明思想，印发《关于全面加强生态保护坚决打好污染防治攻坚战的意见》，明确了打好污染防治攻坚战的路线图、任务书、时间表，将蓝天保卫战排在了攻坚战的首位。2019 年 6 月 25 日，国务院印发了《关于实施健康中国行动的意见》，从国家层面指导未来十余年疾病预防和健康促进。

意见中特别指出，要实施健康环境促进行动，推进大气、水、土壤污染防治，采取有效措施预防控制环境污染相关疾病。

城市化不断向前推进，充分开展大气污染的防治工作，能够在很大程度上解决雾霾天气等重要的问题，从而更好地满足人们的居住需要，这是人们现阶段共同的和迫切的愿望，在减轻城市化带来的不良影响的同时，保护了自然资源，整体贯彻落实环保理念，符合环保的大趋势，对于社会建设有着重要的意义。

空气质量与人类健康息息相关，工厂环境污染的产生对城市居民及工厂周围居住者造成伤害，在如今的形势下，大气污染防治在很大程度上降低污染对人体的危害，有利于构建和谐社会，从而进一步影响居民的幸福指数，对于社会建设有着重要的意义。

7.2　工业废气的治理

图 7-3 为 2007 年以来工业废气主要成分排放量变化图，截止至 2019 年 9 月底，我国出台的工业废气排放标准中规定硫氧化物最高排放浓度为 1200mg/m^3，其中食用级硫化物（如二氧化硫）最高排放浓度仅为 700mg/m^3。依据工业废气产生情况和排放标准升级传统废气处理技术，是解决工业生产过程中废气排放不达标问题的关键。

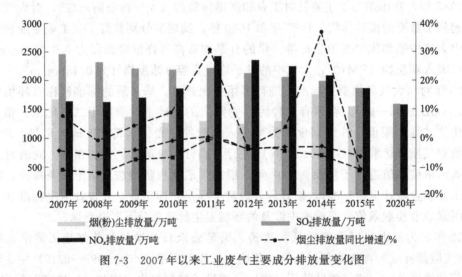

图 7-3　2007 年以来工业废气主要成分排放量变化图

空气净化可以通过许多不同的方法来实现，比如，废气中的污染物可以通过过滤、重力分离、电沉积、冷凝、燃烧、膜分离、生物降解、吸收、吸附和催化转化等方法从废气中去除，至于是将污染物作为资源回收，还是将它销毁，这取决于用户的具体情况和污染物的物理、化学和生物性质。下面将就污染物净化的基本方法做简单的介绍。

7.2.1　气态污染物的控制方法

气态污染物在气体中以分子或蒸气状态存在，属于均相混合物。而气态污染物的净化，可以是一个混合物分离的问题，即从气体中分离气态污染物，一般主要采用气体吸收或吸附方法，这些方法都涉及气体扩散；也可以不把污染物从混合物中分离，采用化学转化的方法将污染物转化为无害物，一般采用的是催化转化或燃烧的方法。

（1）吸收法

吸收法是最早的废气处理技术，通常分为物理吸收法和化学吸收法，由于此方法的投资较低，操作容易等原因，吸收法在企业废气处理中使用得最为广泛，利用不同废气在吸收液中的不同溶解度来吸收。企业通常产生的废气中用吸收法净化的气态污染物主要包括二氧化硫、硫化氢、HF 和 NO_x 等。吸收法常用液体来吸收有机的工业废气，要求选择熔点低、沸点高、化学稳定性好的吸收剂。用来吸收的吸收液通常是由表面活性剂、液体石油类、水等组合的混合溶液。有研究表明，环糊精也可以作为吸收剂来对有机气体进行吸收，用环糊精水溶液来吸收废气的原因是其对有机卤化物气体有极强的亲和性，而且收集后解吸率高，可以反复使用，回收率高，没有毒性不会造成环境污染。例如用液体吸收法设备处理氯化氢废气时，可以根据氯化氢的温度和浓度算出吸收剂中盐酸的最大值，当吸收液中的盐酸浓度足够时，经过浓缩和净化就可以得到盐酸。这种液体吸收法处理设备可以用筛板塔、波纹塔、湍球塔。吸收法可以分为物理吸收法和化学吸收法，在物理吸收法中，废气在吸收剂中只是发生单纯的物理溶解过程。而在化学吸收法中，由于吸收质在吸收液中与反应物质发生了化学反应，降低了吸收液中纯吸收质的含量，因此增加了吸收过程的推动力，从而提高了吸收法的速率。

循环吸收流程的主要特点是吸收剂的封闭循环，在吸收剂的循环中对其进行再生。具体流程见图 7-4，其常见的设备如图 7-5 所示。

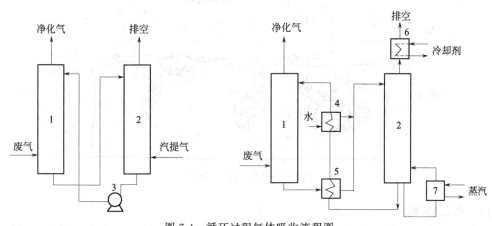

图 7-4　循环过程气体吸收流程图

1—吸收塔；2—解吸塔；3—泵；4—冷却器；5—换热器；6—冷凝器；7—再沸器

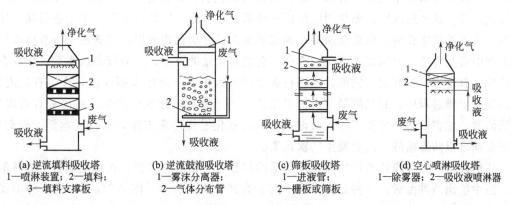

(a) 逆流填料吸收塔　　(b) 逆流鼓泡吸收塔　　(c) 筛板吸收塔　　(d) 空心喷淋吸收塔

1—喷淋装置；2—填料；　1—雾沫分离器；　　1—进气管；　　　1—除雾器；2—吸收液喷淋器

3—填料支撑板　　　　2—气体分布管　　　2—栅板或筛板

图 7-5　常见吸收设备

（2）吸附法

我国在 20 世纪 80 年代就研究出来了气体吸附分离技术，常用的技术有两种，一个是变温吸附法，另一个是变压吸附法。变温吸附法的特点是利用温度的高低变化，让不同成分的企业废气根据各自吸附量的不同分离出来；变压吸附法强调的是节能和高效，这种方法是利用不同压力情况下吸附剂可以根据不同成分的企业废气进行吸附。两种方式相比较，变压吸附法的可选择性较强，经过吸附处理后，形成的气体是单一气体。如果能将两种方式相融合，则可以带来更好的效果。以黄磷为例，黄磷主要由五氧化二磷、二氧化硫、一氧化碳等成分组成，一氧化碳的成分可以高达 90%。在处理生产黄磷的废气时，可以主要以吸附分离法处理一氧化碳为主，然后再清理其他的废气。在企业废气中，氢气的含量很大，从能源再利用方面考虑，如果能将工业废气中的氢气进行吸附提取，提纯后重新利用到工业生产中，则大大节省了能源，也减少了空气污染和环境破坏。

图 7-6 是吸附-脱附示意图。吸附过程是一个动态过程，在这个过程中，吸附质从流体中扩散到吸附剂表面和微孔内表面上，释放热量而被吸附在吸附剂的内表面上。脱附过程是一个与吸附过程相反的过程。

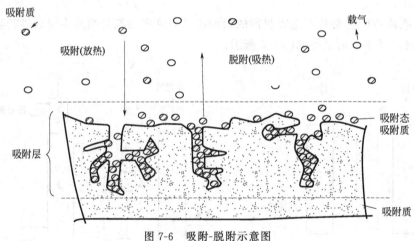

图 7-6　吸附-脱附示意图

（3）催化燃烧法

催化燃烧技术因其优越性，常被应用到工业有机废气污染治理工作中，而且应用范围非常广。充分发挥该技术优势，有效分解、聚合有机化合物，使之在氧化之后，逐渐生成水、二氧化碳等。这个过程中，催化剂的作用和价值不容忽略。通常情况下，无论金属盐，还是金属，应用都非常普遍。借助金属催化剂能够达到良好的催化效果，尤其在工业有机废气污染治理中备受青睐，但该技术应用过程中，会消耗大量的资金、人力资源成本等，仍存在诸多桎梏，有待进一步开发。例如，印刷行业生产过程中，因使用印刷油墨，产生有机废气。在印刷品干燥过程中，有机溶剂（占油墨总量 70%~80%）挥发会产生大量工业有机废气，浪费溶剂，危害周边环境及工作人员健康。采用催化燃烧处理方法，运行成本低，投资少，但需要辅之以防爆措施，以免发生二次污染。

应用较多的是多段绝热反应器，反应器的层数可根据需要设置，在每层隔板上放置催化剂。图中给出两种型式：一种是在床层中间装有列管式换热器 ［图 7-7(a)］；另一种型式是在反应器外装有换热设备 ［图 7-7(b)］。被处理的气体从反应器下部进入，依次通过催化剂

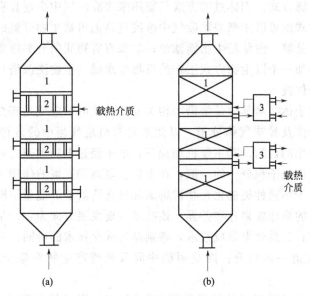

图 7-7　多段绝热反应器
1—催化剂；2—列管式换热器；3—换热设备

床层或换热管，最后，反应后的气体从顶部管排出。

(4) 生物法

自然界中存在的微生物种类繁多，所有的有机物和无机物的污染物几乎都可以进行转化。在合适的条件下，微生物不停吸收营养物质进行新陈代谢，生物法具有安全、简单、耗能低的特点，及不会产生二次污染、采用设备简单的优点。把企业废气中的有害成分转化为基础物质，例如水、二氧化碳以及细胞物质。生物法处理废气很难在废气处于气态的条件下完成，废气中的污染物要经过气相转移到液相以及由固体表面的液膜中进行传质过程，才可以被液体或固体表面的微生物降解。在废气处理的过程中，微生物是工作的主体，所以，要了解不同种类的微生物群体，才可以进行更好的废气处理工作。

生物法净化废气主要有三种方式：生物过滤、生物滴滤和生物洗涤，不同组成及浓度的废气有各自合适的生物净化方式，这三种方式的工作原理见图 7-8。第一种是固体过滤方

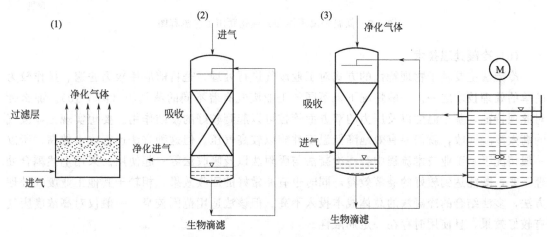

图 7-8　生物法净化的主要形式

式，后两种是液体过滤方式。固体过滤方式只能用来去除废气中少量具有强刺激性气味的化合物，而液体净化方式则可以用来去除废气中浓度更高但可被生物分解的物质。此时，如果有害物质能够被迅速分解，便使用生物滴滤池；如果有害物质的分解需要较长时间，则使用传统的净化装置并外加一个以生物方式工作的可再生水槽（生物洗涤塔）。

(5) 低温等离子体技术

所谓的低温等离子体技术具体是指借助相关介质的放电效应或是辉光的放电效应，产生出带有能量的等离子体及异味气体分子，以此来对有机废气当中的各种成分进行激活和裂解，从而达到废气净化的目的。其主要机理如下：电子经过电场加速之后，再与气体分子进行弹性碰撞，便会产生电子和分子的动能，在激发、电离和光解的作用下，会发生反应得到生成物与反应热。由于不同种类的化合物被解离和氧化所需要的能量不同，因而不同种类的有机物和恶臭污染物的净化效果存在差异。该技术主要发展方向为：一是研制高效、稳定等离子体反应堆及电源；二是开发集成技术，特别是与催化技术的协同；三是能够使等离子体反应器的运行稳定性进一步提升；四是明确中间及最终产生物对整个处理过程所造成的影响。

低温等离子体技术可以与气体技术联用，如图 7-9，废气经收集后进入预处理水洗塔，水洗塔可吸收部分溶于水的醇类物质，同时可以降低进入系统内的灰尘含量，起到保护末端设备的作用，经水洗后废气进入低温等离子设备，通过高频放电裂解以及矿化有机物，最终使有机废气彻底矿化为 H_2O 和 CO_2，之后进入光催化氧化设备，通过光辐射催化剂的电子-空穴对效应将有机废气进一步氧化为 H_2O 和 CO_2。

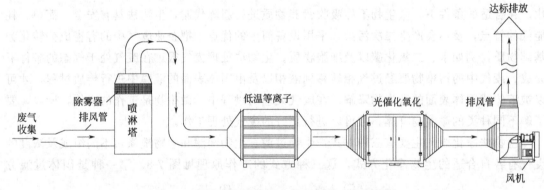

图 7-9　低温等离子体和光催化联用工艺流程图

(6) 冷凝处理技术

冷凝法主要基于物理特性的方式对工业废气进行处理，是目前应用较为普遍、操作较为简单的处理技术之一。一般情况下，不同的工业废气有着不同的蒸气压（图 7-10）。那么针对此项特征，基于温度以及压力的双方面管控可以起到较好的凝结作用。要想实现工业废气的高效冷凝回收，就需要有效地降低温度并施以较高气压。但这种方法运行成本较高，所以一般情况下，工业技术流程中会将冷凝法与吸附法以及吸收法等一起使用。采用上述耦合处理工艺，既能达到较好的经济效益，同时也有非常好的回收效果。相较于其他工业废气处理方法，多法结合的冷凝法的总体成本投入不高。但该法适用范围较窄，一般仅对高浓度废气有较好效果，且使用时存在一定局限性。

根据所用设备的不同，冷凝流程也分为直接冷凝流程与间接冷凝流程两种。图 7-11 为

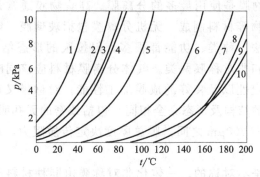

图 7-10　常见有机溶剂的饱和蒸气压与温度的关系

1—二硫化碳；2—丙酮；3—四氯化碳；4—苯；5—甲苯；6—松节油；

7—苯胺；8—苯甲酚；9—硝基苯；10—硝基甲苯

间接冷凝流程，图 7-12 为直接冷凝流程。

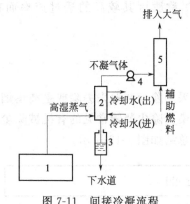

图 7-11　间接冷凝流程

1—真空干燥炉；2—冷凝器；3—冷凝液贮槽；

4—风机；5—燃烧净化炉

图 7-12　直接冷凝流程

1—真空干燥炉；2—接触冷凝器；

3—热水池；4—燃烧净化炉

(7) 膜分离

　　随着环境污染的日益严重和膜分离技术的迅速发展，这种方法具有独特的化学和有机废气处理特点，受到企业的青睐和应用。膜分离法是利用多种膜材料作为阻隔层，然后分离出满足不同处理要求的混合物。分离出的有机废气是由于膜的渗透率不同，而膜两侧在压力的影响下渗透率不同，处理效果最好，特别是在浓度较高的情况下，生物膜技术用于处理有机废水已有 100 多年的历史，但在工业废气处理中的应用尚处于起步阶段。在国内外废气处理过程中，生物膜技术的应用大多处于理论实验阶段，生物膜技术在废气处理中的应用还没有得到广泛的应用，但该技术在废气处理中的应用前景十分广阔，气体处理的范围很广。

　　在有机废气处理的研究过程中，生物膜技术是一个前沿的研究。采用生物膜处理技术处理有机废气时，主要原理是在多孔介质表面培养微生物，填料床对污染废气进行生物处理可以去除大部分有机污染产生的微生物，并在孔隙中产生降解反应，微生物可以达到去除有机污染物和产生降解的目的，它们可以转化为二氧化碳、水和中性盐。随着化工企业生产能力的提高，可以通过膜分离法处理高浓度有机废气，以确保经济效益。目前，膜分离中的超滤和反渗透技术已在企业中得到广泛应用，前者精度高，而后者能耗低，操作简单。

目前，高分子聚合物膜是使用最多的分离膜。高聚物膜通常是用纤维素类、聚酰胺类、聚酯类、含氟高聚物等材料制成。无机分离膜包括玻璃膜、陶瓷膜、金属膜和分子筛炭膜等。膜的分类方法、种类、功能都很多，但按膜的形态结构分类是普遍采用的，此时分离膜分为对称膜和非对称膜两类。气体分离膜材料应该同时具有高的透气性和较高的机械强度、化学稳定性以及良好的成膜加工性能。对称膜又称为均质膜，是一种均匀的薄膜，膜两侧截面的结构及形态完全相同，包括致密的无孔膜和对称的多孔膜两种。一般对称膜的厚度在 $10\sim200\mu m$ 之间，膜总厚度决定传质阻力，透过速率可通过减小膜厚度来实现。

非对称膜的横断面是不对称的。一体化非对称膜由同种材料制成，构成成分包括厚度为 $50\sim150pm$ 的多孔支撑层和 $0.1\sim0.5pm$ 的致密皮层两部分，其支撑层在高压下不易形变，强度较好。此外，可以将不同材料的致密皮层覆盖在多孔支撑层上构成复合膜，那么，复合膜也是一种非对称膜。可优选不同的膜材料制备致密皮层与多孔支撑层的复合膜，这样可使每一层的作用都最大程度地发挥出来。很薄的皮层对非对称膜的分离起到了决定性的作用，在传质阻力小的情况下，非对称膜因其较高的透过速率而在工业上得到广泛的应用。

7.2.2 固态污染物的控制方法

为了有效提高烟气排放时的除尘效果，通常会采用除尘装置来去除或是捕集烟气中的颗粒物，以此来降低烟气排放过程对环境所造成的污染。除尘装置常见的有机械除尘器、静电除尘器、湿式除尘器和过滤除尘器等，其方法归纳总结如图 7-13 所示。

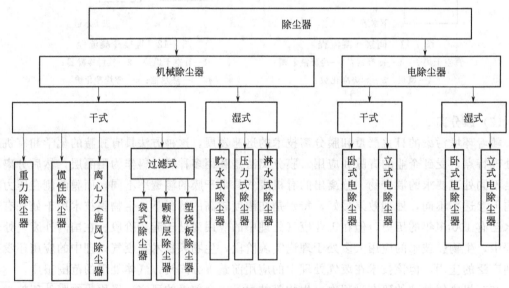

图 7-13　固体污染物处理方法

① 机械式除尘器　主要以重力、惯性力和离心力等作为除尘机理。其中，旋风除尘器应用广泛。旋风除尘器是利用强制涡流所产生的离心力及重力沉降作用，将颗粒状污染物除去。该类分离设备结构简单，净化效率一般。

② 静电除尘器　是利用高压电场使烟气发生电离，气流中的粉尘荷电在电场作用下与

气流分离。静电除尘器的除尘效率受到电场及气体等影响因素较多。该类设备除尘效率高。

　　③ 湿式除尘器　是以某种液体（一般为水）为媒介物，将粉尘从气体中予以捕集的设备，不仅能去除液态和固态污染物，同时，也能除去部分气态污染物。

　　④ 过滤式除尘器　是让排放气体通过过滤材料达到分离气体中粉尘的设备。在废气处理中，主要采用的是袋式除尘器，该除尘器采用纤维编织物作为过滤介质，具有非常好的除尘效果。

7.3　工业废气治理技术

7.3.1　含硫废气的治理

　　伴随各种工业的不断发展，工业废气 SO_2 量越来越多，这不仅破坏了人类的生活环境，同时也使得人类的身体健康受到极大威胁，为此，处理工业废气 SO_2 已经成为当务之急。而处理工业废气 SO_2 的方法比较多，并且各自存在一定的优缺点，为此，相关工业企业在选择处理方法时，必须与工业实际情况相结合，因地制宜，尽量选择适应性比较强的 SO_2 处理方法。

　　通过燃料燃烧和工业生产过程所排放的 SO_2 废气，有的浓度较高，如有色冶炼厂的排气，一般将其称为高浓度 SO_2 废气；有的废气浓度较低，主要来自燃料燃烧过程，如火电厂的锅炉烟气，SO_2 浓度大多为 $0.1\%\sim0.5\%$，最多不超过 2%，属低浓度 SO_2 废气。对高浓度 SO_2 废气，目前采用接触氧化法制取硫酸，工艺成熟；对低浓度 SO_2 废气来说，大多废气排放量很大，加之 SO_2 浓度很低，工业回收不经济，但它对大气质量影响却很大，因此必须给予治理。所谓排烟脱硫，一般是指对这部分废气的治理。

　　目前，虽然国内外可采用的防治 SO_2 污染的途径很多，如可采用低硫燃料、燃料脱硫、高烟囱排放等方法。但从技术、成本等方面综合考虑，今后相当长的时间内，对大气中 SO_2 的防治，仍会以烟气脱硫的方法为主。因此，烟气脱硫技术仍是研究的重点。我国目前已基本实现了安装烟气脱硫装置控制大气质量。

　　烟气脱硫方法大致可分为两类，即干法脱硫与湿法脱硫。干法脱硫是使用粉状、粒状吸收剂、吸附剂或催化剂去除废气中的 SO_2，干法的最大优点是治理中无废水、废酸排出，减少了二次污染；缺点是脱硫效率较低，设备庞大，操作要求高。湿法脱硫是采用液体吸收剂如水或碱溶液洗涤含 SO_2 的烟气，通过吸收去除其中的 SO_2。湿法脱硫所用设备较简单，操作容易，脱硫效率较高。但脱硫后烟气温度较低，于烟囱排烟扩散不利。由于使用不同的吸收剂可获得不同的副产物而加以利用，因此湿法是各国研究最多的方法。

　　根据对脱硫生成物是否应用，脱硫方法还可分为抛弃法和回收法两种。抛弃法是将脱硫生成物当作固体废物抛掉，该法处理方法简单，处理成本低，因此在美国、德国等国有时采用抛弃法。但是抛弃法不仅浪费了可利用的硫资源，而且也不能彻底解决环境污染问题，只是将污染物从大气中转移到了固体废物中，不可避免地引起二次污染。为解决抛弃法中所产生的大量固体废物，还需占用大量的处置场地。因此，此法不适于我国国情，不宜大量使用。回收法则是采用一定的方法将废气中的硫加以回收，转变为有实际应用价值的副产物。该法可综合利用硫资源，避免了固体废物的二次污染，大大减少了处置场地，并且回收的副产品还可创造一定的经济收益，使脱硫费用有所降低。但到目前为止，在已发展应用的所有回收法中，其脱硫费用大多高于抛弃法，而且所得副产物的应用及销路也都存在着很大的限制。特别是对低浓度 SO_2 烟气的治理，需庞大的脱硫装置，对治理系统的材料要求也较高，因此在技术上和经济效益上还存在一定的困难。由于环境保护的需要，从长远观点看，我国应以发展回收法为主。

根据净化原理和流程来分类，烟气脱硫方法又可分为下列三类：

① 用各种液体或固体物料优先吸收或吸附废气中的 SO_2；

② 将废气中的 SO_2 在气流中氧化为 SO_3，再冷凝为硫酸；

③ 将废气中的 SO_2 在气流中还原为硫，再将硫冷凝。

在上述三类方法中，目前以①类方法应用最多，其次是②法，③法现在还存在着一定的技术问题，故应用很少。下面将应用与研究较多的方法列于表 7-1 中。

表 7-1 烟气脱硫方法分类

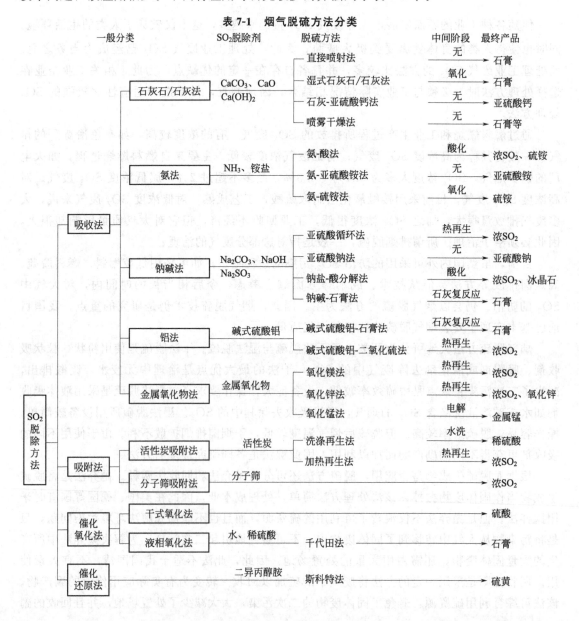

7.3.2　氮氧化物废气的治理

氮氧化物俗称硝烟，是氮和氧化合物的总称，为最常见的刺激性气体之一，主要有氧化亚氮（N_2O，俗称笑气）、一氧化氮（NO）、二氧化氮（NO_2）、三氧化二氮（N_2O_3）、四氧化二氮（N_2O_4，又称亚硝酸酐）及五氧化二氮（N_2O_5，又称硝酐）等。其中除五氧化二氮为固体外，其余均为气体。除 NO_2 外，其余的都极不稳定，遇光、湿或热，最终变为 NO_2。

许多化学产品的生产过程中会产生含有氮氧化合物的废气，如硝酸、硝基苯、氮肥、炸药工业等。另外，电焊、气焊、气割及氩弧焊时产生的高温会使空气中的 N 和 O 结合成氮氧化合物，汽车、内燃机排放的尾气，谷仓中谷物、饲料的缺氧发酵等均产生氮氧化物。

NO_x 的危害主要包括：①NO_x 对人体的致毒使用；②对植物的损害作用；③NO_x 是形成酸雨、酸雾的主要原因之一；④NO_x 与碳氢化合物形成光化学烟雾；⑤NO_x 亦参与臭氧层的破坏。

对于燃烧产生的 NO_x 污染的控制主要有 3 种方法：①燃料脱氮；②改进燃烧方式和生产工艺；③烟气脱硝。燃料脱氮技术至今尚未很好开发，有待于今后继续研究。国内外对燃烧方式的改进作了大量研究工作，开发了许多低 NO_x 燃烧的技术和设备，并已在一些锅炉和其他炉窑上应用。但由于一些低 NO_x 燃烧技术和设备有时会降低燃烧效率，造成不完全燃烧损失增加，设备规模随之增大，NO_x 的降低率也有限，所以目前低 NO_x 燃烧技术和设备尚未达到全面实用的阶段。烟气脱硝是近期内 NO_x 控制措施中最重要的方法。探求技术上先进、经济上合理的烟气脱硝技术是现阶段环保领域关注的焦点之一。

烟气脱硝技术按其作用的机理不同，可分为催化还原、生物法、等离子体、吸收和吸附等，按工作介质的不同，又可分为干法和湿法两类。烟气脱硝方法如图 7-14 所示。

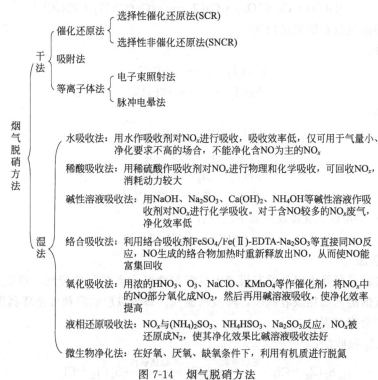

图 7-14　烟气脱硝方法

7.3.3 卤化物废气的治理

卤化物废气的处理方法一般可分为三大类：吸收法、化学转化法和压缩冷冻法。基于上述三种方法原理，以氯气为例介绍其净化技术。

(1) 吸收法

吸收法主要有两种：水吸收法和碱液吸收法。水吸收法的原理为：

$$Cl_2 + H_2O \Longrightarrow HClO + HCl$$

用水吸收废气中的氯气，然后在加热或减压条件下解吸并回收氯气。碱液吸收法的原理为：

$$Cl_2 + 2NaOH \Longrightarrow NaClO + NaCl + H_2O$$

该方法吸收氯气的效率比较高，氯气去除率比较彻底，吸收率快，所需设备和工艺流程相对简单，加上碱液价格较低，又能够回收氯气生产中的中间产品或成品，所以，该方法在工业上得到了广泛应用。

① Na_2CO_3 吸收 Cl_2 制 $NaClO$

碱液吸收含有氯气的废气制 $NaClO_3$

$$Cl_2 + 2OH^- \Longrightarrow Cl^- + ClO^- + H_2O$$

$$3ClO^- \longrightarrow 2Cl^- + ClO_3^-$$

$Ca(OH)_2$ 吸收含有 Cl_2 的废气制漂白粉

$$2Cl_2 + 2Ca(OH)_2 \Longrightarrow Ca(ClO)_2 + CaCl_2 + 2H_2O$$

$$3Cl_2 + 4NaOH + Ca(OH)_2 + 9H_2O \Longrightarrow Ca(ClO)_2 \cdot NaClO \cdot NaCl \cdot 12H_2O + 2NaCl$$

$$2[Ca(ClO)_2 + NaClO + NaCl] + [Ca(ClO)_2 + CaCl_2] \Longrightarrow 4Ca(ClO)_2 + 4NaCl$$

$$2NaClO + Ca(ClO)_2 + CaCl_2 \Longrightarrow 2Ca(ClO)_2 + 2NaCl$$

② $FeCl_2$ 溶液吸收和铁屑反应法

两步氯化法：

$$2FeCl_3 + Fe \Longrightarrow 3FeCl_2$$

$$2FeCl_2 + Cl_2 \Longrightarrow 2FeCl_3$$

一步氯化法：

$$3Cl_2 + 2Fe \longrightarrow 2FeCl_3$$

$$Fe + Cl_2 \Longrightarrow FeCl_2$$

$$2FeCl_2 + Cl_2 \Longrightarrow 2FeCl_3$$

$$2FeCl_3 + Fe \Longrightarrow 3FeCl_2$$

火法在 $600 \sim 800℃$ 下直接发生如下反应：

$$2Fe + 3Cl_2 \longrightarrow 2FeCl_3(g)$$

③ 溶剂吸收法

溶剂吸收法就是用除水以外的有机或无机溶剂洗涤含有氯气的废气，吸收其中的氯气，再将吸收了氯气的溶剂加热或者减压，解吸出氯气。解吸以后的溶剂可循环利用，也可将含氯气的溶剂用于生产过程。

氯化硫 S_2Cl_2 吸收法：

$$S_2Cl_2 + Cl_2 \xrightarrow{\text{低温吸收}} 2SCl_2 \xrightarrow{\text{加热解析}} S_2Cl_2 + Cl_2$$

CCl$_4$ 吸收法：

$$CCl_4 + Cl_2 \xrightarrow{\text{低温吸收}} 2CCl_4 \cdot Cl_2 \xrightarrow{\text{加热解析}} CCl_4 + Cl_2$$

该方法的溶解机理是 CCl$_4$ 对 Cl$_2$ 有较大的溶解力。

HSO$_3$Cl 吸收法：

该方法是利用氯磺酸（HSO$_3$Cl）对 Cl$_2$ 有较强的物理溶解力，其机理为：

$$HSO_3Cl + Cl_2 \xrightarrow{\text{低温加热}} HSO_3Cl_3 \cdot Cl_2$$

（2）化学转化法

① 催化转化法　通过催化反应把气体中的杂质除去，或通过催化反应把一种杂质组分转化成为另一种杂质组分，而后一种杂质组分可通过其他方法比较容易地除去，从而达到纯化气体的目的。

② 直接化学法　根据混合气体中的杂质组分的性能，选择一种能直接与杂质组分发生化学反应的金属氧化物或其他活性组分，从而除去杂质。

（3）压缩冷冻法

该方法是一种用动力换取氯气的方法：① 第一阶段，用高温侧的冷媒，把 NH$_3$ 压缩到 0.1MPa，并把含氯气的废气引入到 NH$_3$ 热交换器；② 第二阶段，用乙烯作为冷媒，把乙烯压缩到 1.5MPa，然后将 NH$_3$ 热交换器中所流出的含有氯气的废气引入到乙烯热交换器，并使废气温度降低到 −110℃ 左右，此时的氯气已被液化，从底部流出得到纯净的氯气。

净化卤化氢废气的方法主要有吸附法、吸收法等。吸附法可以使卤化氢废气得到深度净化，但是吸附剂的再生比较困难。吸收法通常是用碱液吸收，这样既消耗碱液，又会生成很难处理的含盐废水，造成了双重浪费，碱液吸收产物也没有再回收价值而被直接排放。以氯化氢为例，通过水吸收可以获得 1.5mol/L 以下的稀溶液，再通过减压蒸发后，便可以获得大于 5.8mol/L 的浓酸，具有比较好的经济价值。

思考题与习题

1. 简述工业废气的来源、种类与特点。
2. 简述工业有机化工废气的处理技术、工艺流程和特点。
3. 简述 SO$_2$ 和 NO$_x$ 无机化工废气的处理技术、工艺流程和特点。

参考文献

[1] 李立清，宋剑飞编著. 废气控制与净化技术[M]. 北京：化学工业出版社，2014. 05.

[2] 王纯，张殿印等编著. 废气处理工程技术手册[M]. 北京：化学工业出版社，2012. 11.

[3] 王效山，夏伦祝编著. 制药工业三废处理技术[M]. 北京：化学工业出版社，2017. 12.

[4] 郭新彪. 我国空气质量标准修订的历史及大气污染与健康问题的变迁[J]. 环境卫生学杂志，2019,9:309-311.

[5] 刘天齐等编著. 三废处理工程技术手册[M]. 北京：化学工业出版社，1999. 05.

[6] 郁建锋，吕淑瑜. 论治理工业废气污染技术的应用研究[J]. 资源节约与环保，2015, 12（01）:120.

[7] 贾志红，樊薛伟. 治理工业废气污染技术的有效应用分析[J]. 科技与企业，2016, 21（08）:126.

[8] 吴刚，张峰. 工业有机废气污染治理技术的应用和发展研究[J]. 环境与发展，2015, 27（01）:69-70.

第8章

工业废渣处理技术

本章要点：化工废渣基本情况；化工废渣防治对策；化工废渣处理技术；典型固体废渣利用技术。

8.1 概述

8.1.1 工业废物的定义特征及分类

固体废物分类的方法有多种，按其组成可分为有机废物和无机废物；按其形态可分为固态废物、半固态废物和液态（气态）废物；按其污染特性可分为危险废物和一般废物等。根据《中华人民共和国固体废物污染环境防治法》可分为城市生活垃圾、工业固体废物和危险废物。

工业固体废物是指在工业、交通等生产过程中产生的固体废物。工业固体废物主要包括以下几类。

① 冶金工业固体废物　主要包括各种金属冶炼或加工过程中所产生的各种废渣，如高炉炼铁产生的高炉渣、平炉转炉电炉炼钢产生的钢渣、铜镍铅锌等有色金属冶炼过程产生的有色金属渣、铁合金渣及提炼氧化铝时产生的赤泥等。

② 能源工业固体废物　主要包括燃煤电厂产生的粉煤灰、炉渣、烟道灰，采煤及洗煤过程中产生的煤矸石等。

③ 石油化学工业固体废物　主要包括石油及加工工业产生的油泥、焦油页岩渣、废催化剂、废有机溶剂等，化学工业生产过程中产生的硫铁矿渣、酸渣碱渣、盐泥、釜底泥精（蒸）馏残渣以及医药和农药生产过程中产生的医药废物、废药品、废农药等。

④ 矿业固体废物　主要包括采矿废石和尾矿。废石是指各种金属、非金属矿山开采过程中从主矿上剥离下来的各种围岩，尾矿是指在选矿过程中提取精矿以后剩下的尾渣。

随着我国经济的高速发展，快速的城镇化过程和社会生活水平的提高，以及工业化进程的不断加快，工业固体废弃物也呈现出迅速增加的趋势。工业固体废物的污染具有隐蔽性、滞后性和持续性，给环境和人类健康带来巨大危害。对工业固体废物的妥善处置已成为不可回避的重要环境问题之一。

固体废物特别是有害固体废物在环境中长期存在，处理不当会造成侵占土地，污染土壤、水体、大气，影响环境卫生等诸多危害。我国固体废物来源广泛，包含工业固体废物、城市生活垃圾、农业生产垃圾等方面。随着我国经济的高速发展，工业固体废物占总固废产生量的一半以上。传统的预处理、填埋、焚烧、热解受到多方面因素如占地、高耗能的限制，对工业固体废物综合利用的研究显得尤为重要。

工业废物数量庞大，种类繁多，成分复杂，处理起来相当困难。如今只是有限的几种工业废物得到利用，如日本、丹麦等国利用了粉煤灰和煤渣，美国、瑞典等国利用了钢铁渣。其他工业废物仍以消极堆存为主，部分有害的工业固体废物采用填埋、焚烧、化学转化、微生物处理等方法进行处置。

8.1.2　工业废物的处理原则及技术

工业固体废物主要指工业生产以及加工过程中所产生的废渣、粉尘、碎屑以及污泥等废物。

(1) 工业废物的分类

就行业的类型进行划分，可以将废物分为以下几种：

① 冶金废渣　主要有钢渣、高炉渣、赤泥；

② 矿业废物　主要有煤矸石、尾矿；

③ 能源灰渣　主要有粉煤灰、炉渣、烟道灰；

④ 化工废物　主要含有磷石膏、硫铁矿渣以及铬渣；

⑤ 石化废物　主要包含有酸碱渣、废溶剂、废催化剂等，此外还包含一些轻工业所排出的下脚料、污泥以及渣糟等废物。

(2) 工业废物的处理原则

处理工业固体废物时要遵循：综合利用、避免产生以及妥善处理这三项基本原则。

(3) 处理和处置工业固体废物的基本方法

① 化学处理　主要用来对一些无机废弃物，例如酸、碱、氰化物、乳化油以及重金属废液等，常会使用焚烧、化学中和、浸出溶剂以及氧化还原的方式进行处理。

② 物理处理　主要包含重选、拣选、摩擦、磁选、浮选以及弹跳分选等各种分离和固化的技术对固体废物进行处理。

③ 生物处理　生物处理中的堆肥法以及厌氧发酵法适用于有机废物；而细菌冶金法则适用于提炼铜、铀等金属；活性污泥法则适用于有机废液；同时此方法还能够对遭到生物污染的土壤进行修复。

④ 填埋　工业废物填埋的方法就是对危险废物进行固化处理，常见的固化方法有水泥固化、石灰固化和沥青固化，对于固化后的固化体进行安全填埋。

⑤ 焚烧　目前工业废物最主要的方法就是焚烧，焚烧可以有效破坏废物中的有毒、有害、有机废物，是实现工业废物减量化、无害化、资源化最有效的技术，它适用于不能回收利用其有用组分，并具有一定热值的工业废物。

(4) 工业固体废物的资源化利用

① 生产建材；

② 回收或利用其中的有用组分，开发新产品，取代某些工业原料；

③ 筑路、筑坝与回填；

④ 生产农肥和土壤改良。

8.1.3 工业固体废物资源综合利用的基本现状

我国的科技水平以及发展速度虽然有了进一步提升，利用固体废物方面取得的技术也成效十分显著，依旧存在着许多问题，主要体现在以下几点：

(1) 固体废物综合利用的区域发展水平失衡

在经济方面，我国的东部经济发展要比西部经济快得多，但在工业固体废物上，西部的工业固体废物的生产总量要高出东部很多，这也是导致我国在利用工业固体废物方面存在不平衡的主要原因所在。

(2) 从事工业固体废物资源综合利用的企业规模过小

如今，我国专门从事工业固体废物相关的企业的业务规模比较小，究其原因主要有两点：①我国相关企业跟产生工业固体废物的上游企业之间缺乏相应的联系；②生产工艺固体废物的企业未对综合利用工业固体废物予以重视，未能够为工业固体废物的综合利用的发展提供更好的计划，严重降低了市场竞争力。正是如此，我国要积极地发展并培养一些具有较高竞争力的大型的利用工业废物的企业。

(3) 工业固体废物资源的综合利用技术能力较低

尽管我国对于工业固体废物的综合利用技术研究越来越深入，且成绩显著，但还缺乏相应的支撑，相关企业未能够高度重视工业固体废物综合利用技术的研究，导致重大设备以及相关技术未能够有所增加，企业使用的设备较为落后，极大降低了工业固体废物的综合利用效率。

8.2 废渣处理方法

工业生产以及加工过程中产生大量的废渣、粉尘、碎屑、不合格的中间体和产品，以及用沉淀、混凝、生化处理等方法产生的污泥残渣等，如果对这些废渣不进行适当的处理，任其堆积，必将造成环境污染。

固体废物的处理处置通常是指用物理、化学、生物、物化及生化方法把固体废物转化为适于运输、贮存、利用或处置的物体的过程，固体废物处理的目标是无害化、减量化和资源化。有人认为固体废物是"三废"中最难处置的一种，因为它包含的成分相当复杂，其物理性状（体积、流动性、均匀性、粉碎程度、水分、热值等）也千变万化，要达到上述"无害化、减量化、资源化"目标会比较困难，一般防治固体废弃物污染的方法首先是要控制其产生量，控制工厂原料的消耗，定额提高产品的使用寿命，提高废品的回收率等；其次是开展综合利用，把固体废物作为资源和能源对待，实在不能利用的则经压缩和无毒处理后变为终态固体废物，然后再填埋和沉海，主要采用的方法包括压实、破碎、分选、固化、焚烧、生物处理等。

(1) 压实技术

压实是一种通过对废物实行减容化、降低运输成本、延长填埋寿命的预处理技术，它是一种普遍采用的固体废物的预处理方法，如对汽车、易拉罐、塑料瓶等通常首先采用压实处理，适用于压实减少体积处理的固体废物。对于那些可能使压实设备损坏的废物不宜采用压实处理，某些可能引起操作问题的废物，一般也不宜做压实处理，图 8-1 为废物压实的流程图。

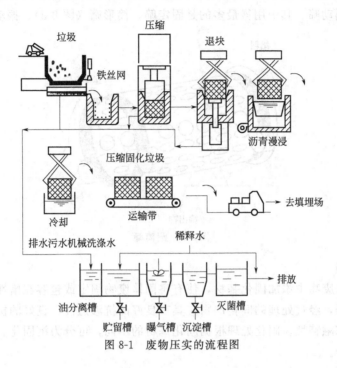

图 8-1　废物压实的流程图

（2）破碎技术

为了使进入焚烧炉、填埋场、堆肥系统等废弃物的外形减小，必须预先对固体废物进行破碎处理，经过破碎处理的废物，由于消除了大的空隙，不仅尺寸均匀，而且质地也均匀，在填埋过程中容易压实。固体废物的破碎方法很多，主要有冲击破碎、剪切破碎、挤压破碎、摩擦破碎等，此外还有特殊的低温破碎和混式破碎等。

根据固体废物的性质、粒度、要求的破碎比和破碎机的类型，每段破碎流程可以有不同的组合方式，其基本的工艺流程如图 8-2 所示。

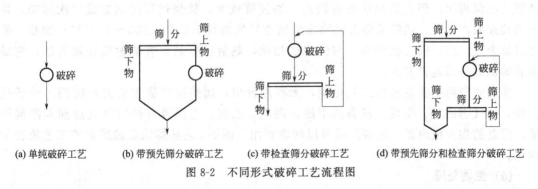

图 8-2　不同形式破碎工艺流程图

（3）分选技术

固体废物分选是实现固体废物资源化、减量化的重要手段，通过分选将有用的成分选出来加以利用，将有害的成分分离出来；另一种是将不同粒度级别的废物加以分离。分选的基本原理是利用物料的某些特性方面的差异，将其分离开。例如，利用废物中的磁性和非磁性差别进行分离；利用粒径尺寸差别进行分离；利用密度差别进行分离等。根据不同性质，可设计制造各种机械对固体废物进行分选，适合于固体废物处理的筛分设备主要有固定筛、筒形筛、振动筛和摇动筛。其中用得最多的是固定筛、筒形筛（图8-3）、振动筛。

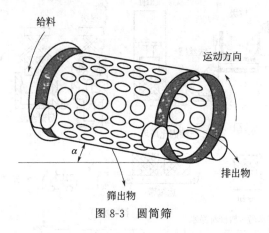

图 8-3 圆筒筛

（4）固化处理

固化是通过向废物中添加固化基材，使有害固体废物固定或包容在惰性固化基材中的一种无害化处理过程，经过处理的固化产物应具有良好的抗渗透性、良好的机械性以及抗浸出性、抗干湿、抗冻融特性。固化处理根据固化基材的不同，可分为沉固化、沥青固化、玻璃固化及胶质固化等。

（5）焚烧热解

焚烧是将固体废物高温分解和深度氧化的综合处理过程，好处是大量有害的废料分解而变成无害的物质。由于固体废弃物中可燃物的比例逐渐增加，采用焚烧法处理固体废物利用其热能，已成为发展趋势。此种处理方法，固体废物占地少，处理量大。为保护环境，焚烧厂多设在10万人以上的大城市，并设有能量回收系统。日本由于土地紧张，采用焚烧法逐渐增多，焚烧过程获得的热能可以用于发电，利用焚烧炉生产的热量可以供居民取暖，用于维持室温等。日本及瑞士每年会把超过65％的都市废料进行焚烧处理使能源再生。但是焚烧法也有缺点，如投资较大，焚烧过程排烟造成二次污染，设备锈蚀现象严重等。热解是将有机物在无氧或缺氧条件下高温（500～1000℃）加热，使之分解为气、液、固三类产物。与焚烧法相比，热解法则是更有前途的处理方法，它最显著的优点是基建投资少。

焚烧的产物主要是水和二氧化碳，无利用价值；而热解产物主要为可燃的小分子化合物，如气态的氢、甲烷，液态的甲醇、丙酮、乙酸、乙醛等有机物以及焦油和溶剂油等，固态的焦炭或炭黑，这些产品可以回收利用。图8-4是热解法处理废渣的工艺流程示意图。

（6）生物处理

生物处理技术是利用微生物对有机固体废物的分解作用使其无害化，可以使有机固体废物转化为能源、食品、饲料和肥料，还可以从废品和废渣中提取金属，是固体废弃物资源化的有效技术方法。如今应用比较广泛的有：堆肥化、沼气化、废纤维素糖化、废纤维饲料化、生物浸出等。

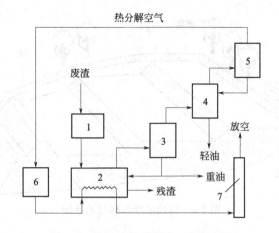

图 8-4　热解法处理废渣工艺流程图

1—碾碎机；2—热解炉；3—重油分离塔；4—轻油分离塔；5—气液分离器；6—燃烧室；7—烟囱

天津莱特化工有限公司 LTBR（LittoralBio-Reactor）的核心工艺技术是生物处理液化气脱硫后的液化气碱渣，其流程如图 8-5 所示。结果表明：该工艺在高 COD、高盐等不利条件下对有机物、硫化物等毒性物质有很好的降解作用，COD 去除率平均达到 93.96%，硫化物处理效率平均达到 99.99%，具有处理效率高、投资少、能耗低、处理费用低、安全可靠、便于操作管理等特点。

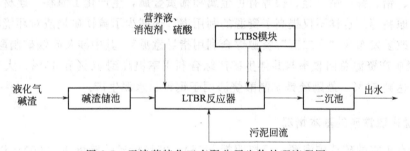

图 8-5　天津莱特化工有限公司生物处理流程图

(7) 填埋

填埋法是将废渣埋入地下，通过微生物的长期分解作用，使之分解为无害的化合物。土地填埋作为废渣的常用处置方法，在 20 世纪初就已开始使用。虽然在早些时候，人们曾认为处置城市废渣的主要方法有焚烧、堆肥和土地填埋三种，但从近代的观点看来，这些废渣在经过焚烧和堆肥化处理以后仍然产生为数相当大的灰分、残渣和不可利用的部分，需要再进行最终填埋。随着人们对土地填埋的环境影响认识的不断深入，废渣的填埋实际上已经成为唯现实可行的、可以普遍采用的最终处置途径。图 8-6 为惰性填埋场的构造示意图，其填埋所需遵循的基本原则如下。

① 根据估算的废渣处理量，构筑适当大小的填埋空间，并需筑有挡土墙。

② 于入口处竖立标示牌，标示废渣种类、使用期限及管理人。

③ 于填埋场周围设有围篱或障碍物。

④ 填埋场终止使用时，应覆盖至少 15cm 的土壤。

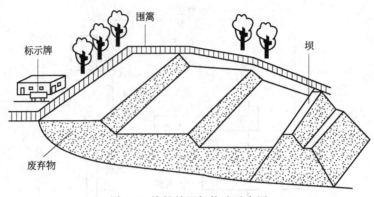

图 8-6　惰性填埋场构造示意图

8.3　化工固体废物资源化

8.3.1　硫铁矿烧渣处理和利用

　　硫铁矿烧渣是生产硫酸时焙烧硫铁矿产生的固体废物。因硫铁矿来源不同，各企业的硫铁矿中硫、铁组分含量相差较大，主要成分为 Fe_2O_3。我国自 20 世纪 50 年代开始利用烧渣从中回收铜、铅、锌、钴、金、银等有色金属和稀贵金属，生产化工原料、建材制品、选铁矿粉和炼铁原料等。这样不仅提高了资源的利用率，还减少了硫铁矿烧渣对环境的污染。其间，国家发改委发布《"十二五"资源综合利用指导意见》，其中涉及硫铁矿制酸行业的有：2015 年我国矿产资源总回收率与共伴生矿产综合利用率提高到 40% 和 45%，大型固体废物综合利用率达到 50%。鼓励硫铁矿制酸烧渣用于钢铁、水泥生产。

8.3.1.1　国内硫铁矿的基本情况

　　我国拥有丰富的硫铁矿资源，已探明折 $w(S)=35\%$ 标矿的储量在 2200Mt 以上，$w(S)$ 大于 35% 的硫铁矿在 220Mt 左右，另有一部分为与有色金属伴生的硫铁矿贫矿储量在 300Mt 以上。硫铁矿是我国的主要硫资源，占总量的 80%，其中硫铁矿（包括黄铁矿、白铁矿等）占 53%，伴生硫铁矿占 27%。目前，我国硫酸生产大约 40%～50% 是以硫铁矿为原料，较大规模的硫铁矿山有广东云浮硫铁矿、安徽新桥硫铁矿等。另外，还有铜陵有色、江西铜业、陕西金堆城钼业、凡口铅锌矿等一批有色金属矿山企业。

8.3.1.2　硫铁矿烧渣的工业价值

　　硫铁矿烧渣作为硫铁矿制酸行业的副产品，每生产 1t 硫酸产生的烧渣量一般为 0.8～1.1t，如果都由标矿生产，将产生 $w(Fe)>40\%$ 的低品位烧渣约 15.66Mt，价格按 100 元/吨计年产值约 15.7 亿元；如果有 50% 的硫铁矿制酸由 $w(S)=45\%$ 的硫精矿生产，将产生 $w(Fe)=60\%$ 的高品位烧渣 5.42Mt（价格按 1200 元/吨核算）和 $w(Fe)=40\%$ 的低品位烧渣 7.83Mt，年产值可提高到 72.9 亿元，烧渣的工业价值得到大幅提升。因此，充分提高硫铁矿中铁资源的工业价值具有较好的经济效益和社会效益。另外，随着钢铁企业的快速发展，国内铁矿石资源日益紧缺，铁矿石进口量和进口价格逐渐增长，钢铁企业开始寻求其他替代铁资源，高品位硫铁矿烧渣已经越来越多地被用作炼铁原料。

目前，日本、德国等发达国家已经形成较为完善的工艺流程，并在工业生产中取得显著的经济效益。我国国内的许多企业、矿山及科研单位纷纷开展硫铁矿烧渣的综合利用，并在实践中不断探索和创新，有些企业还建立了工业化装置。

(1) 铁资源的回收

烧渣的组成和硫铁矿的来源有关，不同产地的硫铁矿其烧渣组分差异较大，但其主要成分是氧化铁。一般硫铁矿烧渣含有 30％～55％ 的铁和较多的有色金属，我国几个主要硫酸厂的烧渣化学成分见表 8-1。

表 8-1　我国主要硫酸厂烧渣化学成分

厂名	烧渣化学成分/％										
	Fe	Cu	Pb	Zn	Co	Au	Ag	S	MgO	CaO	Al$_2$O$_3$
南化公司	54.80～55.60	0.260～0.350	0.015～0.023	0.77～1.54	0.012～0.032	0.33～0.90	12.00～44.00	1.02～4.80	<1.00	2.17	1.43
铜陵硫酸厂	51.17～55.51	0.320～0.390	—	0.08	—	0.44～0.5	14.70～19.70	0.30～1.07	1.51	3.53	2.79
苏州硫酸厂	53.00	0.460	0.076	0.20			17.10	0.77	—	—	—
淄博酸厂	52.35	—						1.88	0.57	2.93	1.00
上海硫酸厂		0.150	0.060	0.17				1.82			
荆襄磷化公司	45.87									1.23	3.49
江西铜业集团公司	54.63	0.292	0.028					1.04	1.32	3.34	1.90

我国部分硫铁矿制酸装置的综合利用措施如图 8-7 所示。

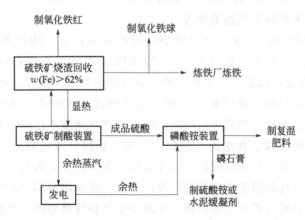

图 8-7　我国硫铁矿制酸装置综合利用措施示意图

(2) 烧渣显热回收

硫铁矿制酸过程中，副产有大量高温硫铁矿烧渣，其余热一直以来由于企业没有成熟的回收技术，大多白白浪费了。近年来随着技术创新和设备完善，烧渣热能回收技术开始逐渐受到重视，许多企业积极实验、开发回收技术。硫铁矿烧渣包括沸腾炉除渣、废热锅炉除灰、旋风除尘器除灰和电除尘器除灰。这些硫铁矿烧渣的温度与比热容见表 8-2。

表 8-2　硫铁矿烧渣的温度与比热容

烧渣类别	温度/℃	比热容/[kJ/(kg·K)]
沸腾炉除渣	800～850	0.963
废热锅炉除灰	600～650	0.963
旋风除尘器除灰	300～350	0.921
电除尘器除灰	300	0.921

以渣灰比 2∶8、除尘率 20% 为例,生产每吨硫酸使用不同硫含量的原料所排出的烧渣热量见表 8-3。

表 8-3　生产每吨硫酸硫铁矿烧渣带出的热量

原料中 $w(S)$/%	灰渣总量 /kg	硫铁矿烧渣带出热量/kJ		折合标准煤质量/kg
		总量	吨酸	
20	1525.00	668492	438355	14.91
25	1171.00	513202	438260	14.91
30	936.73	419693	448041	15.24
35	770.00	352533	457835	15.57
40	645.40	295213	457411	15.56
48	500.90	233891	466942	15.88

若以生产每吨硫酸产品副产烧渣 0.8t[$w(Fe)=40\%$]计算,200kt/a 硫铁矿制酸装置的年排渣量约 160kt,带出的显热折合标准煤 2392～2549t(标煤热值 29400MJ/t),或相当于可产生蒸汽 18638～19854t(产生 1t 蒸汽需热量 3763MJ)。如果用水冷法回收蒸汽热能,利用这部分热量来加热余热锅炉除氧器的冷水[水的比热容取 4.1868kJ/(kg·K)],不考虑热损失,可以把 111.3～118.6t 的除氧器冷水从 20℃加热到 60℃。

(3) 在环境治理中硫铁矿烧渣的处理

硫铁矿制酸装置的排渣系统一直是影响环境的症结所在。沸腾炉排出的炉渣温度达 800℃以上,废热锅炉排出的渣灰约 600℃,旋风除尘器和电除尘器排出的渣灰为 300～350℃。排渣流程主要为:沸腾炉、废热锅炉、旋风除尘器等设备排出的渣灰经星形排灰阀进入埋刮板输送机(或浸没式冷却滚筒),经增湿后通过带式输送机送往渣库;冷却增湿滚筒产生的含尘蒸汽用洗涤器洗涤除尘后排空。目前,许多硫酸厂已经达到连续、稳定、长期运行。随着环保意识的加强、执法力度的加大,部分硫酸厂开始对原有的排渣系统进行改造,以减少粉尘和污水带来的环境问题。如江西铜业集团化工有限公司的 200kt/a 硫铁矿制酸装置通过提高滚筒式冷却机的排渣能力、改进埋刮板输送机进料口与排灰阀的连接方式等方法,既增强了设备的耐高温耐腐蚀性能,又减少了维护维修费用,提高了设备运行时间。

虽然在排渣输送方面,随着埋刮板输送机、冷却增湿滚筒等设备不断改良,粉尘飞扬、水雾弥漫等问题得到稍许解决,但距清洁生产尚有较大差距。许多新的环保设备正逐步在硫酸行业得到推广。例如 2008 年瓮福集团磷肥厂进行技术改造采用高温物料冷却器取代埋刮板输送机,改造后排渣系统故障率低、维修费用大大降低,现场环境得到改善,同时回收了烧渣热能,提升了烧渣的经济价值。

(4) 硫铁矿烧渣热回收技术方案

① 高温物料冷却器代替埋刮板输送机(或浸没式冷却滚筒)

ⅰ 对于中、低品位硫铁矿制酸企业 由于沸腾炉排出的硫铁矿烧渣中铁含量较低，废热锅炉、旋风除尘器及电除尘器排灰中铁含量高一些，建议将渣灰分开输送。具体流程如下：a. 沸腾炉排渣→高温物料冷却器→滚筒增湿器→带式输送机→堆场。为了防止扬尘污染环境，需在滚筒增湿器内将干燥渣灰喷水增湿至 $w(H_2O)=10\%\sim15\%$；b. 废热锅炉、旋风除尘器、电除尘器排灰→星形排灰阀→高温物料冷却器→滚筒增湿器→带式输送机→堆场。该流程的优点是设备配置简单、可靠，并可最大限度地回收利用高温渣灰的热量。由于进滚筒增湿器渣灰温度能够控制在 100℃ 以下，因此喷入的水不会变为水蒸气，故生产现场不会有水雾弥漫问题，也无须配置尾气洗涤系统。

ⅱ 对于 $w(S)\geqslant45\%$ 高品位硫铁矿制酸企业 考虑到沸腾炉排渣及废热锅炉、旋风除尘器、电除尘器排灰混合后渣灰中 $w(Fe)\geqslant60\%$，为了减少高附加值渣灰输送中造成的损失，建议采用高温物料冷却器加湿法排渣流程。具体如下：沸腾炉排渣→高温物料冷却器→排渣池；废热锅炉、旋风除尘器、电除尘器排灰→星形排灰阀→高温物料冷却器→排渣池；排渣池内泥浆用泵送入过滤器脱水，滤渣送堆场，滤液返回排渣池循环利用，同时可用经处理的污水补充排渣池内的水。当滤液中砷、氟、重金属等杂质含量达到一定指标后，可以将滤液送至净化工序或污水处理厂加以处理。

ⅲ 高温物料冷却器在循环流化床锅炉(CFB) 排灰和锌精矿制酸排渣输送已应用多年。近年来该设备在硫铁矿制酸行业中取得了不错的业绩。2007 年，江苏靖隆合金钢机械制造有限公司生产的高温物料冷却器首先在铜冠冶化分公司一期 400kt/a 硫铁矿制酸装置中得到应用，2009 年又应用于该公司二期 400kt/a 硫铁矿制酸装置，其各项工艺指标均达到或超过设计值。尤其是处理排渣量达到 24t/h，排渣温度降至 176℃。使用高温物料冷却器不但改善了现场操作环境、回收烧渣热量，还减少了排渣故障。

② 沸腾炉渣新的处理工艺

ⅰ 沸腾炉渣热水锅炉处理沸腾炉渣

FW/L102 型沸腾炉渣热水锅炉是华中科技大学与天门福临化工有限责任公司合作开发的。以 100kt/a 硫酸装置为例，每吨酸每小时可以产热水 4～5t（80℃）。该项目目前已经建成并投入生产，项目利用硫铁矿渣热回收等技术，没有二次污染，可提供大量清洁能源。项目实施对于企业在清洁生产、环境保护、资源综合利用、热能回收等方面具有重要意义。

ⅱ 热管式流化床冷渣机处理沸腾炉渣

图 8-8 为热管式流化床热渣余热回收系统。

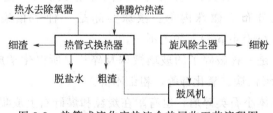

图 8-8 热管式流化床热渣余热回收工艺流程图

热管式流化床冷渣机是江苏瑞和化肥有限公司和南京华电节能环保设备有限公司共同研发的。江苏瑞和化肥有限公司 120kt/a 硫铁矿制酸装置采用了该设备来回收利用沸腾炉渣的热能。由于冷却后的热渣实现了粗细分离，粗渣中硫含量通常在 1% 左右，不会造成硫损失；细渣中铁含量达 55％以上，直接作炼铁原料出售；旋风除尘器排出的优质细粉中 $w(Fe) \geqslant 65\%$，经提纯后可作为生产颜料的原料。回收热渣的热能可产低压蒸汽 7.56kt/a。

8.3.2 粉煤灰处理和利用

8.3.2.1 粉煤灰基本情况

粉煤灰主要来自火力发电、金属冶炼和供热取暖等消耗煤炭的环节，不加以有效利用会对人类生活和生产带来危害。例如，粉煤灰的堆放需要大量土地，露天堆放会引起扬灰、污染大气、破坏土壤结构和污染水体等。20 世纪 20 年代，国外已经开展对粉煤灰的综合利用研究，到 90 年代，许多国家都拥有比较成熟的粉煤灰综合利用技术。不过，因各国的科技水平、经济水平、自然条件和粉煤灰性质的不同，导致各国对粉煤灰的利用率差异较大。我国粉煤灰产量巨大，但地区分布不均衡且有季节性差异，导致粉煤灰利用率低且地区性差异大。2017 年，我国的粉煤灰产量达到 6.86 亿吨，综合利用率为 75.35％；根据灰色模型估计，2020 年中国粉煤灰的产量将达到 7.81 亿吨，2024 年将达到 9.25 亿吨。为了有效监督和管理推动粉煤灰综合利用的发展，我国相继出台《固体废物污染环境防治法》《粉煤灰综合利用管理办法》和《关于推进大宗固体废弃物综合利用产业集聚发展的通知》等相关法规，并且一些省份也制定了《粉煤灰综合利用规定和管理办法》等政策法规。国内外粉煤灰综合利用研究主要集中在建筑建材、环保、冶金、农业、化工和冶金等多个领域。实现粉煤灰的全组分利用，不仅能解决其堆存导致的环境污染，还可满足生态文明建设与保障资源安全供给的国家重大战略需求。

8.3.2.2 粉煤灰的矿物组成

粉煤灰是一种高分散度的固体集合体，是人工火山灰质材料，经显微镜和 X 射线衍射研究表明，其中除含有一部分未燃尽的细小炭粒外，大多是二氧化硅和三氧化二铝的固溶体（大多数形成空心微珠）及石英砂粒、莫来石、石灰、残留煤矸石、黄铁矿等。粉煤灰中主要组成及特征如下：

① 无定形炭粒，表面疏松呈蜂窝状，黑中带灰色。

② 空心微珠，是一种硅铝氧化物为主的非晶质相，分布于微珠表层，呈微细粒中空球体，其中还有细小结晶相，如石英、莫来石、磁铁矿、赤铁矿和少量钙钛矿。石英、莫来石分布于表面，其他多数分布于微珠内部。微珠实际是一种多相集合体，系微米级粒度（0.25～150pm，大部分小于 40pm），颜色不一。

③ 不规则玻璃体，是一种破碎了的玻璃微珠及碎片，所以化学成分和矿物组成与微珠相同，另外还夹杂少量氧化铁、氧化钾等，粗细不等。

④ 石英，有的呈单体小石英碎屑，也有附在炭粒和煤矸石上成集合体，多为白色。

⑤ 莫来石，多分布于空心微珠的壳壁上，极少单颗粒存在，它相当于天然矿物富铝红柱石，呈针状体，呈毛毡状多晶集合体，分布在微珠壁壳上。此外，还含有少量磁铁矿、钙钛矿等结晶相矿物，所有这些矿物多以多相集合体形式出现，所以按颗粒集合形态分为空心玻璃微珠、炭粒、不规则玻璃体及其他碎屑矿物。

8.3.2.3　粉煤灰基本性质

粉煤灰主要收集于电厂高温燃烧煤炭排放的烟气中，其性质与火山灰相似，又称飞灰。按照煤炭燃烧方式的不同，粉煤灰大致分为两种：一种是煤炭经粉煤炉 1300℃ 以上高温产生的飞灰，主要由结构紧密且化学性质稳定的莫来石和刚玉等矿物质组成；另一种是煤炭经 1000℃ 以下温度产生的飞灰，主要由未燃炭和无定形的偏高岭石和石英等晶态物质组成。按照含钙量的不同，可分为三类：即低钙粉煤灰、高钙粉煤灰和增钙粉煤灰。按照收集和排放方式的不同，可分为五类，即干灰、湿灰、脱水灰、调湿灰和细粉煤灰。按照粉煤灰颗粒组成可分为四类：Ⅰ 类，即含球形颗粒粉煤灰，因其颗粒堆积比较紧密、流动性好，故可作为良好的建筑材料；Ⅱ 类，即除含球形颗粒外还有少量熔融玻璃体，其与 Ⅰ 类相比，减水作用较差；Ⅲ 类，即主要为熔融玻璃体和多孔疏松熔融玻璃体，经研磨处理后可作为建筑凝胶材料；Ⅳ 类，即疏松熔融玻璃体和炭粒，其结构疏松、密实度很小，故不能配混凝土。

在国外，通常以 CaO 的含量作为标准，将粉煤灰分为 C 类和 F 类，CaO 含量高于 10% 的为 C 类，CaO 含量低于 10% 的为 F 类。粉煤灰颜色呈灰白至黑色，如高钙粉煤灰颜色偏黄，低钙粉煤灰颜色偏灰，其颗粒较细、粒径不均，约为 $0.5 \sim 400 \mu m$。小颗粒粉煤灰表面光滑、多呈球形，统称为"微珠"；大颗粒粉煤灰则多为不规则形状。粉煤灰多由石英、莫来石等矿物晶体和玻璃体，以及少量未燃烧炭组成。粉煤灰化学成分因煤源、煤种、燃烧方式不同而有所差异，主要化学成分为 SiO_2、Al_2O_3 约占 80%，含少量 Fe_2O_3、CaO、MgO、SO、TiO_2、P_2O_5、MnO_2 和 Na_2O 等常量元素，以及 Li、Ga、Ge、V 和 U 等微量元素，具有较高的经济价值。

8.3.2.4　粉煤灰综合利用

(1) 在建筑工程中的应用

① 制砖　粉煤灰化学性质与红黏土和高岭土基本接近，但其所含 Al_2O_3 较高，耐火性能更加优良，能有效避免烧结过程中坯体开裂，从而增加烧结成功率。因此，粉煤灰可代替部分红黏土和高岭土作为制砖原料。粉煤灰砖有拱壳空心砖、楼板空心砖、檩条空心砖、空心砖梁、花格空心砖、砖墙板和吸声砖等 10 余种。烧结粉煤灰砖具有成本低、质量轻和质量好等优点。研究表明，蒸压粉煤灰砖强度高、性能稳定和生产周期短，适宜于大批量生产，目前，还能替代黏土实心砖建造 6 层以下民用建筑和厂房承重墙的建造。常州锅炉有限公司生产粉煤灰砖的工艺包括原材料的准备、按一定比例配料、搅拌、消化、轮碾、压制成形、码坯静停、蒸压养护、成品检验与堆放，生产工艺流程如图 8-9 所示。

② 制加气混凝土　粉煤灰加气混凝土是以粉煤灰水泥、石灰为基本材料，用铝粉作发气剂，经原料磨细、配料、浇注、发气成型、坯体切割、蒸汽养护等一系列工序制成的一种多孔轻质建筑材料，粉煤灰加气混凝土具有一般加气混凝土的共同特点：质量轻而又具有一定的强度；绝热性能好；良好的防火性能；易于加工等。它是一种良好的墙体材料。按蒸汽养护压力的不同，粉煤灰加气混凝土可分为常压养护和高压养护两种生产方法。我国大多采用高压养护的方式，高压养护粉煤灰加气混凝土生产工艺和其他加气混凝土大体相同，都要经过原材料处理、配料浇注、静停切割、高压养护等几个工序。生产工艺流程如图 8-10 所示。

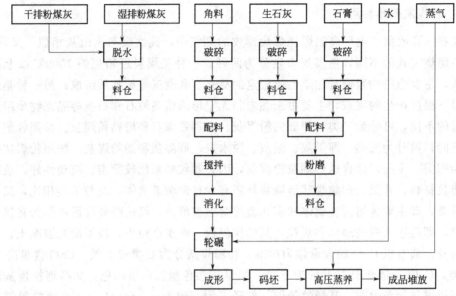

图 8-9 蒸压粉煤灰砖制备生产工艺流程图

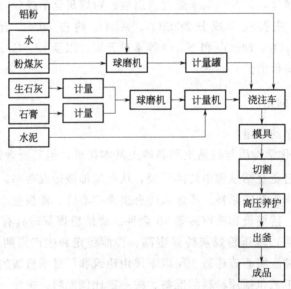

图 8-10 粉煤灰加气混凝土生产工艺流程图

(2) 在农业中的应用

① 改良土壤 粉煤灰中因其粉砂和黏土的粒径结构、高持水力等优点，是土壤改良剂的合适选择。在盐碱地上，能够改善土壤孔隙度、和易性和保水能力，进而防止盐害幼苗。在黏土地和酸性土壤上，可中和酸性土壤，提高土壤的品质。此外，粉煤灰在治理沙化土地、固定流沙上的效果也十分显著。

② 制化肥 粉煤灰作为肥料可以改善土壤的理化性质，其有机成分能为植物生长提供有益成分。目前，由粉煤灰生产的化肥主要有硅肥、硅钙肥、磁性复合肥、煤灰磷肥。硅肥能够增强作物茎秆的机械强度，提高抗倒伏能力 85％以上以及提高作物对病虫害的抵抗力

和成果率。硅钙肥中主要是 SiO_2 发挥作用，具有增产的效果。

③ 覆土造田　粉煤灰覆土造田就是将粉煤灰作为填充料引入山谷、洼地、低坑，覆土后进行种植农作物。在掺入粉煤灰的土壤上种植小麦、黄豆、蔬菜类、药材类植物都比在土壤上种植要增产。当粉煤灰掺入黏土后，使土壤性质发生改变，致使掺入粉煤灰的黏土底层具有透气作用，透水性能提高；上层表面在抵抗蒸发、保水、保肥方面都比纯灰种植要好。

（3）在环境保护中的应用

① 废水处理　粉煤灰作为一种多孔炭粒材料，通过吸附作用可以很好地去除废水中的磷、氟、重金属离子、染料、表面活性剂、酚、油类等物质，去除率均可达 75％ 以上，其实现净化的途径主要是吸附、沉淀、过滤。粉煤灰在高酸碱度下，去除重金属离子高达40％～90％。未燃的炭可以吸附印染废水、染料、油类等物质，达到脱色、过滤的效果。

② 废气处理　粉煤灰脱硫的方式主要有粉煤灰干式脱硫、喷雾干燥脱硫和增湿活化脱硫。一方面，由于粉煤灰中的 CaO、MgO 和 Na_2O 等金属氧化物水溶液呈碱性，可用于去除烟气中的 SO_2；另一方面，粉煤灰中未燃的炭可用作活性炭吸附氮氧化物的前驱体，作为烟气脱硫和脱氮的吸附剂，也可去除汞蒸气。

（4）在分离回收中的应用

① 空心微珠　空心微珠是从粉煤灰中提取出的一种球形漂珠，由于其原料易得、耐高温、质轻等特点，广泛应用于航空航天、机械、化学等领域，其分离的方法分为干法分离和湿法分离。湿法分离利用水作为分离流体，其不足之处是分离工序繁多，只适用于水泥和混凝土掺合料。干法分离与湿法分离预期结果相似，分离率都约为 70％，其中风力筛选就是干法分离的一种。

② 回收磁珠　粉煤灰磁珠是一种磁性陶瓷微珠，因富含 Fe、Fe_2O_3、Fe_3O_4 而具有磁性，同时又具有多微孔结构，所以成为一种重要的矿产资源。磁珠占粉煤灰含量的 4％～18％，密度 $3.1～4.2g/cm^3$。工业上分选磁珠的方法主要是干式磁选和湿式磁选。目前，国内山东各电厂以湿式磁选为主。磁珠可广泛用于磁性材料、磁性吸附剂的原材料中，在污水处理中也有所应用，如磁絮凝处理、催化降解及重金属吸附。

③ 回收炭　粉煤灰中的炭粒大部分以单体的形式存在，密度 $1.6～1.8g/cm^3$，呈海绵状和蜂窝状，多孔、亲油疏水，具有良好的吸附性。目前，我国火力发电厂排放的粉煤灰中残炭量仅为 3％～5％，且品质较好。分离炭的方法分为干法和湿法，干法主要是燃烧法、电选法、流态法，湿法主要是浮选法。回收炭广泛用于燃料或碳衍生材料、建材掺合料，活化后可用作吸附剂，造粒后可用作焦炭填料。

（5）高附加值精细化的应用

① 合成沸石　粉煤灰是沸石合成的良好前体。粉煤灰基沸石的合成方法主要有一步水热法、两步水热法、碱熔融法、盐熔融合成法、微波辅助水热法、晶种法等。一步水热法、两步水热法属于单纯水热法。碱熔融法是将 NaOH 与粉煤灰混合，一般生成 A 型和 X 型沸石。A 型沸石在洗涤助剂领域应用广泛，X 型沸石作为吸附剂在石油化工、精细化工领域应用广泛（图 8-11）。

② 提取稀有金属　粉煤灰中含有许多高附加值的稀有金属，如镓（Ga）、锗（Ge）、钒（V）、镍（Ni），提取金属镓、锗和钒通常在高温高压条件下进行。镓广泛应用于光电以及商业中，目前提取镓的方法主要有还原熔炼法、酸浸法和碱浸法。金属锗广泛应用于制造发光二极管、红外光学、光纤等方面，提取方法主要有沉淀法、萃取法、氧化还原法等。

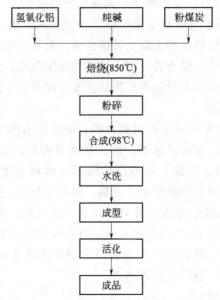

图 8-11　粉煤灰制备分子筛工艺流程

③ 制备陶瓷　目前，我国以粉煤灰为原材料制备的陶瓷主要是传统陶瓷、玻璃以及玻璃陶瓷。苗庆东等以粉煤灰制备的陶瓷泡沫材料具有强度高、孔径大、热导率低的优点，粉煤灰也是制备多孔陶瓷的优势原料。

(6) 其他方面的应用

在催化剂领域，粉煤灰作为一种富含 Si、Al 的复合载体，相比单一载体在催化剂中有着突出的优势。目前，粉煤灰负载催化剂在脱氧、脱氮、H_2 生产、加氢裂化和烃类氧化中都表现出了良好的催化活性。此外，粉煤灰在噪声防治中也有所应用，主要用于制备泡沫玻璃、粉煤灰双层隔墙板、粉煤灰轻质隔声内墙板和粉煤灰纤维棉防火吸声吊顶板等材料。

我国是以煤炭为主要能源的国家，粉煤灰作为燃煤产物经长期堆积，现积存量巨大，占用大量土地资源并对自然生态环境产生严重的影响。粉煤灰资源化利用至关重要，创造经济效益的同时环境问题得以解决。目前我国粉煤灰主要广泛应用于建筑建材、农业和陶瓷等低附加值的领域。而在回收粉煤灰中磁珠、氧化铝及稀有元素等有价组分和制备沸石分子筛、催化剂载体等高附加值利用领域仍处于实验室研究阶段，资源综合利用率较低。未来粉煤灰的综合利用应突破固有的应用结构和途径，在此基础上开发更精细化、高端化和高附加值的综合利用新途径，优化产业结构，形成粉煤灰综合利用产业链，实现其最大限度地开发和利用。

8.3.3 废弃塑料的处理和利用

塑料污染是全球可持续发展的挑战，各国政府高度重视。治理塑料污染已成为社会的普遍共识，国际上已达成了若干协议，如 1988 年《防治船舶污染国际公约（MARPOL）》《伦敦公约》和《马尼拉宣言》等，且最近在联合国环境大会、二十国集团领导人峰会等国际多边场合，均提出全球应对的相关倡议。我国作为发展中大国，积极发挥负责任大国作用，用实际行动践行相关倡议，并贡献中国智慧和中国方案。我国各级政府部门相继出台多个政策法规，包括 2019 年 1 月国家发改委和生态环境部公布的《关于进一步加强塑料污染治理的意见》、2020 年 7 月国家发改委、生态环境部等九部门联合印发被誉为"史上最严禁塑令"的《关于扎实推进塑料污染治理工作的通知》等。国内外虽然政策层面对治理工作非常重视，但是治理成效尚不能令人满意。

我国 2014～2020 年间所统计塑料制品产量、塑料回收利用量及塑料回收利用率情况如图 8-12 所示。随着塑料制品产量呈上升态势，每年回收利用量趋于平稳，我国废旧塑料的利用率则展现下降趋势。废旧塑料回收利用率低的原因主要有两点：①塑料回收过程需要消耗大量的人力、物力和财力，成本较高，经济效益低，导致废弃塑料的回收缺乏动力和积极性；②目前缺乏废旧塑料的高效分离和回收利用技术，限制了废旧塑料的回收利用率。

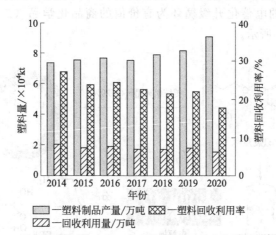

图 8-12　我国塑料制品产量、塑料回收利用量和塑料回收利用率

废旧塑料的回收利用方法主要包括物理法和化学法，如图 8-13 所示。物理法主要是指废旧塑料的机械回收，利用物理方式对塑料进行成型再加工使之成为新品重新进入市场，工艺简单且投资成本小，是目前废旧塑料回收利用的主要方法。但是，物理法处理废旧塑料存在处理方式有限、处理的塑料种类有限、处理不彻底、利用率低和附加值低等诸多弊端，通常回收产品均降级使用。相比较，化学回收法则在催化剂（化学催化剂或生物酶催化剂）作用下发生断链反应以及其他氧化降解过程将废旧塑料聚合物转化为小分子。这些小分子既可以被循环利用制备其他聚合物材料，又可以循环利用替代化学原料，为重新利用废弃塑料提

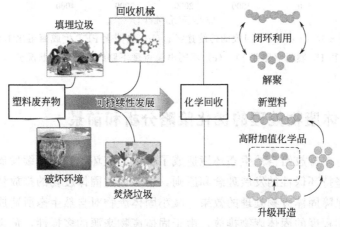

图 8-13　塑料废物处理和化学回收的途径

供开创性的解决方案，并贡献创新的可持续材料来推动我们的塑料经济转型。"塑料垃圾是放错位置的资源"，是一种碳含量高、成本低、可在全球范围内获得的原料。因此，化学回收利用法为应对全球塑料挑战提供了新的技术解决方案，用废弃塑料生产具有内在价值的化学物质将是朝着绿色化学经济发展的重要步骤之一，正吸引着科研界和产业界的广泛关注。

化学回收通过将废物催化加工成高质量单体亚单元或升级为增值产品，提供了一种从废物中获得更多价值的替代途径。这些方法的成功取决于催化剂的效率和选择性以及该过程的可持续性和盈利能力。聚对苯二甲酸乙二醇酯（PET）的聚酯性质使其在温和条件下很容易在碱基或水解酶的催化下分解成单体，进而转化为有价值的产品。然而，该过程仍然存在生产率低和对单一高价值氧化产物的选择性差的问题。有鉴于此，清华大学段昊泓副教授等人，报道了 PET 塑料的电催化升级循环为有价值的商品化学品（二甲酸钾和对苯二甲酸）和 H_2 燃料，如图 8-14 所示。

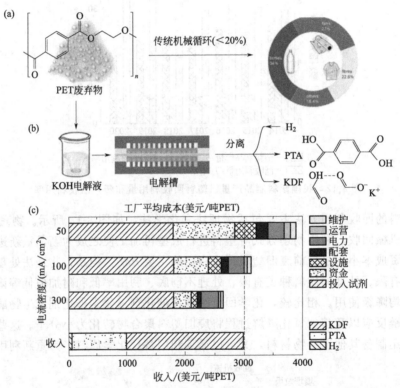

图 8-14　（a）PET 回收的传统途径；（b）电催化 PET 生成商用化学品和 H_2 燃料（路线 1）；（c）不同电流密度下路线 1 的经济状况分析

8.4　化工固体废物处理的优化策略分析和前景

固体废物的过多排放给自然生态环境造成了极大的破坏，在可持续发展的目标下，各个主体都应该始终坚持环保性的发展理念和原则，切实通过固体废物的排放量控制、处理工艺创新和优化，来保障固体废物处理的效果，减小固体废物对自然生态所造成的危害。在工业生产中存在着不同程度的固体废物排放，由于固体废物来源的多样性，危害程度的不同，使得在固体废物的处理方面存在着很大的技术难题。

对于常见的固体废物资源化处理，其主要的方式包含"变废为宝"和"循环利用"两种方式，这样的资源化发展趋势，不仅有利于缓解资源危机，还有利于降低环境治理造成的人力和财力浪费，可谓一举两得。在此过程中还需要做好以下几点。

(1) 增强公民的环保意识

对于固体废物的处理措施优化，首先要减少固体废物的产生量，要全面提升人们的环保意识。就目前社会的发展形势分析，人们生活水平和受教育水平不断地在提升，但是在环保意识上依然是有待提升。因此，无论是政府部门，还是环境管理部门，都需要积极转变思维，加强对环境意识的培养，积极组织宣传队固体废物的处理教育，让每个人都能认识到废物处理与自身生产生活的关联性。对于那些未能及时处理的固体废物集中堆放区，需要对其设立警示牌，既要警示公民不要随意丢弃废物，还可以警示居民远离，降低废物的污染危害。

(2) 完善相关法律法规

废物的管理与处理都与人们的生活环境有着十分密切的联系，因此，在对固体废物的处理措施优化上，政府要加强对其处理的法律、法规建设，一方面既要实现对相关资源的调配控制，另一方面带动各个部门针对固体废物的处理进行协作处理，提升其废物处理的条理化、正规化。除此之外，还需出台相关政策，从法律上支持与保护从事废物处理的企业，提高从事废物处理企业的经济收益。另外，还需加强对废物管理的基础设施的建设，构建信息平台与改善交通状况，大大加快废物管理的发展。

(3) 确立废物处理模式

根据地区的自然条件与经济条件的不同，采取的废物处置方式也不同。对于发达的地区基本可以采取收集、转运、处理的模式，使废物处理能达到产业化、规模化，使得经济、环境与社会效益一致。对于经济落后的地方，则可采取自觉收集，然后集中处理的方式，以便于节约资源和保护环境。

党的十八大以来，我国把资源综合利用纳入生态文明建设总体布局，不断完善法规政策、强化科技支撑、健全标准规范，推动资源综合利用产业发展壮大，各项工作取得积极进展。2019 年大宗固废综合利用率达到 55%，比 2015 年提高 5 个百分点；其中，煤矸石、粉煤灰、工业副产石膏、秸秆的综合利用率分别达到 70%、78%、70%、86%。"十三五"期间，累计综合利用各类大宗固废约 130 亿吨，减少占用土地超过 100 万亩，提供了大量资源综合利用产品，促进了煤炭、化工、电力、钢铁、建材等行业高质量发展，资源环境和经济效益显著，对缓解我国部分原材料紧缺、改善生态环境质量发挥了重要作用。

"十四五"时期，我国将开启全面建设社会主义现代化国家新征程，围绕推动高质量发展主题，全面提高资源利用效率的任务更加迫切。受资源、能源结构、发展阶段等因素影响，未来我国大宗固废仍将面临产生强度高、利用不充分、综合利用产品附加值低的严峻挑战。目前，大宗固废累计堆存量约 600 亿吨，年新增堆存量近 30 亿吨，其中，赤泥、磷石膏、钢渣等固废利用率仍较低，占用大量土地资源，存在较大的生态环境安全隐患。要深入贯彻落实《中华人民共和国固体废物污染环境防治法》等法律法规，大力推进大宗固废源头减量、资源化利用和无害化处置，强化全链条治理，着力解决突出矛盾和问题，推动资源综合利用，产业实现新发展。

思考题与习题

1. 简述化工废渣的来源、种类与特点。

2. 简述化工废渣的一般处理原则。

3. 简述化工废渣预处理技术、填埋技术、焚烧技术、热解技术和微生物分解技术的工艺流程和特点。

4. 简述硫铁矿渣的常用处理技术、工艺流程和特点。

参考文献

[1] 聂永丰, 金宜英, 刘富强编. 固体废物处理工程技术手册[M]. 北京: 化学工业出版社, 2012.

[2] 任芝军主编. 固体废物处理处置与资源化技术[M]. 哈尔滨: 哈尔滨工业大学出版社, 2010.

[3] 刘银主编. 固体废弃物资源化工程设计概论[M]. 合肥: 中国科学技术大学出版社, 2017.

[4] 张蕾主编. 固体废弃物处理与资源化利用[M]. 徐州: 中国矿业大学出版社, 2017.

[5] 王效山, 夏伦祝主编. 制药工业三废处理技术[M]. 北京: 化学工业出版社, 2017.

[6] 杨华明, 欧阳静著. 尾矿废渣的材料化加工与应用[M]. 北京: 冶金工业出版社, 2017.

[7] 罗鑫勋. 我国固体废物处理处置现状与发展研究[J]. 节能与环保, 2021, 8: 57-58.

[8] 闫家望, 李宁. 固体废物处理与资源化利用现状及建议[J]. 节能与环保, 2021, 06: 30-31.

[9] 李苓瑜. 固体废物及其危害与处置方式分析[J]. 绿色环保建材, 2021, 05: 23-24.

[10] 王春燕. 固态废弃物处理方法研究[J]. 山西化工, 2021, 41: 175-176 + 179.

[11] 王飞. 环保视角下的固体废弃物处理有效策略研究[J]. 资源节约与环保, 2021, 04: 126-127.

第9章

清洁生产

9.1 概述

9.1.1 清洁生产的由来

工业已成为当前社会物质生产的主导因素，对一个国家的综合国力有着决定性的影响；同时它也是环境污染的主要根源。工业作为一个正常运行的系统，必须具备社会属性和生态属性，因此工业生产要把社会经济发展与环境问题结合起来，探求它们之间相互影响和相互依托的关系，谋求经济与环境的协调发展、社会与自然的和谐友善。

传统的工业污染控制着重于生产过程的后期处理，也就是将生产过程中排放的污染物作无害处理，使其满足一定的排放要求，排入环境后不致对人体造成危害。主要的处理技术有：湿法除尘，干法除尘，水力冲灰，废气的吸附，有机废物的催化燃烧，废水光化学处理，废液、废渣的湿法氧化，固体废物的堆放，有害废弃物的处理和掩埋，固体废物的焚烧，以及消声器、隔噪声罩、垫等。实践证明，这些方法存在不少缺点：①与生产过程相割裂，作为对生产过程的善后处理，只对已生成的污染物作被动式处理；②所依据的排放标准以排放浓度高低为基础，但满足排放标准未必能达到保护环境的目的；③这种处理往往不能从根本上消除污染，而只是在不同介质中转移，若处理不当仍将逸入大气和水体；④一般来说，处理设施投资大，运行费用高，从总体上看额外地浪费了资源，而难以获得经济效益。

1989 年，联合国环境规划署为促进工业可持续发展，在总结工业污染防治正、反两方面经验教训的基础上，制订了推行清洁生产的行动计划。首先提出清洁生产的概念，并于1990 年在第一次国际清洁生产高级研讨会上正式提出清洁生产的定义。1992 年，联合国环境与发展大会通过了《里约宣言》和《21 世纪议程》，会议号召世界各国在促进经济发展过程中，不仅要关注发展的速度和数量，还要关注发展的质量和持久性。大会呼吁各国调整生产和清洁生产方式，广泛应用环境无害技术排放，实施可持续发展战略。在这次会议上，清洁生产正式写入《21 世纪议程》，并成为通过预防来实现工业可持续发展的专用术语。从此，清洁生产在全球范围内逐步推行。清洁生产与末端治理对比见表 9-1。

表 9-1　清洁生产与末端治理对比

类别	清洁生产系统	末端治理(不含综合利用)
思考方法	污染物消除在生产过程中	污染物产生后再处理
产生时代	20世纪80年代末期	20世纪70~80年代
控制过程	生产过程控制,产品生命周期全过程控制	污染物达标排放控制
控制效果	比较稳定	产污量影响处理效果
产污量	明显减少	无显著变化
排污量	减少	减少
资源利用率	增加	无显著变化
资源消耗	减少	增加(治理污染消耗)
产品产量	增加	无显著变化
产品成本	降低	增加(治理污染费用)
经济效益	增加	减少(用于治理污染)
治理污染费用	减少	随排放标准的逐渐严格,费用增加
污染转移	无	有可能
目标对象	全社会	企业及周围环境

　　与过去相比,中国工业污染防治战略目前正在发生重大变化,逐步从末端治理向源头和全过程控制转变,从浓度控制向总量和浓度控制相结合转变,从点源治理向流域和区域综合治理转变,从简单的企业治理向调整产业结构、清洁生产和发展循环经济转变。图9-1说明了人类污染防治战略发展的历程。

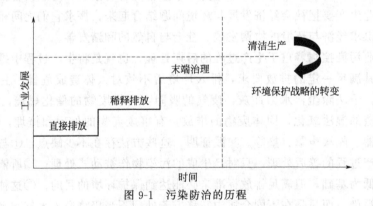

图 9-1　污染防治的历程

9.1.2　清洁生产的概念、方法和全过程

　　清洁生产即无废工艺,就是实际运用各种知识、方法和手段,在人类需求的范围内最合理地利用自然资源和能源以及保护环境,即使原料和能源在原料资源→生产→消费→二次原料资源的循环中得到最合理的综合利用。

　　清洁生产谋求达到两个目标:①通过资源的综合利用,短缺资源的代用,二次资源的利用以及节能、省料、节水、合理利用自然资源,减缓资源的耗竭;②减少废料和污染物的生成和排放,促进工业产品的生产、消费过程与环境相容,降低工业生产对人类和环境的危害。

清洁生产包括 3 个方面的内容：①清洁的能源。即常规能源的清洁利用，可再生能源的利用，新能源的开发，各种节能技术。②清洁的生产过程。尽量少用、不用有毒原料，减少生产过程中的各种危险性因素、物料的再循环；简便、可靠的操作和控制，完善的管理等。③清洁的产品。节约原料和能源，少用昂贵和稀缺的原料；产品使用过程中以及使用后不产生危害人体健康和生态环境的因素，易于回收、复用、再生，合理包装，合理使用功能和使用寿命。

推行清洁生产，企业要对生产全过程进行审查控制，对生产全过程的每个环节，每道工序，可能产生污染的情况进行审查，找出高耗、排污的原因，制定对策、方案，防止污染产生。

首先审查企业产品是否有毒有害有污染。第二，审查企业使用的原料、材料、助剂、辅料、燃料等是否有毒。第三，审查企业的管理情况，通过对工艺、设备、原材料消耗、生产组织、环境保护的管理情况进行审查。推行清洁生产有着重要的意义，它体现了经济效益和环境效益、社会效益的统一。

清洁生产内容包含两个全过程控制：

① 产品的生命周期全过程控制。即从原材料加工、提炼到产品产出、产品使用直到报废处置的各个环节，采取必要的措施，实现产品整个生命周期资源和能源消耗的最小化。

② 生产的全过程控制。即从产品开发、规划、设计、建设、生产到运营管理的全过程，采取措施，提高效率，防止生态破坏和污染的发生。

清洁生产的内容既体现于宏观层次上的总体污染预防战略中，又体现于微观层次上的企业预防污染措施中。在宏观上，清洁生产的提出和实施使污染预防的思想直接体现在行业的发展规划、工业布局、产业结构调整、工艺技术以及管理模式的完善等方面。如我国许多行业、部门提出严格限制和禁止能源消耗高、资源浪费大、污染严重的产业和产品发展，对污染重、质量低、消耗高的企业实行关、停、并、转等，都体现了清洁生产战略对宏观调控的重要影响。在微观上，清洁生产通过具体的手段措施达到生产全过程污染预防。如应用生命周期评价、清洁生产审核、环境管理体系、产品环境标志、产品生态设计、环境会计等各种工具，这些工具都要求在实施时必须深入组织的生产、营销、财务和环保等各个环节。

针对企业而言，推行清洁生产主要进行清洁生产审核，对企业正在进行或计划进行的工业生产进行预防污染分析和评估。这是一套系统的、科学的、操作性很强的程序。从原材料和能源、工艺技术、设备、过程控制、管理、员工、产品、废物这 8 条途径，通过全过程定量评估，运用投入-产出的经济学原理，找出不合理排污点位，确定削减排污方案，从而获得企业环境绩效的不断改进以及企业经济效益的不断提高。

9.1.3　开展清洁生产的意义

清洁生产是在回顾和总结工业化实践的基础上提出的关于产品和生产过程预防污染的一种全新战略。它综合考虑了生产和消费过程的环境风险（资源和环境容量）、成本和经济效益，是社会经济发展和环境保护对策演变到一定阶段的必然结果。清洁生产的意义主要在于：

① 清洁生产是实现可持续发展的必然选择和重要保障。清洁生产强调从源头抓起，着眼于全过程控制。不仅尽可能地提高资源能源利用率和原材料转化率，减少对资源的消耗和浪费，从而保障资源的永续利用，而且通过清洁生产，把污染消除在生产过程中，可以尽可

能地减少污染物的产生量和排放量，大大减少对人类的危害和对环境的污染，改善环境质量。实现了经济效益和环境效益的统一，体现了可持续发展的要求。

② 清洁生产是工业文明的重要过程和标志。清洁生产强调提高企业的管理水平，提高包括管理人员、工程技术人员、操作工人在内的所有员工在经济观念、环境意识、参与管理意识、技术水平、职业道德等方面的素质。同时，清洁生产还可有效改善操作工人的劳动环境和操作条件，减轻生产过程对员工健康的影响，为企业树立良好的社会形象，促使公众对其产品的支持，提高企业的市场竞争力。

③ 清洁生产是防治工业污染的最佳模式。清洁生产借助于各种相关理论和技术，在产品的整个生命周期的各个环节采取"预防"措施，通过将生产技术、生产过程、经营管理及产品消费等方面与物流、能量、信息等要素有机结合起来，并优化运行方式，从而实现最小的环境影响，最少的资源、能源使用，最佳的管理模式以及最优化的经济增长水平。

④ 开展清洁生产是促进环保产业发展的重要举措。在当前环境质量状况不断恶化、对环境改善的呼声日渐增高的情况下，环保产业的兴起是当前一个重要趋势，是未来我国新的经济增长点。而开展清洁生产活动可以大大提高对环保产业的需求，促进环保产业的发展。

9.2 清洁生产的法律法规

中国清洁生产的实践表明，现行条件下，由于企业内部存在一系列实施清洁生产的障碍约束，要使作为清洁生产主体的企业完全自发地采取自觉主动的清洁生产行动是极其困难的。单纯依靠培训和企业清洁生产示范推动清洁生产，其作用也不能保证清洁生产广泛、持久地实施。通过政府建立起适应清洁生产特点和需要的政策、法规，营造有利于调动企业实施清洁生产的外部环境，将是促进中国清洁生产发展的关键。自1993年我国开始推行清洁生产以来，在促进清洁生产的经济政策和产业政策的颁布实施以及相关法律法规建设方面取得了较快的发展，为推动我国清洁生产向纵深发展提供了一定的政策法规保障。

9.2.1 清洁生产法的目的

所谓法的基本目的，也称法的观念、法的基本作用、法的基本任务或法的本位，是指制定、实施某种法律所要达到的主要目标、实现的主要结果或保护的主要利益，通常决定着立法的指导思想、调整方向以及调整手段。不同的法律部门，以及处于不同发展阶段的同一法律部门，其基本目的或本位往往是不同的，如一般公认传统民法乃是权利本位法，传统行政法是权力本位法，而现代民法则是社会本位法等。

在市场经济条件下，经济法的调整对象是政府以社会公共管理者的身份实施经济管理时所发生的具有社会公共性的经济管理关系。这种社会公共经济管理是以承认并维护企业等市场主体的独立地位、经济自由为前提的，既不代替企业的经营决策，也不取代市场机制，而是在市场机制的基础上，着眼于社会整体，在企业外部进行适当干预，从而既可保持企业的充分活力，又可维护经济上的公共利益。而社会法则通过确认和规范政府在市场完全失灵的领域进行保护性控制，为社会提供非经济形态、非市场化的公共利益，如公共健康与安全保障利益等。污染控制法所对应的政府控制污染的重要内容，就是对所有权行使过程以及经济盲目发展所造成的环境污染进行适当干预和矫正，促使人类社会走上可持续发展之路，其所维护的环境公共利益既包括今世后代人的生命健康等非经济形态的公共利益，又包括经济上的公共利益。而著名环境法学家金瑞林教授基于对世界各国环境法的概括和比较分析，从理论上将环境法的目的分为两种："目的一元论"是指环境法以"保护人群健康"为唯一的最终目的的，而"目的二元论"是指以"保护人群健康，保障经济社会持续发展"为最终目的。其中，"目的一元论"显系建立在环境污染情势危急和将环境保护（以保护人体健康）与经济发展对立起来这一现实与思想基础之上的，充分强调了环境法所具有的社会控制或保护性控制的社会职能，强调了环境法所追求的保护生命健康等非经济性的环境利益，凸显了其社会法性质的一面；而"目的二元论"则是建立在承认环境与发展既相互制约又相互依存这一思想基础之上，强调在优先保护人体健康的前提下，兼顾持续的经济发展利益，在强调环境法承担的社会保护职能、追求的非经济性公共利益及其社会法本质的同时，也合理顾及其经济职能、经济性公共利益与经济法本质的一面。

总之，经济法、社会法、污染控制法分别系以维护经济公益、社会公益、环境公益为目标的"社会本位法"，其中环境公益又可进一步分为社会性环境公益和经济性环境公益，显属复合性利益。具体到清洁生产法而言，由于它在总体上相当于污染控制法与经济法之间的交叉领域，本质上乃是工业污染预防法、环境经济法，因而理所当然属于以维护环境公益与经济公益为己任的"社会本位法"。具体来说，清洁生产法所维护的公共利益乃是建立在尊重和体现生态规律、经济规律和社会规律的共同要求之上的，是环境利益、经济利益与社会利益的有机统一体，属于多类型、多层次的复合性公益，而非单一性公益。

9.2.2 我国清洁生产的发展阶段

从 20 世纪 80 年代中期清洁生产的产生开始，我国的清洁生产发展可分为 4 个阶段。

（1）理论准备及探索阶段

这个阶段主要是指 1993 年之前清洁生产在我国的发展时期。在此理论准备及探索阶段，一方面从国内企业开展清洁生产的成功案例中得到经验；另一方面是引进外国的清洁生产理念及方法。在这个时期，我国提出消除"三废"的根本途径是技术改造，但关于清洁生产的思想只是零星地体现在环境保护管理的相关政策文件中。1989 年，联合国环境规划署提出推行清洁生产的行动计划后，清洁生产的理念和方法开始引入我国。1992 年召开的联合国环境与发展大会上，正式将清洁生产定为《21 世纪议程》的主体，使之成为工业生产的发展模式，在国际上取得了认可。1992 年 8 月，国务院制定了《环境与发展十大对策》，提出"新建、改建、扩建项目时，技术起点要高，尽量采用能耗物耗小、污染物排放量少的清洁生产工艺"。这个时期，我国虽已认识到清洁生产在环境保护中的重要性，但限于技术水平、资金条件和不合理的产业结构的制约，使得这一政策的作用并没有完全发挥。

（2）立法和审核试点阶段

该阶段主要是指 1993～2002 年，我国清洁生产出自发阶段进入政府有组织推广的阶段。这一阶段的基本特征是清洁生产在法律政策上的确立、清洁生产的概念和方法的引进及在国内的推广。在该阶段，国内先后颁布的《中华人民共和国固体废物污染环境防治法》《中华人民共和国大气污染防治法》《中华人民共和国水污染防治法》《关于环境保护若干问题的决定》和《建设项目环境保护管理条例》等法律法规中，都增加了关于清洁生产的内容。1999年，全国人大环境与资源保护委员会将《中华人民共和国清洁生产法》的制定列入立法计划。2003 年 1 月 1 日，《中华人民共和国清洁生产促进法》开始实施，这是我国清洁生产和循环经济的里程碑。1999 年 5 月，清洁生产进入审核试点阶段，国家经贸委发布了《关于实施清洁生产示范试点的通知》，选择试点行业开展清洁生产示范和试点。彼时，山西省太原市被联合国环境规划署和中国环境与发展国际合作委员会确定为我国第一个清洁生产示范城市，同时被国家经贸委和国家环保总局确定为第一个清洁生产试点城市。

（3）推行阶段

从 2003 年开始，在法律法规的促进下，我国的清洁生产工作从部分地区和部分行业的试点示范阶段走向了推广阶段，清洁生产在各地推行。开展清洁生产审核工作的省份也从以前的不足 10 个，扩大到全国近 30 个省、自治区、直辖市，行业也从原来的化工、造纸、电镀建材等有限的行业扩展到 20 多个行业。重庆市政府在 2003 年就制定了《关于促进清洁生产的实施意见》，将清洁生产纳入全市国民经济和社会发展规划以及环境保护等规划，作为转变经济增长方式的重要手段。辽宁省作为全国的重化工业基地，开始积极探索清洁生产工作新思路，通过三个保障、三个结合、三个支撑、三个延伸等措施，逐步深入推行清洁生产工作，强化了环境优化经济发展理念。其中一项是队伍支撑，1999～2004 年为期 5 年的欧盟-中国辽宁清洁生产合作项目培养了 10 名清洁生产高级审核员，建立了 24 个清洁生产审核机构，由清洁生产专家和行业专家组成了辽宁省清洁生产审核技术指导组。

（4）发展完善阶段

为贯彻落实《中华人民共和国清洁生产促进法》，评价企业清洁生产水平，指导和推动企业依法实施清洁生产，国家发改委编制了 30 个重点行业的清洁生产评价指标体系，包括煤炭、铝业、铬盐、包装等行业，我国清洁生产制度不断走向完善。2008 年 7 月 1 日出台了《关于进一步加强重点企业清洁生产审核工作的通知》《重点企业清洁生产审核评估、验收实施指南》和《需重点审核的有毒有害物质名录》，标志着重点企业清洁生产审核评估验收制度的确立。在此阶段，中国培育发展了一批清洁生产审核人员，重点企业清洁生产审核成效显著，2006 年开展的重点企业强制性清洁生产审核后，企业对清洁生产的投入不断增加。强制性清洁生产审核制度的建立和实施，有效地覆盖了对环境污染贡献率较大的"双超""双有"工业污染源以及"国家、省级环保部门确定的污染减排重点污染源企业"，成果显著。

9.2.3 我国清洁生产相关法规进展

1992 年 5 月，国家环保局与联合国环境规划署联合在中国举办了第一次国际清洁生产研讨会，推出了"中国清洁生产行动计划（草案）"。

1992 年，党中央和国务院批准的《环境与发展十大对策》明确提出新建、扩建、改建项目，技术起点要高，尽量采用能耗、物耗小，污染物排放量少的清洁工艺。

1993 年，召开的第二次全国工业污染防治工作会议提出了工业污染防治必须从单纯的末端治理向对生产全过程进行控制转变，实行清洁生产。

1994 年，中国制定的《中国 21 世纪议程——中国 21 世纪人口、环境与发展白皮书》中，把实施清洁生产列入了实现可持续发展的主要对策：强调污染防治逐步从浓度控制转变为总量控制、从末端治理转变到全过程防治，推行清洁生产；鼓励采用清洁生产方式使用能源和资源；提出制定与中国目前经济发展水平和国力相适应的清洁生产标准和原则；并配套制定相应的法规和经济手段，开发无公害、少污染、低消耗的清洁生产工艺和产品。

1995 年，通过的《中华人民共和国固体废物污染环境防治法》第四条明确指出："国家鼓励、支持开展清洁生产。减少固体废物的产生量"。这是中国第一次将"清洁生产"的概念写进法律中。该法律于 2000 年修订，第三条指出："国家对固体废物污染环境的防治，实行减少固体废物的产生量和危害性、充分合理利用固体废物和无害化处置固体废物的原则，促进清洁生产和循环经济发展"；第十八条规定："产品和包装物的设计、制造，应当遵守国家有关清洁生产的规定。"

1996 年召开的第四次全国环境保护会议提出了到 20 世纪末把主要污染物排放总量控制在"八五"末期水平的总量控制目标，会后颁发的《国务院关于环境保护若干问题的决定》再次强调了要推行清洁生产。

1996 年 12 月，国家环境保护局主持编写《企业清洁生产审核手册》，由中国环境科学出版社出版发行。

1997 年 4 月 14 日，国家环保局发布的《国家环境保护局关于推行清洁生产的若干意见》中指出，"九五"期间推行清洁生产的总体目标是：以实施可持续发展战略为宗旨，切实转变工业经济增长和污染防治方式，把推行清洁生产作为建设环境与发展综合决策机制的重要内容，与企业技术改造、加强企业管理、建立现代企业制度以及污染物达标排放和总量控制结合起来，制定促进清洁生产的激励政策，力争到 2000 年建成比较完善的清洁生产管理体制和运行机制。

1998 年 11 月，《建设项目环境保护管理条例》（国务院令第 235 号）明确规定：工业建设项目应当采用能耗、物耗小，污染物排放量少的清洁生产工艺，合理利用自然资源，防止环境污染和生态破坏。

1999 年 5 月，原国家经贸委发布了《关于实施清洁生产示范试点计划的通知》。

1999 年，全国人大环境与资源保护委员会将《清洁生产法》的制定列入立法计划。

2000 年、2003 年、2006 年，国家经贸委、国家经贸委和国家环境保护总局、国家发改委和国家环境保护总局分别公布了《国家重点行业清洁生产技术导向目录》，涉及 13 个行业、共 131 项清洁生产技术（今后还将继续发布），这些技术经过生产实践证明，具有明显的环境效益、经济效益和社会效益，可以在本行业或同类性质生产装置上推行应用。

2002 年 6 月 29 日，由中华人民共和国第九届全国人民代表大会常务委员会第二十八次会议通过的《中华人民共和国清洁生产促进法》是第一部冠以"清洁生产"的法律，表明国家鼓励和促进清洁生产的决心，"在中华人民共和国领域内，从事生产和服务活动的单位以及从事相关管理活动的部门依照本法规定，组织、实施清洁生产"。

2003～2008 年，国家环境保护总局发布了 35 个行业的"清洁生产标准"，用于企业的清洁生产审核和对清洁生产潜力与机会的判断，以及清洁生产绩效评估和清洁生产绩效公告。

2003 年 12 月 17 日，国务院办公厅转发发改委等 11 个部门《关于加快推行清洁生产意见的通知》，以加快推行清洁生产、提高资源利用效率、减少污染物的产生和排放、保护环境、增强企业竞争力、促进经济社会可持续发展。

2004 年 8 月 16 日，国家发展和改革委员会、国家环境保护总局制定并审议通过了《清洁生产审核暂行办法》，遵循企业资源审核与国家强制性审核相结合、企业自主审核与外部协助审核相结合的原则，因地制宜，有序开展清洁生产审核。2005 年 12 月 13 日，国家环境保护总局制定了《重点企业清洁生产审核程序的规定》，以规范有序地开展全国重点企业清洁生产审核工作。

2007 年 4 月 23 日，国家发展和改革委员会发布了七个行业的《清洁生产评价指标体系（试行）》，用于评价企业的清洁生产水平，作为创建清洁生产企业的主要依据，并为企业推行清洁生产提供技术指导。

2008 年 7 月 1 日，环境保护部发布了《关于进一步加强重点企业清洁生产审核工作的通知》（环发〔2008〕60 号）以及《重点企业清洁生产审核评估、验收实施指南（试行）》，用于《清洁生产促进法》中规定的"污染物排放超过国家和地方规定的排放标准或者超过经有关地方人民政府核定的污染物排放总量控制指标的企业：使用有毒、有害原料进行生产或者在生产中排放有毒、有害物质的企业"，也适用于国家和省级环保部门根据污染减排工作需要确定的重点企业。

2009 年 10 月 31 日，环保部发布的《关于贯彻落实抑制部分行业产能过剩和重复建设引导产业健康发展的通知》（环发〔2009〕127 号）中第十条规定"对'双超双有'企业（污染物排放浓度超标、主要污染物排放总量超过控制指标的企业和使用有毒、有害原料进行生产或者在生产中排放有毒、有害物质的企业）实行强制性清洁生产审核，对达不到清洁生产要求和拒不实施清洁生产审核的企业应限期整改"。

2010 年 4 月，环保部发布了《关于深入推进重点企业清洁生产的通知》（环发〔2010〕54 号）。该文件加强了对重点企业实施清洁生产的监督检查。

2012 年 2 月 29 日，第十一届全国人民代表大会常务委员会第二十五次会议通过了《全国人民代表大会常务委员会关于修改〈中华人民共和国清洁生产促进法〉的决定》，自 2012 年 7 月 1 日起施行。修改后的《清洁生产促进法》强化了企业清洁生产审核制度，推进企业实施清洁生产。

2012 年 3 月 22 日，环保部发布的《关于深入开展重点行业环保核查进一步强化工业污染防治工作的通知》（环发〔2012〕32 号）中把依法实施清洁生产情况列入了行业环保核查的主要内容。

9.3 清洁生产的审核理念

清洁生产审核是企业实施清洁生产的有效途径，其法律依据是《中华人民共和国清洁生产促进法》。通过清洁生产审核，对企业生产全过程的重点（或优先）环节、工序产生的污染进行定量监测，找出高物耗、高能耗、高污染的原因，然后有的放矢地提出对策、制订方案，减少和防止污染物的产生。特别要指出的是：本章论述内容主要依据国家发改委和国家环境保护总局 2002 年颁布的《清洁生产促进法》和 2004 年 8 月 16 日颁布的《清洁生产审核暂行办法》。2012 年，国家对《清洁生产促进法》进行了修订，并于 2004 年 8 月 16 日颁布了《清洁生产审核暂行办法》，2012 年国家对《清洁生产促进法》进行了修订，并于 2016 年 7 月 1 日正式实施修订后的《清洁生产审核办法》。本书在确定强制性审核对象时，除了传统意义的"双超双有"企业外，增加"超过单位产品能源消耗限额标准构成高耗能的企业"，即"高耗能"企业。

9.3.1 清洁生产审核的概念和目标

《清洁生产审核暂行办法》所称的清洁生产审核，是指按照一定程序，对生产和服务过程进行调查和诊断，找出能耗高、物耗高、污染重的原因，提出减少有毒有害物料的使用、产生，降低能耗、物耗以及废物产生的方案，进而选定技术经济及环境可行的清洁生产方案的过程。企业的清洁生产审核是一种对污染来源、废物产生原因及其整体解决方案的系统地分析和实施过程，旨在通过实行预防污染的分析和评估，寻找尽可能高效率利用资源（如：原辅材料、能源、水资源等），减少或消除废物的产生和排放的方法，是企业实行清洁生产的重要前提和基础。持续的清洁生产审核活动会不断产生各种清洁生产的方案，有利于组织在生产和服务过程中逐步实施，从而使其环境绩效持续得到改进，开展清洁生产审核的目标如下：

① 核对有关单元操作、原材料、产品、用水、能源和废弃物的资料；

② 确定废弃物的来源、数量以及类型，确定废弃物削减的目标，制定经济有效的削减废弃物产生的对策；

③ 提高企业对由削减废弃物获得效益的认识和知识；

④ 判定企业效率低的瓶颈部位和管理不善的地方；

⑤ 提高企业经济效益、产品质量和服务质量。

9.3.2 清洁生产审核的对象和特点

组织实施清洁生产审核的最终目的是减少污染、保护环境、节约资源、降低费用，增强组织和全社会的福利，清洁生产审核的对象是组织，其目的有两个：一是判定出组织中不符合清洁生产的方面和做法；二是提出方案并解决这些问题，从而实现清洁生产。

(1) 清洁生产的审核对象

清洁生产审核虽然起源并发展于第二产业，但其原理和程序同样适用于第一产业和第三产业。因此，无论是工业型组织，如工业生产企业，还是非工业型组织，如服务行业的酒店、农场等任意类型的组织，均可开展清洁生产审核活动。

第一产业即农业。农业的迅猛发展，在丰富人们的餐桌的同时，也产生了农业环境的污染，尤其是近年来农业面源污染呈现上升趋势。例如随着畜禽养殖业的快速发展，其环境污染总量、污染程度和分布区域都发生了极大的变化。目前我国畜禽养殖业正逐步向集约化、专业化方向发展，不仅污染量大幅度增加，而且污染呈集中趋势，出现了许多大型污染源：畜禽养殖业正逐渐向城郊地区集中，加大了对城镇环境的压力。由于畜禽养殖业多样化经营的特点，使得这种污染在许多地方以面源的形式出现，呈现出"面上开花"的状况。同时养殖业和种植业日益分离，畜禽粪便用于农田肥料的比重大幅度下降；畜禽粪便乱排乱堆的现象越来越普遍，使环境污染日益加重。农业方面的环境问题还表现在水资源的极大浪费、化肥污染、农药的污染等许多方面。

第二产业即工业，工业企业是推进清洁生产的重中之重，尤其是重点企业是清洁生产审核的重点。《重点企业清洁生产审核程序的规定》中规定的重点企业如下。

① 污染物超标排放或者污染物排放总量超过规定限额的污染严重企业（即"双超"类重点企业）。

② 生产中使用或排放有毒有害物质的企业（有毒有害物质是指被列入《危险货物品名录》（GB 12268—2012）、《危险化学品名录》《国家危险废物名录》和《剧毒化学品目录》中的剧毒、强腐蚀性、强刺激性、放射性（不包括核电设施和军工核设施）、致癌、致畸等物质，即"双有"类重点企业。

第三产业即服务业。如餐饮业、酒店、洗浴业等，在水污染、大气污染和噪声扰民问题上已越来越引起人们的关注。相当一部分城市餐饮业造成的大气污染、洗浴业造成的水资源过度消耗，已到了不容忽视的地步；相当一部分学校、银行等组织，资源浪费的问题也十分突出。这些行业节能、降耗潜力巨大。

（2）清洁生产审核的特点

清洁生产审核具有如下特点：

① 鲜明的目的性 清洁生产审核特别强调节能、降耗、减污，并与现代企业的管理要求相一致，具有鲜明的目的性。

② 系统性 清洁生产审核以生产过程为主体，考虑与生产过程相关的各个方面，从原材料投入到产品改进，从技术革新到加强管理等，设计了一套发现问题、解决问题、持续实施的系统而完整的方法。

③ 突出预防性 清洁生产审核的目标就是减少废弃物的产生，从源头消减污染，从而达到预防污染的目的，这个思想贯穿在整个审核过程的始终。

④ 符合经济性 污染物一经产生需要花费很高的代价去收集、处理和处置，使其无害化，这也就是末端处理费用往往使许多企业难以承担的原因，而清洁生产审核倡导在污染物产生之前就削减，不仅可减轻末端处理的负担，同时减少了原材料的浪费，提高了原材料的利用率和产品的得率，事实上，国内外许多经过清洁生产审核的企业都证明了清洁生产审核可以给企业带来经济效益。

⑤ 强调持续性 清洁生产审核非常强调持续性，无论是审核重点的选择，还是方案的滚动实施均体现了从点到面、逐步改善的持续性原则。

⑥ 注重可操作性 清洁生产审核的每一个步骤均能与企业的实际情况相结合，在审核程序上是规范的，即不漏过任何一个清洁生产机会，而在方案实施上则是灵活的，即当企业的经济条件有限时，可先实施一些无/低费方案，以积累资金，逐步实施中/高费方案。

9.3.3 清洁生产审核原则

清洁生产审核首先是对组织现在的和计划进行的产品生产和服务实行预防污染的分析和评估。在实行预防污染分析和评估的过程中，制定并实施减少能源、资源和原材料使用，消除或减少产品和生产过程中有毒物质的使用，减少各种废弃物排放的数量及其毒性的方案。

根据清洁生产审核的程序内容，可以得出其核心方法或审核思路。

清洁生产审核的总体思路可以用三句话来概括，即判明废弃物的产生部位，分析废弃物的产生原因，提出方案减少或消除废弃物。图 9-2 表述了清洁生产审核的思路。

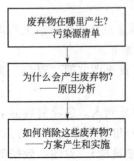

图 9-2　清洁生产审核思路

① 废弃物在哪里产生？通过现场调查和物料平衡找出废弃物的产生部位并确定产生量，这里的"废弃物"包括各种废物和排放物。

② 为什么会产生废弃物？一个生产过程一般可以用图 9-3 简单地表示出来。

③ 如何消除这些废弃物？针对每一种废弃物的产生原因，设计相应的清洁生产方案，包括无/低费方案和中/高费方案，方案可以是一个、几个甚至更多个，通过这些清洁生产方案来消除废弃物，从而达到减少废弃物产生的目的。

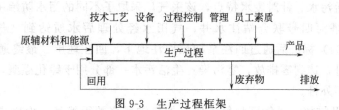

图 9-3　生产过程框架

审核思路提出要分析污染物产生的原因和提出预防或减少污染产生的方案，这两项工作该如何去做呢？这就涉及审核中思考这些问题的八个途径或者说生产过程的八个方面，也就是说，八个途径和八个方面是一致的，污染产生的原因和方案的提出都从这八个途径或八个方面入手。首先，让我们先来看看生产过程的八个方面。清洁生产强调在生产过程中预防或减少污染物的产生，由此，清洁生产非常关注生产过程，这也是清洁生产与末端治理的重要区别之一。

一个生产和服务过程可抽象成如图 9-3 所示的八个方面，即原辅材料和能源、技术工艺、设备、过程控制、管理、员工素质六方面的输入，得出产品和废弃物的输出，可回收利用或循环使用的废弃物回用后，剩余部分向外界环境排放。从清洁生产的角度认为，废弃物产生的原因跟这八个方面都可能相关，这八个方面的某几个方面直接导致废弃物的产生。

为了找出企业问题的所在，可以参考图 9-4。

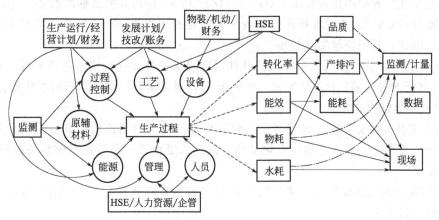

图 9-4　发现问题的途径

9.4　某采气厂清洁生产审核实例

某采气厂完成石油工业可持续发展任务的同时，将清洁生产、节约能源工作与环境保护、污染防治有机地结合起来，维持能源与环境的和谐。通过对实施清洁生产和整体解决方案进行系统化的分析，并产生、汇总和判定清洁生产方案，从而实现企业增产减污、清洁发展，实现环境绩效与经济绩效的有机统一。

(1) 清洁生产审核工作开展分析

① 污染物产生及控制

ⅰ 废水产生及排放　根据现场勘察及收集材料，废水排放的种类主要为液化气分离出的含油污水和生活污水。针对废水特点，该采气厂采取了不同的污水防治手段。含油污水通过污水泵输送至塔河四号联合站注水井，气田水经处理后水质达到《气田水回注方法》（SY/T 6596—2004）标准后通过回注泵加压回注地下，回注地层，最终通过污水回灌站回灌到地层，不外排，达到零排放，零污染；生活污水一部分用于绿化灌溉，一部分排入污水池，自然干化，不外排。

ⅱ 废气产生及排放　采气厂废气主要有加热炉燃烧的天然气、检修或紧急状态下放空火炬燃烧天然气产生的废气，主要污染物有 SO_2 和烟尘。对该采气厂进行废弃检测，发现大气污染物排放浓度满足《锅炉大气污染物排放标准》（GB 13271—2014）中标准要求。

ⅲ 固体产生及排放　工业垃圾产生的固体废物主要为三相分离器分离出的含油污水处理产生的含油污泥和职工生活产生的生活垃圾。该工业共设 2 座干化池，其中一个污水处理站干化池干化后的污泥由油田特管中心拉运至危险固体废物填埋场处理。另一个集油处理站干化池的含油污泥干化处理后，内部贮存，不外排。生活垃圾收集后由某公司油田工程服务分公司工作部负责收集，并运送到某分公司固废填埋场卫生填埋处理，不外排。危险固废贮存满足《危险废物贮存污染控制标准》（GB 18597—2001）标准要求。

ⅳ 噪声产生及排放　采气厂噪声源主要为泵类、电机、压缩机、空冷机等设备。噪声源强在 65～85dB（A）之间，各站设备全部选用低噪声设备，全部安装在泵房和机房内，并设置隔声屏障，通过源头控制、基础减振、隔声、距离衰减等治理措施后，厂界噪声能够达到《工业企业厂界噪声排放标准》（GB 12348—2008）中的 3 类区标准的要求［昼间 65dB（A）、夜间 55dB(A)］。通过现状调查发现采气厂各站场周边 100m 范围内均无居民区等环境敏感点，因此，对声环境影响较小。

② 清洁生产水平　参照《中华人民共和国环境保护行业标准清洁生产标准　石油天然气开采业》（征求意见稿）HJ/T ××—2004 标准，对该采气厂清洁生产水平作出评价。

ⅰ 采气及集输作业

a. 生产工艺与装备要求　该采气厂天然气集输流程为密闭流程，放空系统采用双开关点火，达到二级水平；具备天然气净化设施，达到二级水平；采气过程中具备醇回收设施，达到二级水平。

b. 资源能源利用指标方面　该采气厂 2014 年综合能耗指标为 18.20kg 标煤/t 油气，综合能耗达到一级水平。

ⅱ 各专业环境管理要求　环境法律法规标准：该采气厂符合国家和地方有关环境法律、法规，以及总量控制和排污许可证管理要求；污染物排放达到国家和地方排放标准，达到一级水平。

③ 清洁生产审核工作开展概况　为了全面开展清洁生产，根据某油田分公司统一安排，该采气厂成立了审核小组。审核小组明确清洁生产审核方案，制订清洁生产审核工作计划，单位宣传清洁生产的概念和意义，阐明清洁生产发展趋势和实施清洁生产的必要性；对企业说明清洁生产对企业的作用，论述如何推进和实施清洁生产；分析企业目前存在的主要问题并提出污染预防方案，通过系统地实施清洁生产审核，使企业达到"节能、降耗、减污、增效"的目的。

(2) 清洁生产方案汇总

在考察分析的基础上，首先对方案实施进行初步分析和判断，然后召集特聘技术专家进行评审，对汇总后的方案进行讨论，利用简易筛选法从环境效益、技术可行性、经济效益及对生产的影响等方面确定其可行程度，经过讨论确定：

    a. 无费方案：0 万元。

    b. 低费方案：低于 50 万元（包括 50 万元）。

    c. 中费方案：介于 50 万～100 万元之间（包括 100 万元）。

    d. 高费方案：高于 100 万元以上。

① 方案绩效分析　通过本轮清洁生产，该企业取得了较好成绩，初步筛选出清洁生产方案 21 项，其中 15 项无/低费方案，6 项中/高费方案；已实施方案 19 项，未实施方案 2 项。无/低费方案实施了 100%，中/高费方案实施了 33%。

② 已实施方案对组织的影响分析　通过清洁生产审核工作，该采气厂完善了原先的技术设备，使员工高度重视清洁生产活动，同时完成作业区节能减排、控制污染和增产增效的目标。在审核过程中，已实施 19 个，未实施 2 个，中/高费有 2 个未实施。

ⅰ 已实施的无/低费方案影响分析　本轮清洁生产无/低费方案共 15 个，均已实施，共投资 170.36 万元，取得的经济效益和环境效益表现在节电、节约原材料等，产生收益 820.05 万元/年。节约电能 $1.38 \times 10^6 kW \cdot h/a$ 节约天然气 $2.1 \times 10^6 m^3/a$ 节约废油 0.584t/a，节约四氯化碳 0.5L/a，节约纸 60 箱/年。节约打印机 10 台/年，节约轻烃 400t/a，节约润滑油 1600L/a。

ⅱ 已实施的中/高费方案影响分析　截至目前，该采气厂已实施中/高费方案 4 个，投资 458 万元，产生收益 1566.44 万元/年。节约电能 $2 \times 10^6 kW \cdot h/a$；节约天然气 $2.4 \times 10^5 m^3/a$；节约 EUE 油管 600 根；TP-JC 油管 600 根，13CrFOX 扣油管 600 根；节约轻烃 1400t，取得一定的经济效益和环境效益。

ⅲ 未实施的中/高费方案的分析　中/高费方案 2 个，投资 280 万元，产生收益 9603.25 万元/年。节约天然气 $7.3 \times 10^7 m^3/a$，减少乙二醇 70t/a，增加轻烃产量 $7300 m^3/a$。

（3）清洁生产审核成果

① 审核成效　通过对该采气厂领导、各岗位部门主管和员工有计划、有针对性地进行清洁生产、环保方面的培训和教育，使各级领导和员工在思想上充分认识其重要性，从理论上接受清洁生产理念，让全体员工对清洁生产活动有了明确的认识，从而提高了对环保理念的理解，更好地在实际生产过程中达到节能降耗和减污增效的目标。

② 环境效益

ⅰ 节约资源和能源　通过清洁生产审核，其具体节能情况如下：节约电能 $3.36 \times 10^6 kW \cdot h/a$，节约天然气 $7.5 \times 10^7 m^3/a$，节约废油 0.584t/a，节约四氯化碳 0.5L/a，节约纸 60 箱/a，节约打印机 10 台/a，节约轻烃 1800t/a，节约润滑油 1600L/a，节约 EUE 油管 600 根，TP-JC 油管 600 根，13CrFOX 扣油管 600 根，节约乙二醇 70t/a，增加轻烃产量 $7300 m^3/a$。

ⅱ 总减排量（直接减排＋间接减排）　通过本轮清洁生产审核，该采气厂污染物减排效果比较明显，具体减排情况（环境效益）如下：减少废气排放 $9.3 \times 10^8 m^3/a$；减少 CO_2 排放 67418.47t/a；减少 NO_x 排放 1586.49t/a；减少 SO_2 排放 73.70t/a；减少固体废物排放 1.3t/a。

ⅲ 直接减排量　减少废气排放 $9.1 \times 10^9 m^3/a$；减少 CO_2 排放 65843.67t/a；减少 NO_x 排放 1533.26t/a；减少 SO_2 排放 46.10t/a；减少固体废物排放 1.3t/a。

③ 经济效益　通过本轮清洁生产审核后，为该采气厂带来可观的经济效益，具体经济

效益如下：

 ⅰ 总体经济效益情况（直接效益＋间接效益）

 a. 无/低费方案经济效益情况：820.05 万元/年。

 b. 中/高费方案经济效益情况：11169.69 万元/年。

 c. 总计该采气厂方案经济效益情况：11989.74 万元/年。

 ⅱ 直接经济效益情况 本次该采气厂总计直接经济效益为 9013.19 万元/年。

 总体上讲，该采气厂通过本轮审核，以源头削减、全过程控制为原则，通过清洁生产方案的实施，并对各清洁生产方案的经济和环境绩效进行了详细统计和测算。其结果证明该企业通过清洁生产审核达到了预期的清洁生产目标，清洁生产水平较审核前有所提高。该采气厂在今后继续提升企业综合水平，加强管理制度，完善治理体系，引导企业经营活动走向可持续发展道路，保持经济效益和环境效益的协调。

思考题与习题

 1. 什么是清洁生产？其目的是什么？

 2. 简述清洁生产审核的原则和特点。

 3. 简述清洁生产的对象和重点。

 4. 列入强制性清洁生产审核的企业应该如何进行工作？

参考文献

[1] 曲向荣编著. 清洁生产与循环经济[M]. 北京：清华大学出版社，2014.

[2] 鲍建国，周发武编著. 清洁生产实用教程[M]. 北京：中国环境出版社，2014.

[3] 王明元著. 清洁生产法论[M]. 北京：清华大学出版社，2004.

[4] 渠开跃，吴鹏飞，吕芳编. 清洁生产[M]. 北京：化学工业出版社，2017.

[5] 奚旦立，徐淑红，高春梅编. 清洁生产与循环经济[M]. 北京：化学工业出版社，2013.

[6] 郭海明. 某采气厂清洁生产审核实例[J]. 科技创新与应用，2019，2：62-66.

第10章

环境质量评价

10.1 环境质量评价概论

10.1.1 环境质量定义与基本特征

(1) 环境质量

环境质量是一种对人类生存和发展适宜程度的标志，环境问题也大多是指环境质量变化问题。环境质量包括环境的整体质量（或综合质量），如城市环境质量和各环境要素的质量，即大气环境质量、水环境质量、土壤环境质量、生态环境质量。

表征环境质量的优劣或变化趋势常采用一组参数，可称为环境质量参数。它们是对环境组成要素中各种物质的测定值或评定值。例如，以 pH 值、化学需氧量、溶解氧浓度和微量有害化学元素的含量、农药含量、细菌菌群数等参数表征水环境质量。

为了保护人体健康和生物的生存环境，以对污染物（或有害因素）的含量做出限制性规定，或者根据不同的用途和适宜性，将环境质量分为不同的等级，并规定其污染物含量限值或某些环境参数（如水中溶解氧）的要求值，这就构成了环境质量标准。这些标准就成为衡量环境质量的尺度。

(2) 环境的基本特性

环境的特性可以从不同的角度来认识和表述。从与环境评价密切关系的程度出发，可把环境系统的特性归纳为如下几点。

① 整体性与区域性　环境的整体性体现在环境系统的结构和功能方面。环境系统的各要素或各组成部分之间通过物质、能量流动网络而彼此关联，在不同的时刻呈现出不同的状态。环境系统的功能也不是各组成要素功能的简单加和，而是由各要素通过一定的联系方式所形成的与结构紧密相关的功能状态。

环境的整体性是环境最基本的特性。因此，对待环境问题也不能用孤立的观点。任何一种环境因素的变化，都可能导致环境整体质量的降低，并最终影响到人类的生存和发展。例如，燃煤排放 SO_2，恶化了大气环境质量；酸沉降酸化水体和土壤，进面导致水生生态系统和农业生态环境质量恶化，因而减少了农业产量并降低了农产品的品质。

同时，环境又有明显的区域差异，这一点生态环境表现得尤为突出。内陆的季风和逆温、滨海的海陆风，就是地理区域不同导致的大气环境差异。海南岛是热带生态系统，西北内陆却是荒漠生态系统，这是气候不同造成的生态环境差异。因此研究环境问题又必须注意其区域差异造成的差别和特殊性。

② 变动性和稳定性　环境的变动性是指在自然的、人为的或两者共同的作用下，环境的内部结构和外在状态始终处于不断变化之中。环境的稳定性是相对于变动性而言的。所谓稳定性是指环境系统具有一定的自我调节功能的特性，也就是说，环境结构与状态在自然的和人类社会行为的作用下，所发生的变化不超过这一限度时，环境可以借助于自身的调节功能使这些变化逐渐消失，环境结构和状态可以基本恢复到变化前的状态。例如，生态系统的恢复，水体自净作用等，都是这种调节功能的体现。

环境的变动性和稳定性是相辅相成的。变动是绝对的，稳定是相对的。前述的"限度"是决定能否稳定的条件，而这种"限度"由环境本身的结构和状态决定。目前的问题是由于人口快速增长，工业迅速发展，人类干扰环境和无止境的需求与自然的供给不成比例，各种污染物与日俱增，自然资源日趋枯竭，从而使环境发生剧烈变化，破坏了其稳定性。

③ 资源性与价值性　环境提供了人类存在和发展的空间，同时也提供了人类必需的物质和能量。环境为人类生存和发展提供必需的资源，这就是环境的资源性。也可以说，环境就是资源。

环境资源包括空气资源、生物资源、矿产资源、淡水资源、海洋资源、土地资源、森林资源等，这些环境资源属于物质性方面。环境提供的美好景观，广阔的空间，是另一类可满足人类精神需求的资源。环境也提供给人类多方面的服务，尤其是生态系统的环境服务功能，如涵养水源、防风固沙、保持水土等，都是人类不可缺少的生存与发展条件。

环境具有资源性，当然就具有价值性。人类的生存与发展，社会的进步，一刻都离不开环境。从这个意义上来看，环境具有不可估量的价值。对于环境的价值，有一个如何认识和评价的问题。历史地看，最初人们从环境中取得物质资料，满足生活和生产的需要，这是自然的行为，对环境造成的影响也不大。在长期的有意无意之中，形成了环境资源是取之不尽、用之不竭的观念，或者说环境无所谓价值、环境无价值的言论。随着人类社会的发展进步，特别是自工业革命以来，人类社会在经济、技术、文化等方面都得到突飞猛进的发展；人类对环境的要求增加，干预环境的程度、范围、方式等都大大不同于以往，对环境的压力增大。环境污染的产生，危害人体健康；环境资源的短缺，阻碍社会经济的可持续发展。人们开始认识到环境价值的存在。但不同的地区，由于文化传统、道德观念以及社会经济水平等的不同，所认为的环境价值往往有差异。

环境价值是一个动态的概念，随着社会的发展，环境资源日趋稀缺，人们对环境价值的认识在不断深入，环境的价值正在迅速增加。有些原先并不成为有价值的东西，也变得十分珍贵了。例如，阳光、海水、沙滩，现称"3S"资源，在农业社会是无所谓价值的，但在工业社会和城市化高度发展的今天，它们已成为旅游业的资源基础。从这点出发，对环境资源应持动态的、进步的观点。

10.1.2　环境质量评价

10.1.2.1　概念

环境质量评价就是对一定区域内环境质量的优劣进行定量的或定性的描述。

所谓定量描述就是采用一定的方法，把组成环境的最小单位（环境因子）转化为具体的数值，然后按照一定的评价标准（或背景值）和评价方法，对其质量的优劣进行说明、评价和预测。这是环境质量评价中经常采用的比较可靠的评价方法。

所谓定性描述，就是对那些无法转化或没必要转化为具体数值的指标（因子），凭直觉或某些现象进行粗略性的或估计性的评定。在进行初期环境质量评价过程中，或者是要求不高的环境质量评价中经常采用这种评价方法。

在地学等科学领域中，对一定区域的自然环境条件或某些自然资源（如矿产、水源、土壤、气候、林地等）本来就有评价的传统，这也属于环境质量评价的范畴。不过在环境污染和生态平衡破坏日趋严重的今天，环境质量评价已经具有新的含义。环境质量评价是环境保护工作者了解和掌握环境的重要手段之一，是进行环境保护、环境治理、环境规划以及进行环境研究的最基本的工作和重要的依据。因此，掌握环境质量评价技术，对于环保工作者来说，具有十分重要的意义，并且是必须具备的。

一个好的环境质量评价要把握这么几个关键：正确地认识环境，分解构成环境的因子；选择评价因子；正确地获取评价因子的性状数值；选择恰当的模式进行归纳和综合；将定量化的数据转化为定性的语言。

10.1.2.2　类型

环境质量评价是一门多学科多门类的综合性学科（自然的、社会的和经济的），它涉及的范围广（农业、工业、交通、科研、生活等），实用性强，评价的方法、评价的目的多。因此产生了多种多样的环境质量评价类型。

(1) 按评价的时间划分

即对某一具体环境在某一具体时间段的环境质量优劣进行评定。①对某一环境在过去某一时间段的质量优劣进行评定就叫环境质量回顾性评价；②对某一环境现在的质量优劣进行评定就叫环境质量现状评价；③对某一环境将来某一时间段的质量优劣进行评定就叫环境质量预断评价。

① 环境质量回顾性评价就是根据历史上积累下来的资料对一个区域过去某一历史时期的环境质量进行追溯性（回顾性）的评价。这种评价可以揭示出区域环境质量的变化过程，推测今后的发展趋势。但是这种评价往往受历史资料的限制，而不能进行准确可靠的评价，因此，这种评价具有很大的局限性，并且在日常工作中进行得比较少。

② 环境质量现状评价（经常简称为现状评价），一般是根据最近 2～3 年的环境监测结果和污染调查资料对一个区域内环境质量的变化及现状进行评定。它可以反映环境质量的目前状况，为区域环境污染的综合防治、环境规划、环境评价提供依据。这是环境保护工作者经常开展的一项工作。

③ 环境质量预断评价是根据目前的环境条件、社会条件及其发展状况，采用预测的方法对未来某一时间段的环境质量进行评定，例如，某一地区目前的环境质量状况为一般，根

据它的环境条件、社会、经济、人口等发展的趋势推断出到未来的环境质量状况，另外，如果对人类未来或即将实施的某项活动（工程、计划、规划、政策、战略等），会对环境质量变化产生何种影响、影响的程度有多大进行评定，从时间上来看该评价属于预断评价的范畴，但从评价的实质上来看，它又与之有很大的差别，前者是根据目前的环境条件和社会条件以及发展的趋势，采用推断的方法对未来某一时段的环境质量进行预测；后者除了要考虑环境条件、社会条件及其发展趋势之外，还要考虑人类活动本身对未来环境的影响，因此两者有着质的差别。这就是人们所熟知的环境质量评价，这也是本学科的重点内容之一。

(2) 根据构成环境的要素划分

构成环境的要素主要有大气、水（河流、湖泊、水库、海洋和地下水）、土壤、生物等，环境质量评价即可对这些环境要素分别进行评价，称之为单要素环境质量评价；也可以对整体环境质量进行评价，即环境质量综合评价。

① 单要素评价是指对组成环境的单个要素进行评定，如大气环境质量评价、水环境质量评价、土壤、生物、噪声、生态等环境质量评价。

② 环境质量综合评价是指对一定区域的环境总体状况进行综合性的评价，该评价一般是以单要素评价为基础，然后通过一定的数学方法进行归纳或综合而完成的。

(3) 根据构成环境要素的环境因子划分

所谓的环境因子就是指构成环境要素的最小物质单元。对单个环境因子的评价叫单因子评价；对多个环境因子的评价叫多因子评价或者多因子综合评价。

① 单因子评价：是将参与评价的因子分别与评价标准进行对比，然后计算超标倍数、超标范围、超标率等指标，据此判定环境质量的优劣。这种评价简单易行，能较明了而准确地反映环境质量状况，是我国环境评价工作者经常用的方法。

② 多因子综合评价：是将能反映环境质量优劣的，参加评价的因子（经过一定处理后）代入到一定的评价模式中，得出综合指数，然后与环境质量分级标准相比较，从而确立出环境质量的优劣。这种评价方法计算较为复杂，评价模式的类型较多。目前应用较多的是城市空气质量评价、水环境质量评价。

(4) 根据评价范围的大小划分

根据评价范围可分为居室环境质量评价、住宅小区环境质量评价、厂区环境质量评价、城市环境质量评价、区域环境质量评价、矿区环境质量评价、流域环境质量评价、海域环境质量评价、全球环境质量评价、宇宙环境质量评价等。

(5) 根据评价对象的性质划分

环境质量评价可分为：自然环境质量评价、社会环境质量评价、农业环境质量评价、交通环境质量评价、工程环境质量评价、风景游览区环境质量评价、名胜古迹环境质量评价等，在实际工作中具体采用哪一种环境质量评价，这要由评价目的、评价要求来决定。

10.1.3 环境质量评价的原理

环境科学是研究人类在认识和改造自然中人与环境之间相互关系的科学。这里所指的环境主要是指人类活动影响的自然环境的综合整体，其特点是：它是各种过程和现象的统一的相互联系的复杂的综合体，是人和环境各组成成分在历史上相互作用、相互制约下发生和发展的。我们所讲的环境综合体是由许多要素组成的。如：阳光、大气、水、土壤、岩石、植物、动物等组成了自然环境，人口、工业、农业、交通、公共设施、住宅等组成了社会环境。组成环境的要素又可以分解为许多构成因子,而这些构成因子作为整体的一个局部,它们的性状又是由整体性状决定的,同时,构成因子的性状是反映整体性状的信息,正是基于这一原理为了描述环境要素和整体环境质量的好坏,我们可以根据要说明的问题方面,选择一定数量的评价参数——环境要素的构成因子,将其转换为可比的指标,最后进行加权综合,得到环境要素的质量指标,由各个要素的质量指标又可得到全环境的质量指标。环境质量评价就是基于这一原理,并以此为理论依据,真实地、客观地评价整体环境情况,从而为改善和保护环境提供可靠的科学依据。

10.1.4 环境质量评价的目的和意义

环境质量评价是环境科学体系中一门基础性的学问与工作,是环境科学的一项重要研究课题。它主要研究环境各组成要素及其整体的组成、性质及变化规律,以及对人类生产、生活及生存的影响,其目的是保护、控制、利用、改善环境质量,使之与人类的生存和发展相适应。环境质量评价是控制新污染源、保护和改善环境质量的重要手段之一。伴随着我国经济的高速发展,特别是大型钢铁企业、石油化工、矿产资源的开发利用、火力发电厂及原子能电站的建立和水利工程等,都将引起生态环境的深刻变化。为在环境保护中贯彻以预防为主的方针,防患于未然,进行环境评价的研究具有十分重要的意义。环境质量评价研究,不仅是开展区域环境综合治理、进行环境区域规划的基础,而且是建设项目环境管理程序中的重要环节,是进行经济建设研究的重要环节,对搞好环境管理、制定环境对策,具有重要的指导意义。

10.2 环境质量现状评价

10.2.1 环境质量现状评价的基本程序

环境质量现状评价一般按以下程序进行。

(1) 确定评价目的

进行环境质量现状评价首先要确定评价目的,主要是指本次评价的性质、要求以及评价结果的作用。评价目的决定了评价区域的范围、评价参数、采用的评价标准。如锦州发电厂的环境质量现状评价的目的是掌握该电厂在不同气象条件下对锦州市的大气污染程度及污染物的分布,为大气污染控制提供依据。

(2) 收集与评价有关的背景资料

由于评价的目的和内容不同,所收集的背景资料也要有所侧重。如以环境污染为主,要特别注意污染源与污染现状的调查;以生态环境破坏为主,要特别进行人群健康的回顾性调查;以美学评价为主,要注重自然景观资料的收集。

(3) 环境质量现状监测

在背景资料收集、整理、分析的基础上,确定主要监测因子。监测项目的选择因区域环境污染特征而异,但主要应依据评价的目的。

(4) 背景值的预测

在评价区域比较大或监测能力有限的条件下,就需要根据监测到的污染物浓度值,建立背景值预测模式。

(5) 环境质量现状的分析

分析区域主要污染源及污染物种类和数量。

(6) 评价结论与对策

对环境质量状况给出总的结论并提出污染防治对策。

10.2.2　环境质量现状评价的方式

(1) 应用数学模型评价方式

① 综合指数类型评价　环境是一类非常复杂的体系，从单向因素研究环境是不全面、不具体的，想要更深入了解环境，就需要全面出发，从不同的角度切入综合分析。对于综合评价方法来说，必须联系具体的环境变化体系来进行分析。比如说，在开展综合质量评价工作的时候，应该把环境区域中各个影响因素如水资源、大气资源等进行研究，进行多层次、更深入的检测，采集相应的数据，而后进行整合分析，得出综合的数据，这样才能更好地得出环境的总体情况。

② 模糊数学类型评价　在环境质量评价不断发展的过程中，模糊数学分析法运用范围较广。对于该种方法来说，主要指的是在进行质量评价的时候，需要结合不同的环境特点，综合对环境进行一个考量和分析，同时也应该联系社会生活中各个方面的内容，这样评价的范围也会相应扩大。而在实际开展工作的时候，需要深入地对环境因素进行比较和研究，进而通过模糊数学的方法分析大脑对环境中变化因素的识别，进而保证人的大脑思维能够符合环境自然规律，这样才能得出正确的结论。除此之外，还需要采用科学的方法来收集数据，分析环境质量评价工作中的各个影响方面，明确各种因素的数据，并且联系其中的不确定性、随机性等特点采取合适的处理方法，进而科学正确地得出环境质量评价结论，而在采用该种方法的时候，还需要建立相应的模糊评价系统。工作人员在使用的时候，还应该设置等价模糊子集，这样才能更好地对环境质量指标进行量化分析。

③ 灰色系统类型评价　灰色系统评价方法已经在气候研究、环境分析、农业领域中得到了很多的运用。一般来说，在进行环境评价的时候，检测得到的数据信息是不全面的，有限的，具有一定的片面性，并且还有可能会发生一定的变动，这称为灰色系统。因此采取灰色系统评价方法，可以针对那些不确定的质量问题和数据进行统计和分析，充分得到实际情况的数据。在开展环境质量综合评价的时候，采用灰色关联评价法，能够对环境中各个影响因素之间的关联性进行分析，以此来定量分析各个影响因素之间的关系和顺序。而灰色聚类评价法，是通过白化权函数来对数据信息进行处理的。因此，在实际进行环境质量评价的时候，采用灰色系统评价方法，能够准确地分析某个区域的水环境质量，进而在很大程度上降低其他因素带来的影响。

④ 层次类型分析方式　层次分析方法，具有鲜明的层次性、系统性、严谨性等特点，因此在运用层次分析方法的时候，应当采取辩证法对实际情况进行比较，选择最恰当的工作方式，进而获得相关的数据。工作人员要对评价过程进行全面深入的了解，要设计良好层次性的判断系统。比如：对于某工厂排放的废水，在排放到环境中之前，必须进行处理达到国家标准。而在处理的时候，应当选择合适的、有层次的方法，如离子交换法、活性炭吸附法等，这样才能全面地进行处理，不会破坏环境。

⑤ 物元分析方法　物元分析方法就是在开展环境质量评价工作的时候，应该根据环境

质量的等级标准，设计出经典域物元矩阵，然后再根据实际环境中污染物的浓度指标，设计出节域物元矩阵，然后再根据各种数据对应的环境质量等级标准来设计相应的关联函数，最后根据得到的函数数值，来对环境的质量进行一个综合的评价，得出良好的结论。只有这样，工作人员才能清楚地知道环境的特性，才能根据实际情况进行调整和改善，进而提高环境质量。

(2) 合理应用地理信息系统

① "天人合一" 理念的运用　"天人合一" 的理念在我国古代就有很大的影响力，在现代也不例外。"天人合一" 的理念从本质上来看和我国的环境保护观念是相似的。用 "天人合一" 的理念来让人们意识到环境保护的重要性；用环境保护法从法律层面来约束人们的开采行为，这样才能让人们爱护环境、保护环境，才能从根本上来提高环境质量。总的来说，"天人合一" 的理念和国家环境法律相结合，才能让人们自愿地去保护环境，不去过度开采、改造环境，这样才能够提高环境质量。

② GIS 技术的运用　GIS 技术指的就是通过建立地理模型来分析区域中空间动态的变化，然后再通过计算机系统来绘制出相应的图像。采取 GIS 技术，还能够对水环境的污染情况有一个综合的评价。除此之外，通过 GIS 技术的运用，能够构建出预警机制图像，这样就可以对空气中的污染物进行深入的研究，也就能够及时地解决出现的问题。例如，某些区域在进行露天开采的时候，会出现很多的烟雾、废水等，这样就会对空气质量、水资源质量造成破坏，而通过 GIS 技术就能够及时地监测出被破坏的环境资源图像，及时解决问题，在很大程度上保护环境，提高环境质量。

总之，环境问题获得了世界各国的诸多关注，如何保护环境、提高环境质量，这是每一个国家都应该思考的问题。我国近些年也有很多关于环境的政策出台，方式方法多样，路径多种，最终都是要实现保护环境、资源可持续利用的总目标。而通过综合评价的方法，让相关环境保护部门对环境区域有一个全面的、深入的、科学的认识，能够及时发现环境中隐藏的隐患问题，这样就能够及时地进行解决，防止重大环境污染事件频发，这对环境保护方面是很有意义的。

10.3　案例分析

以下为基于模糊综合评价模型的郑州市东风渠水环境质量评价研究报告。

党的十八大以来，在习近平总书记生态文明思想的指引下，河南省积极落实党中央、国务院有关生态文明建设的决策安排，大力推进生态文明建设的相关工作，出台了《关于全面加强生态环境保护坚决打好污染防治攻坚战的实施意见》和《河南省污染防治攻坚战三年行动计划（2018—2020 年）》。东风渠位于郑州市北部，一直承担着郑州市东郊区农田灌溉用水的重要补给河流的责任，也是郑州市居民生活污水和工业废水排放的河流之一，在郑州市的生态环保体系中发挥着十分重要的作用。

基于郑州市生态环境局发布的 2018 年 9 月至 2019 年 8 月郑州市东风渠流入七里河处的水资源监测数据，利用模糊综合评价模型对东风渠的水环境质量进行评价分析。通过计算一年中东风渠流入七里河处的溶解氧（DO）、化学需氧量（COD）、氨氮（NH_3-N）、总磷（TP）四个评价因子的权重值可知，东风渠水体的主要污染物为溶解氧（DO）和化学需氧量（COD）。这为郑州市生态环境局对东风渠水体污染物的治理提供了理论依据和科学支持。

（1）模糊综合评价模型

模糊综合评价法是一种基于模糊数学的综合评价方法，根据模糊数学的隶属度理论，模糊综合评价方法是将定性评价转化为定量评价，从多方面综合评价被评判事物的隶属度状况，模糊数学概念的引入满足了水质评价的客观要求。为了全面了解东风渠现阶段的水质状况及污染情况，本节以 2018 年 9 月至 2019 年 8 月一年内郑州市生态环境局发布的东风渠流入七里河处水质监测数据为对象，对东风渠水环境质量进行评价与分析。

① 模型建立的思想　根据模糊数学的思想，将描述水质的数据、判断和各种定性表述转化为模糊语言，综合识别和判断水质状况，从而建立模糊综合评价数学模型。

② 建立综合评价因子集　选择水质检测数据的若干检测指标作为评价因子，建立因子集。按照监测条件，选择 2018 年 9 月至 2019 年 8 月东风渠流入七里河处的 4 项指标作为评价因子，即综合评价的因子集为：$U=\{u_1,u_2,u_3,u_4\}$，简记为 $U=\{u_i\}$。其中 u_1 表示溶解氧（DO），u_2 表示化学需氧量（COD），u_3 表示氨氮（NH_3-N），u_4 表示总磷（TP），u_i 表示第 i 个污染因子值。

③ 建立综合评价集　由水质监测数据建立各因子指标对各级标准的隶属度集，形成隶属矩阵，再把因子权重集与隶属度矩阵相乘，得到模糊积，获得一个综合评价集。在环境质量评价中，水体污染程度本身是一个模糊概念，评价水体污染程度的分级标准也具有模糊的特征。根据国家地表水环境质量标准（GB 3838—2002），依据水域环境功能和保护目标，将水质类别划分为 5 级，建立综合评价集为：$V=\{Ⅰ,Ⅱ,Ⅲ,Ⅳ,Ⅴ\}$，简记为 $V=(v_i)$。其中 v_i 代表 u_i 的评判标准集，各级指标为地表水环境质量目标准限值，如表 10-1 所示。

表 10-1　目标准限值 　　　　　　　　单位：mg/L

评价因子	u_1	u_2	u_3	u_4
Ⅰ	7.5	15	0.15	0.02
Ⅱ	6.0	15	0.50	0.10
Ⅲ	5.0	20	1.00	0.20
Ⅳ	3.0	30	1.50	0.30
Ⅴ	2.0	40	2.00	0.40

④ 计算权重确定因子权向量　权重是能够很好地反映出各个参评因子在总体水环境质量中地位的数值。在评价过程中，每个因子的重要程度是不同的，为此，对集合 U 中的每个因子赋予一个相应的权重 a_i，构成权重集（a_1，a_2，a_3，$\cdots$，a_n）。计算权重的方法较多，本文采用污染物浓度超标加权法。该方法为：

$$s_i = \frac{1}{k}\sum_j^k s_{ij} \quad (i=1,2,3,\cdots,n;j=1,2,3,\cdots,k)$$

$$a_i = c_i/s_i \quad (i=1,2,3,\cdots,n)$$

式中，c_i 是因子 u_i 的浓度实测值；s_i 是因子 u_i 在各级环境标准中的均值；s_{ij} 是第 i 个因子第 j 级的标准值；k 为评判标准集分级数。

本节选取的是 2018 年 9 月至 2019 年 8 月一年的东风渠流入七里河处监测数据，如表 10-2 所示。

表 10-2 2018 年 9 月至 2019 年 8 月东风渠流入七里河处检测数据 单位：mg/L

日期	溶解氧（DO）	化学需氧量（COD）	氨氮（NH$_3$-N）	总磷（TP）
2018.09	7.7	24	0.251	0.09
2018.10	7.9	25	0.229	0.14
2018.11	7.7	26	0.208	0.15
2018.12	7.5	11	0.225	0.18
2019.01	12.1	13	0.244	0.12
2019.02	12.4	14	0.283	0.13
2019.03	10.9	18	0.203	0.20
2019.04	8.3	19	0.217	0.09
2019.05	8.1	27	0.264	0.08
2019.06	6.8	26	0.172	0.26
2019.07	7.1	34	0.217	0.23
2019.08	6.9	47	0.235	0.31

按照气象部门季节划分法，将数据划分为 2018 年 9～11 月（秋季），2018 年 12 月到 2019 年 2 月（冬季），2019 年 3～5 月（春季），2019 年 6～8 月（夏季）。以 2018 年 9～11 月，即秋季东风渠流入七里河处溶解氧（DO）u_1 指标为例，根据以下公式计算各级环境标准的平均值为：

$$s_1 = (7.5 + 6 + 5 + 3 + 2)/5 = 4.7$$
$$a_1 = 7.8/4.7 = 1.66$$

同理，得出东风渠流入七里河处 u_2、u_3、u_4 指标的权重值为：

$$a_2 = 1.04, a_3 = 0.23, a_4 = 0.64$$

为了进行模糊运算，需要对各种因子的权重值进行归一化，即 $A_i = a_i / \sum_{i=1}^{n} a_i$ 和 $\sum_{i=1}^{n} A_i = 1$，计算得出东风渠流入七里河处秋季的权重值为：

$$A = \{0.468, 0.294, 0.063, 0.175\}$$

同理可得东风渠流入七里河处其他三个季节评价因子的权重值，如表 10-3 所示。

表 10-3 东风渠流入七里河处季节评价因子权重值

指标	春季	夏季	秋季	冬季
DO	0.532	0.329	0.468	0.607
COD	0.244	0.333	0.294	0.141
NH$_3$-N	0.058	0.045	0.063	0.065
TP	0.166	0.292	0.175	0.187

⑤ 确定隶属度向量，建立模糊关系矩阵 假设隶属度为线性函数，建立一个 U 到 $F(V)$ 的模糊映射 $f: U \rightarrow F(V)$，通过 f 诱导得出模糊关系矩阵 R，本节采用分段线性函数来确定隶属函数。

已知东风渠水质分为 5 个级别，即：$V = \{ I, II, III, IV, V \}$，$c_i$ 水质等级的隶属函数为：

$$r_{ij}=\begin{cases}0 & c_i\leqslant s_{i,j-1}\ \text{或}\ c_i\geqslant s_{i,j-1}\\[2mm]\dfrac{c_i-s_{i,j-1}}{s_{i,j}-s_{i,j-1}} & s_{i,j-1}<c_i<s_{i,j}\\[3mm]\dfrac{s_{i,j+1}-c_i}{s_{i,j+1}-s_{i,j}} & s_{i,j}<c_i<s_{i,j+1}\\[2mm]1 & c_i=s_{i,j}\end{cases}$$

式中，$s_{i,j}$ 是第 i 个因子第 j 级的标准值。根据此式可得秋季模糊关系矩阵 $R_{秋}$：

$$R_{秋}=\begin{bmatrix}0&0&0&1&0\\0&0&0.5&0.5&0\\0.8&0.2&0&0&0\\0&0.7&0.3&0&0\end{bmatrix}$$

同理可得其他季节的模糊矩阵如下：

$$R_{春}=\begin{bmatrix}0&0&1&0&0\\0&0&0.9&0.1&0\\0.8&0.2&0&0&0\\0&0.8&0.2&0&0\end{bmatrix}\quad R_{夏}=\begin{bmatrix}0.6&0.4&0&0&0\\0&0&0&0.7&0.3\\0.8&0.2&0&0&0\\0&0&0.3&0.7&0\end{bmatrix}$$

$$R_{冬}=\begin{bmatrix}1&0&0&0&0\\0.4&0.4&0.2&0&0\\0.6&0.4&0&0&0\\0&0.6&0.4&0&0\end{bmatrix}$$

⑥ 建立模糊综合评价模型 单因子模糊评价法只能反映出单个因子对评价对象的影响。正常情况下，影响评价对象的因子不止一个，所以必须考虑所有因子的影响，即综合评价。将模糊关系矩阵与权重集合 A 复合，记为：$B=A\circ R$，其中。为综合评价合成算子。本节取成一般的矩阵乘法为 $B=A\times R=(B_1,B_2,\cdots,B_n)$。

⑦ 水质评价结果及分析 东风渠流入七里河处秋季水质综合评价向量：

$$B=A\times R=(0.468\ 0.249\ 0.063\ 0.175)\times\begin{bmatrix}0&0&0&1&0\\0&0&0.5&0.5&0\\0.8&0.2&0&0&0\\0&0.7&0.3&0&0\end{bmatrix}$$

$$=(0.063\ 0.175\ 0.249\ 0.468\ 0)$$

同理可得东风渠流入七里河处冬季、春季、夏季的模糊综合评价结果，如表 10-4 所示。

表 10-4 模糊综合评价结果

季节	Ⅰ级	Ⅱ级	Ⅲ级	Ⅳ级	Ⅴ级	评价结果
春	0.068	0.194	0.621	0.117	0.000	Ⅲ
夏	0.208	0.208	0.184	0.210	0.190	Ⅳ
秋	0.063	0.175	0.294	0.468	0.000	Ⅳ
冬	0.618	0.191	0.191	0.000	0.000	Ⅰ

由表 10-4 可以看出，在 4 个季节评价结果中，冬季的评价结果为Ⅰ类，春季的评价结果为Ⅲ类，夏季和秋季的评价结果均为Ⅳ类，水环境质量不容乐观。对 4 个季节排序，可以

看出受污染轻重程度依次为：冬季＜春季＜夏季＜秋季。

通过分析各因子的权重值得知，在影响东风渠水质的四类指标中，DO 和 COD 对水质的影响程度相对较大，这也是导致东风渠水体富营养化的主要污染物。

(2) 结论

基于郑州市生态环境局发布的东风渠流入七里河处的水质监测数据，运用模糊数学评价方法，建立模糊综合评价模型，对东风渠实测的 DO、COD、NH_3-N 和 TP 四个指标进行评价与分析。评价结果表明，东风渠水体受污染主要是由 DO 和 COD 造成的。同时，按照季节划分法，将选取的数据划分为春、夏、秋、冬四个季节进行评价分析，结果显示，受污染轻重程度依次为：冬季＜春季＜夏季＜秋季。夏季、秋季是水污染的易发期，应及时对河流中含有的 DO、COD 等化学因素进行处理。最大限度地减少废水排量，防止工业废水污染，加强净化处理和过滤中和，最大限度地降低废水中 DO、COD 的浓度。

10.4　环保新形势下影响环境质量评价存在的问题

经济社会的快速发展，改善了人们的生活质量，提升了人们的经济水平，但是各领域在发展的过程中，过于重视经济效益，而忽视对环境的保护，使我国环境污染情况越来越严重，对人们的日常生活产生巨大的影响。为了给人们营造良好的生活环境，我国相关部门加大对生态环境的保护力度，注重污染物的科学排放与管理，从环境污染的源头详细分析与解决，使各领域都加大对生态环境的保护，逐渐改善我国生态环境污染情况。在环保新形势的背景下，环境评价工作能够提升人们的环保意识，使人们能够在日常生活中加大对生态环境的保护，逐渐提升生态系统的稳定性与安全性，为我国现代化社会的可持续发展进行战略性的指导，对传统环保理念与环保模式进行优化、创新，从而全面提升环境评价工作效率。

环保新形势下环境评价工作存在如下挑战。

(1) 审批评估尺度有待统一

就当前环保新形势下环境评价工作的现状来看，现行的环评导则形式较为单调，且部分内容缺少模型指导，大气环境评价现场监测方法不明确，则会导致操作规范等详细说明部分定义比较模糊，由此可以看出审批评估尺度存在一定的争议。就当前情况来看，在审批评估中地下水评价等级判定方法仍然较为模糊，因此出现了污染治理新技术和项目建设新要求，随着环保要求的不断提高，应使环评技术方法满足评价需求。同时，复杂山区大气环境预测模式有待完善，这样的情况影响了污染排放量预测，且导致政策、规划体系无法有效发挥出实际效果，制约了相关技术与政策的发展。现阶段的节奏过快，基层监管缺乏配套的指导措施，且不同地区对项目的关注重点不同，监管水平和承载能力不足，最终导致评估尺度等存在差异，使审批变得可有可无。

(2) 缺乏专业技术人员

环境评价工作，需要相关部门与人员积极参与，可在参与的过程中对工作内容、工作职责明确划分，确保各项工作环节中都有专业的负责人员。目前我国环境评价工作缺乏专业技术人员，甚至还存在着"三无"企业，无法满足工作实施要求，引发众多问题。例如，"三无"企业对企业资质的租赁，其本身是没有企业资质的，为使环境评价工作顺利实施，选择租赁相关资质，这种行为是违法的，再加上企业中相关工作人员不具备专业技术水平与综合能力，无法确保环境评价工作质量与效率，反而对环境评价工作的开展造成不利影响。

(3) 环保措施实施不全面

现阶段，环境保护工作深受我国相关部门的重视，我国相关部门针对我国现代化生态环境发展情况的详细分析，并制定完善的环保措施。但就目前情况来看，部分企业未按照环评要求实施，导致环评无法发挥出作用与价值。同时，在环评实施的过程中，受到众多因素的影响，无法确保环境评价工作效率，例如：企业环评实施不符合规定，且解决力和勘察力度都不足，甚至还会存在着"睁一只眼、闭一只眼"的情况，这样无法确保环境评价工作能够按照相关标准要求规范性实施。

综上所述，为了确保环境评价工作的质量与效率，需要引起相关部门重视，可结合现代化生态环境保护工作情况进行全面分析，加大环评审批力度，严控环境评价工作经济费用，提高环境评价重视度，扩大环境评价工作影响范围，建立完善的环评机制，增强环境评价工作的可操作性，是促进我国现代化社会可持续发展的重要保障。

思考题与习题

1. 说明环境质量评价的基本概念和程序。
2. 环境质量评价的技术方法有哪些？
3. 简述模糊数学二级评价方法的内容与特点。

参考文献

[1] 袁晓玲，杨万平，刘伯龙等著. 中国环境质量综合评价报告[M]. 西安：西安交通大学出版社，2014.
[2] 刘绮，潘伟斌主编. 环境质量评价[M]. 广州：华南理工大学出版社，2014.
[3] 陈振民，谢薇，赵伟，叶璟. 实用环境质量评价[M]. 上海：华东理工大学出版社，2016.
[4] 何德文主编. 环境评价[M]. 北京：中国建材工业出版社，2014.
[5] 杨丽琴. 环境质量评价[J]. 金属世界，2002，5：3-7.
[6] 陈德利. 环保新形势下环境影响评价工作存在的挑战及建议[J]. 绿色环保建材，2021，2：35-36.
[7] 张二丽，汪太行，王玉龙，冯宇. 基于模糊综合评价模型的郑州市东风渠水环境质量评价研究[J]. 商丘职业技术学院学报，2002，2：80-84.